普通高等教育机械类“十二五”规划系列教材

C51单片机模块焊接实验实践教程

赵丽清　惠鸿忠　主　编

徐　艳　龚丽农　刘立山　副主编

王　蕊　李绍静　李吉忠　等参编

電子工業出版社
Publishing House of Electronics Industry
北京 · BEIJING

内 容 简 介

本书旨在培养单片机系统的实践开发技能，全书以积木式模块焊接为理念，先让读者跟着视频教程完成简单的小电路焊接和小程序编写，逐渐提升电路和程序的难度，最终使得读者具有一个完整的单片机系统开发能力。书中的内容从最初焊接电路模块所需要工具的使用和基础的C51讲起，接着安排了设计单片机系统所需要的电源模块和下载模块的讲解，然后再进行流水灯、蜂鸣器、继电器、数码管、键盘、中断系统（定时和外部）、A/D、和D/A、单片机与单片机及单片机与计算机通信、液晶模块、频率计、步进电机、温度、点阵及DS1302的时钟应用各模块的焊接和程序设计。

单片机的学习只通过阅读是没有用的，动手焊接电路、动脑编制程序是打好单片机学习的基础也是必由之路。

本书可以作为各类院校电子技术相关专业的单片机教材。因为本书有配套的视频讲解，非常适合单片机初学者。

图书在版编目（CIP）数据

C51单片机模块焊接实验实践教程/赵丽清，惠鸿忠主编. —北京：电子工业出版社，2015.8
ISBN 978-7-121-26740-6

Ⅰ. ①C… Ⅱ. ①赵… ②惠… Ⅲ. ①单片微型计算机－教材 Ⅳ. ①TP368.1

中国版本图书馆CIP数据核字（2015）第166715号

策划编辑：赵玉山
责任编辑：郝黎明
印　　刷：北京盛通数码印刷有限公司
装　　订：北京盛通数码印刷有限公司
出版发行：电子工业出版社
　　　　　北京市海淀区万寿路173信箱　邮编　100036
开　　本：787×1092　1/16　印张：15.5　字数：396.8千字
版　　次：2015年8月第1版
印　　次：2025年1月第9次印刷
定　　价：34.00元

凡所购买电子工业出版社图书有缺损问题，请向购买书店调换。若书店售缺，请与本社发行部联系，联系及邮购电话：（010）88254888。

质量投诉请发邮件至zlts@phei.com.cn，盗版侵权举报请发邮件至dbqq@phei.com.cn。

服务热线：（010）88258888。

前　言

单片机作为一门课程在高校已经开设近 20 年，最初各院校均以 51 内核单片机作为主要讲解对象。但近年很多院校已经放弃 51，转而学习 16 位的 msp430，甚至直接学习 32 位的高端机。但是对于初学者来说，51 的学习资源之丰富是其它任何单片机无法匹敌的，并且如果你能把本书完全掌握，自学其它类型单片机将事半功倍。

本教程全书以积木式模块焊接为理念，配备专门的实验制作和程序讲解视频，大家在学习过程中可以将视频配合学习，需按照各个模块的材料清单买来耗材实践。单片机是实实在在的硬件，只有在不断实践中才能领悟它的工作原理。在对实验原理理解的前提下，要尝试独立编写出教材中的每个模块的例子程序，当有困惑时再看教材中的程序，反思自己失误在哪里，思路断在何处、卡在何方，进而积累更多的经验。

本教材第一部分适合作为大学电子信息类和机电类各专业本、专科单片机课程教材，或高校大学生创新培训教材，特别适合想将单片机作为一门技能掌握的学子。所有例程均以实际硬件实验板实验现象为根据，由 C 语言程序来分析单片机工作原理，从而帮助读者从实际应用中彻底理解和掌握单片机知识。

本教程第二部分安排设计了以近年淘宝销量第一位的 KST-51 开发板为对象的单片机实验和课程设计的项目，其中每个实验均配备了汇编语言和 C 语言两种参考程序。

本教材由赵丽清、惠鸿忠老师担任主编，徐艳、龚丽农、刘立山老师担任副主编，王蕊、李绍静、李吉忠、王至秋、高春凤、白皓然、赵艳华、员玉良、岳丹松、张健老师参加了部分章节的编写工作。济南集成电子公司的徐兆稳工程师为本书录制了全套视频。

由于作者的水平有限，错误和疏漏之处在所难免，欢迎广大技术专家和读者指正。

编　著

2015 年 7 月

目　　录

第 1 部分

单片机模块焊接及 C51 编程

第1章

认识你的装备

1.1 电路基石

1.1.1 万能板

万能板是一种按照标准 IC 间距（2.54mm）布满焊盘、可按自己的意愿插装元器件及连线的印制电路板。相比专业的 PCB 制板，万能板具有以下优势：使用门槛低，成本低廉，使用方便，扩展灵活。常用的万能板一般为铜板，如图 1-1 所示，它的焊孔是裸露的铜，呈现金黄色，平时应该用纸张包好保存以防止焊孔氧化。如果焊孔氧化（焊盘失去光泽、不好上锡），可以用棉棒蘸酒精或用橡皮擦拭。还有一种万用板焊孔表面镀了一层锡，这种称为锡板，如图 1-2 所示，它的焊孔呈现银白色。锡板的基板材质要比铜板坚硬，不易变形，比铜板稍贵。

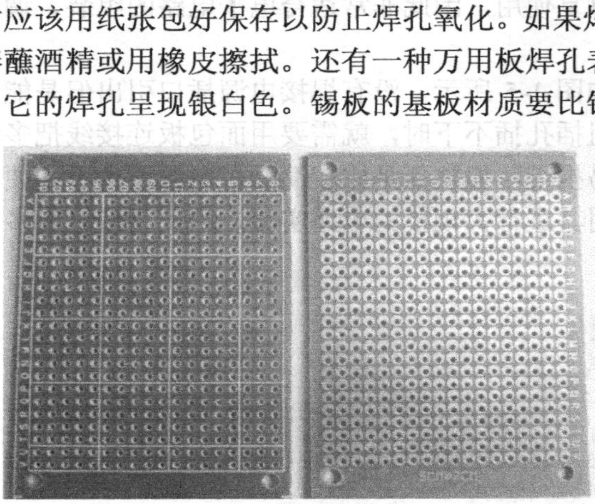

图 1-1　铜板

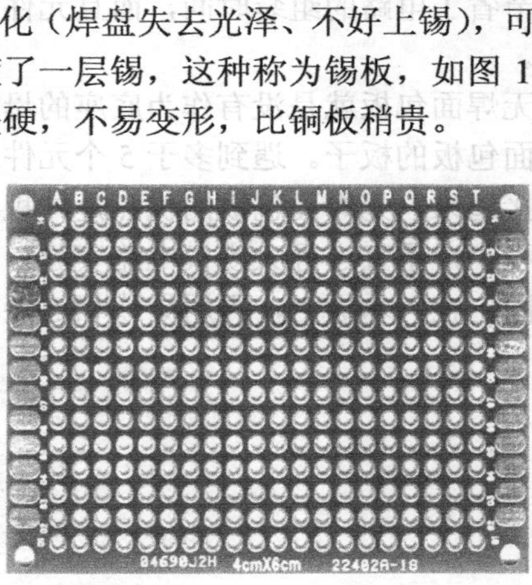

图 1-2　锡板

万能板按焊孔是否独立分为单孔板和连孔板，上面两种万能板均为单孔板。连孔板根据需要有双连孔、三连孔、四连孔等，如图 1-3 和图 1-4 所示的双连孔板和四连孔板。单孔板较适合数字电路和单片机电路，连孔板则更适合模拟电路和分立电路，因为数字电路和单片机电路以芯片为主，电路较规则，而模拟电路和分立电路往往较不规则，分立元件的引脚常常需要连接多根线，这时如果用多个焊盘连接在一起的万能板就会方便一些。

图 1-3　双连孔板

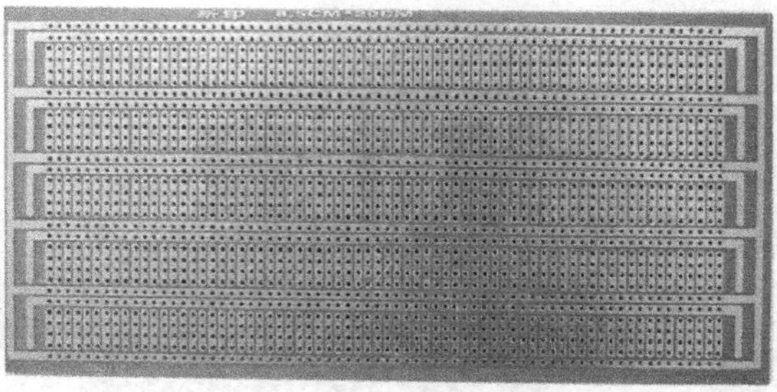

图 1-4　四连孔板

1.1.2　面包板

面包板整板使用热固性酚醛树脂制造，板底有金属条，在板上对应位置打孔使得元件插入孔中时能够与金属条接触，从而达到导电目的。一般将每 5 个孔板用一条金属条连接，板子中央一般有一条凹槽，这是针对需要集成电路、芯片试验而设计的。板子两侧有两排插孔，5 个一组，通常我们将它们分别设置为电源线和地线供面包板中部的电子器件连接。面包板是专门为电子电路的无焊接电路设计制造的，所以在使用时不用焊接和手动接线，将元件插入孔中就可测试电路及元件，使用方便。使用前先确定哪些元件的引脚应连在一起，再将要连接在一起的引脚插入同一组的 5 个小孔中。由于各种电子元器件可根据需要随意插入或拔出，免去了焊接，节省了电路的组装时间，而且元件可以重复使用，因此非常适合电子电路的组装、调试和训练。

无焊面包板就是没有作为底座的母版，如图 1-5 所示，没有焊接电源插口引出但是能够扩展单面包板的板子。遇到多于 5 个元件或一组插孔插不下时，就需要用面包板连接线把多组插孔连接起来。无焊面包板的优点是体积小，易携带，但缺点是比较简陋，电源连接不方便，而且面积小，不宜进行大规模电路实验。若要用其进行大规模的电路实验，则要用螺钉将多个面包板固定在大木板上，再用导线相连接。

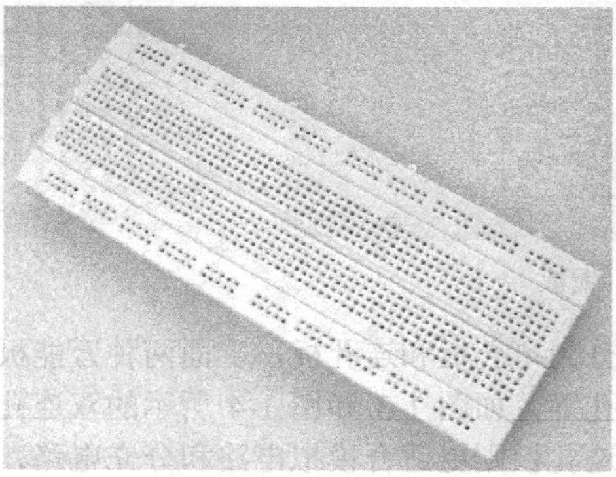

图 1-5　无焊面包板

如果没有看懂图 1-6 和图 1-7 是什么意思，那么可以在学会了万用表的使用后自己实际测试一下。在以后测试、选择电子元件或者搭建简单电路时会经常用到面包板，例如下章将要用到的发光二极管限流电阻的选择，我们就可以在面包板上把电路搭出来，通过更换不同的电阻来获得合适的亮度从而确定限流电阻的阻值，可以说面包板对于电子电路制作过程意义重大。

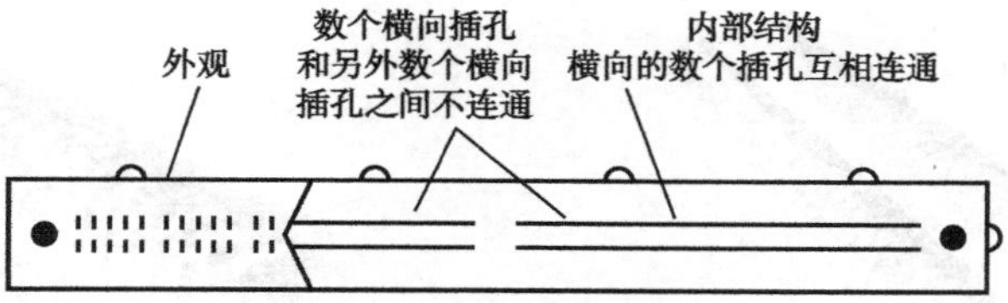

图 1-6　面包板上两排和下两排结构图

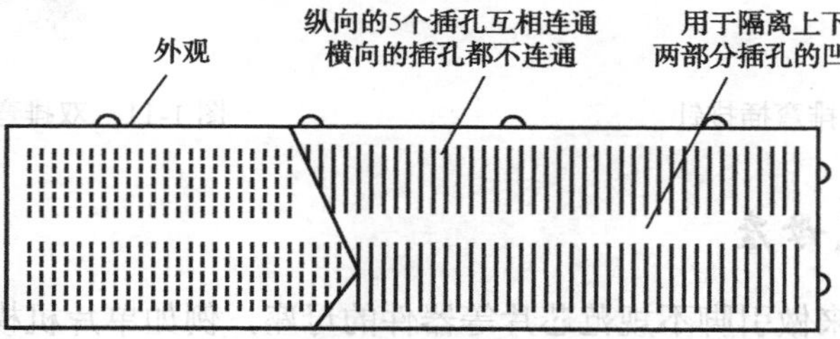

图 1-7　面包板中间部分结构图

1.2　连接装备

1.2.1　排针

排针广泛应用于电子设备、电器设备、智能化仪器仪表设备中的 PCB 板中或者焊接电路板中，其作用是在电路内被阻断处或孤立不通的电路之间“牵线搭桥”，担负起电流或信号传输的任务。通常与排针母座配套使用，构成板对板连接，或与电子线束端子配套使用，构成板对线连接，也可以独立用于板与板连接。常见的插针有单排针（图 1-8）、双排针（图 1-9）、三排针等，常用的有直插（图 1-10）、弯插（图 1-11）两种。至于它们的应用场合没有固定要求，大家根据电路的实际需要合理选择即可。本书设计中用到最多的是单排直插排针，一般作为电源以及各引脚与外界扩展连接的接口。注意：排针焊接时是将短脚端插入万能板进行焊接，长脚端用来做扩展连接。

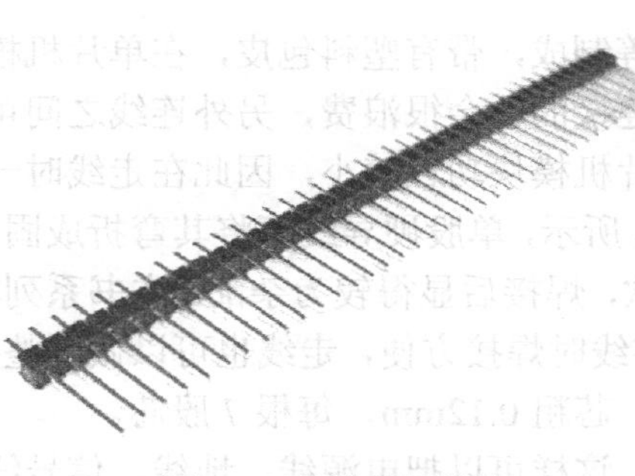

图 1-8　单排直插排针

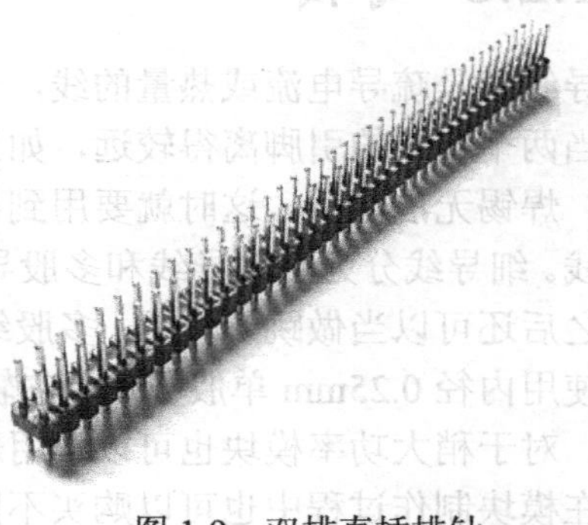

图 1-9　双排直插排针

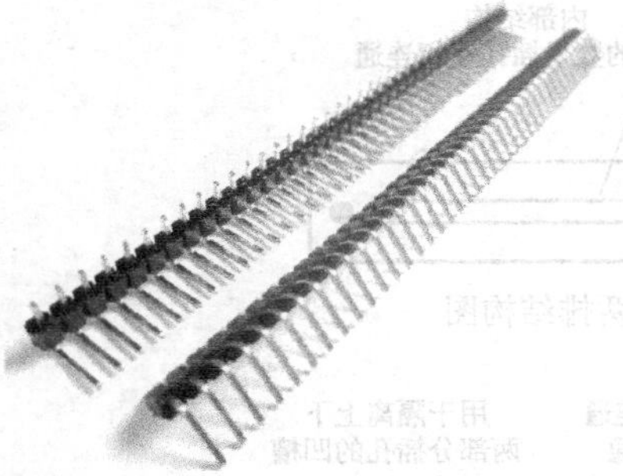

图 1-10　单排弯插排针

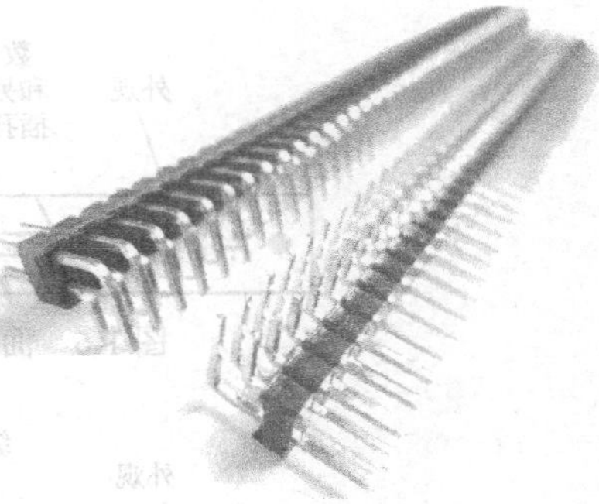

图 1-11　双排弯插排针

1.2.2　排针式母座

排针式母座一般用来做引脚不规范芯片等器件的母座，例如单片机模块中的点阵，由于点阵两排引脚间距较大没有合适底座，我们就可以用排针母座做底座。常用的排针式母座有两种，一种是单排插针如图 1-12 所示，另外一种是单排插针（圆孔）如图 1-13 所示，为了区分我们可以把它们称为针孔式和圆孔式，一般用针孔式母座做不规范芯片等器件的底座，而圆孔式母座则用来做一些精密小元件的底座，例如单片机最小系统中晶振的底座和测温模块 DS18B20 的底座，圆孔式母座比针孔式母座稍贵一些。

图 1-12　单排插针

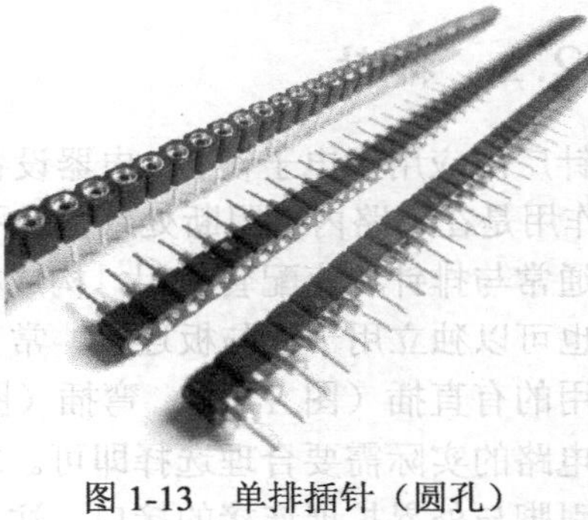

图 1-13　单排插针（圆孔）

1.2.3　导线

导线就是疏导电流或热量的线，一般由铜、铝等制成，带有塑料包皮，在单片机模块焊接时，当两个连接的引脚离得较远，如果单纯用焊锡连接的话会很浪费，另外连线之间可能会有交叉，焊锡无法走线，这时就要用到导线。由于单片机模块功耗较小，因此在走线时一般选用细导线。细导线分为单股导线和多股导线，如图 1-14 所示，单股硬导线可将其弯折成固定形状，剥皮之后还可以当做跳线使用；多股细导线质地柔软，焊接后显得较为杂乱。本书系列模块中，大多使用内径 0.25mm 单股导线，它软硬适度，在布线时焊接方便，走线也可以做到整齐美观。此外，对于稍大功率模块也可以选用彩色多股排线，芯粗 0.12mm，每根 7 股芯。

在模块制作过程中也可以购买不同颜色的导线，这样可以把电源线、地线、信号线等通过颜色区分开，例如电源可以用红色线、地用黑色线等。本书系列模块没有做区分，各个模块都只用了绿色单股线走线。

（a）多股导线

（b）单股导线

图 1-14 多股导线与单股导线

1.2.4 杜邦线

杜邦线在单片机电路设计中使用频率相当高，模块间的连接几乎都要用到，它的长度一般为 20cm 左右。杜邦线可以非常牢靠地和插针连接，无须焊接，可以快速进行电路实验。杜邦线有单根的杜邦线也有多根一体的杜邦线，如图 1-15 和图 1-16 所示，单根线应用起来十分灵活，但对于一些排列规范、前后挨着的连接插针，如果用单根线一根根插接是很麻烦的，而且有时还会把顺序弄错，这个时候我们就应该选用多根一体的杜邦线。例如，P1 口亮灯、数码管显示、1602 液晶显示、AD/DA 转换等模块就会用到八根一体杜邦线，矩阵键盘、步进电机驱动等模块会用到四根一体杜邦线。在使用杜邦线时大家尽量让插头有白色铁芯的一面朝外，这样方便以后电路的检修，更容易找出断路的坏线。

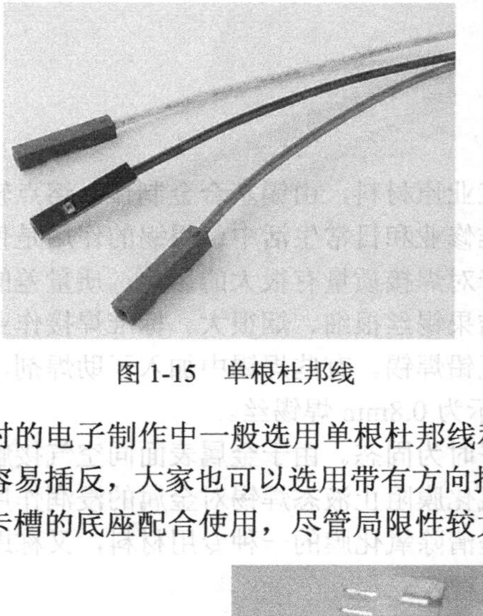

图 1-15 单根杜邦线

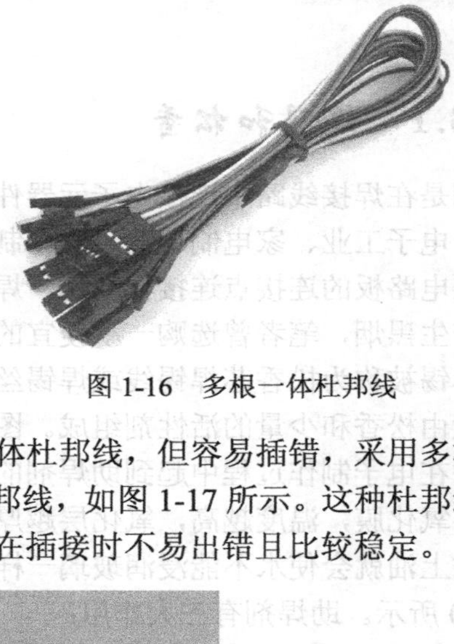

图 1-16 多根一体杜邦线

平时的电子制作中一般选用单根杜邦线和多根一体杜邦线，但容易插错，采用多根一体的杜邦线容易插反，大家也可以选用带有方向插头的杜邦线，如图 1-17 所示。这种杜邦线要与带有方向卡槽的底座配合使用，尽管局限性较大，但它在插接时不易出错且比较稳定。

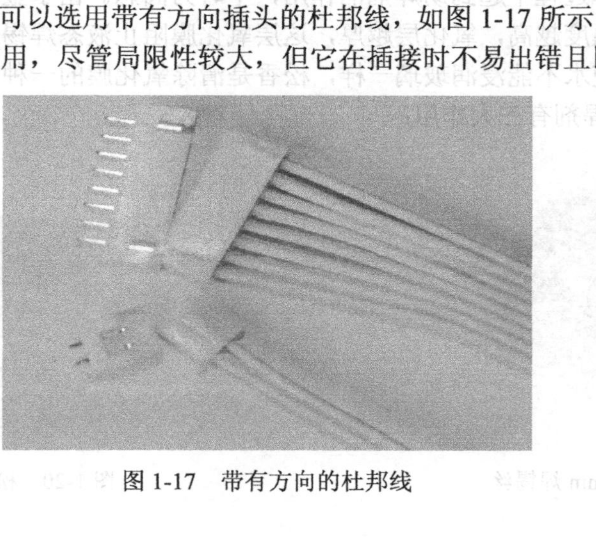

图 1-17 带有方向的杜邦线

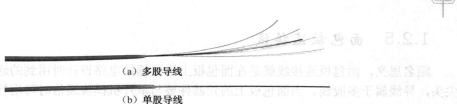

1.2.5 面包板连接线

顾名思义，面包板连接线就是在面包板上进行插接电路设计时用到的连接线，它两端带有尖头，导线属于多股线。当面包板上的元器件要与单片机模块通信时可用杜邦线配合使用，面包板连接线如图 1-18 所示。

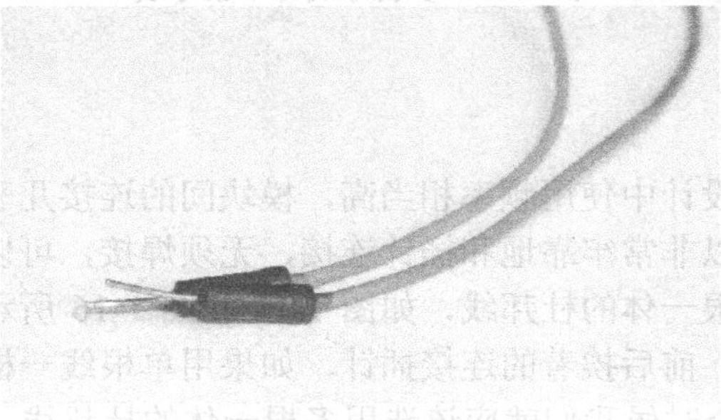

图 1-18 面包板连接线

1.3 焊接装备

1.3.1 焊锡和松香

焊锡是在焊接线路中连接电子元器件的重要工业原材料，由锡基合金制作，熔点较低，广泛应用于电子工业、家电制造业、汽车制造业、维修业和日常生活中。焊锡的作用是使元件引脚与印刷电路板的连接点连接在一起，焊锡的选择对焊接质量有很大的影响，质量差的焊锡加热时会产生黑烟，笔者曾选购一款便宜的焊锡，结果锡丝很细、烟很大。标准焊接作业时使用的线状焊锡被称为松香芯焊锡线或焊锡丝，也有无铅焊锡。有些焊锡中加入了助焊剂，这种助焊剂一般由松香和少量的活性剂组成。图 1-19 所示为 0.8mm 焊锡丝。

松香在电子制作过程中起到助焊剂的作用，平时为固态。由于金属表面同空气接触后都会生成一层氧化膜，温度越高，氧化层越厚，这层氧化膜阻止液态焊锡对金属的浸润作用，犹如玻璃上沾上油就会使水不能浸润玻璃一样，松香是清除氧化膜的一种专用材料，又称助焊剂，如图 1-20 所示。助焊剂有三大作用：

图 1-19 0.8mm 焊锡丝

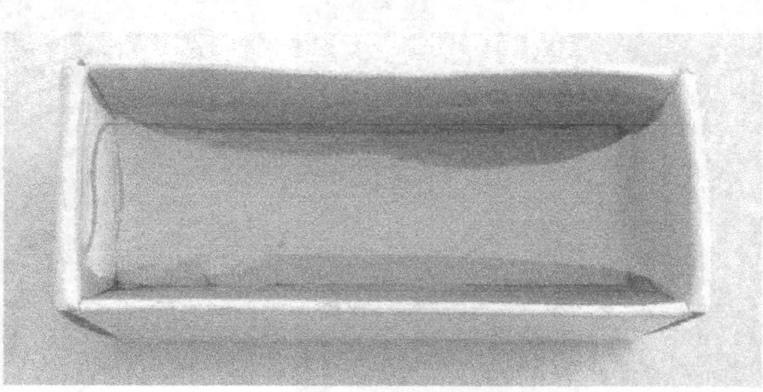

图 1-20 松香

① 除氧化膜：实质是助焊剂中的物质发生还原反应，从而除去氧化膜，反应生成物变成悬浮的渣，漂浮在焊料表面；

② 防止氧化：其熔化后，漂浮在焊料表面，形成隔离层，因而防止了焊接面的氧化；

③ 减小表面张力：增加焊锡流动性，有助于焊锡湿润焊件。

1.3.2 电烙铁及烙铁支架

电烙铁是电子制作和电器维修中最常用的工具，作用是将电能转换成热能对焊接点部位进行加热焊接。按结构可分为内热式电烙铁和外热式电烙铁，按功能可分为焊接用电烙铁和吸锡用电烙铁，根据用途不同又分为大功率电烙铁和小功率电烙铁。内热式的电烙铁体积较小，发热效率较高，而且价格便宜更换烙铁头也较方便，普通的电子制作一般就选用它。一般来说，电烙铁的功率越大，热量越大，烙铁头的温度也就越高。一般的晶体管、集成电路电子元器件焊接选用 20～30W 的内热式电烙铁足够了，功率过大容易烧坏元件，因为二极管、三极管结点温度超过 200℃就会烧坏。本书系列模块选用的电烙铁为 30W 吸锡电烙铁，如图 1-21 所示，它是将活塞式吸锡器与电烙铁融为一体的拆焊工具，具有使用方便、灵活、适用范围广等特点。在当做吸锡器使用时要将烙铁头换成吸锡头，按下后端绿色按钮吸取废锡。

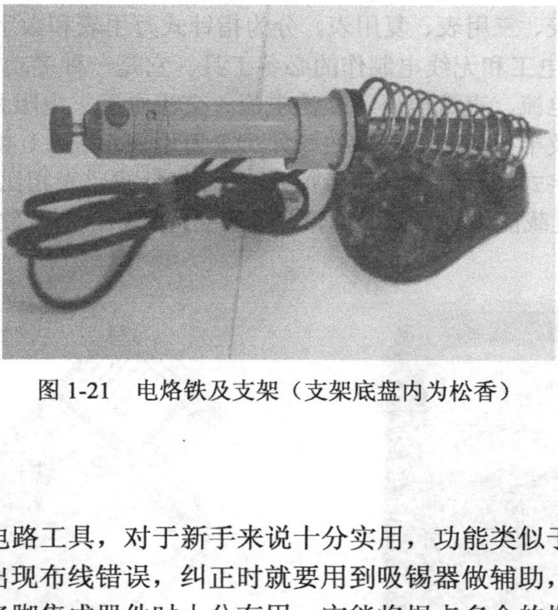

图 1-21　电烙铁及支架（支架底盘内为松香）

1.3.3 吸锡器

吸锡器是一种修改电路工具，对于新手来说十分实用，功能类似于学生所用的涂改液。新手在焊接电路时难免会出现布线错误，纠正时就要用到吸锡器做辅助，它能收集拆卸电子元件中融化的焊锡。在拆除多脚集成器件时十分有用，它能将焊点多余的焊锡全部吸掉。此外，初次使用电烙铁总是容易将焊锡弄得到处都是，吸锡器则可以帮用户把电路板上多余的焊锡处理掉。简单的吸锡器是手动式的，且大部分是塑料制品，它的头部由于常常接触高温，因此通常都采用耐高温塑料制成。

吸锡器的使用十分简单，如图 1-22 所示的手动吸锡器，里面有一个弹簧，使用时，先把吸锡器末端的活塞滑杆压入，直至听到“咔”的一声，则表明吸锡器已被固定。再用电烙铁对焊接点加热，使焊接点上的焊锡熔化，同时将吸锡器靠近接点，移开电烙铁时，迅速把吸锡器贴上焊点，并按下吸锡器上面的按钮即可将焊锡吸入吸锡器的腔体。若一次未吸干净，可重复上述步骤。由于废锡料都被吸入吸锡器腔体，因此大家要定期清理吸锡器的腔体。

图 1-22 吸锡器

1.4 其他器件

1.4.1 万用表

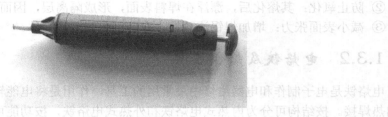

万用表又称为多用表、三用表、复用表，分为指针式万用表和数字式万用表，如图 1-23 和图 1-24 所示，万用表是电工和无线电制作的必备工具。它是一种多功能、多量程的测量仪表，一般万用表可测量直流电流、直流电压、交流电流、交流电压、电阻和音频电平等，有的还可以测量电容量、电感量及半导体的一些参数（如β）。万用表由表头、测量电路及转换开关三个主要部分组成，分为数字式和指针式（即模拟式），与指针式仪表相比，数字式仪表灵敏度高，精确度高，显示清晰，过载能力强，便于携带，使用更简单，目前，数字式万用表已成为主流，取代了指针式仪表。

图 1-23 指针（模拟）式万用表

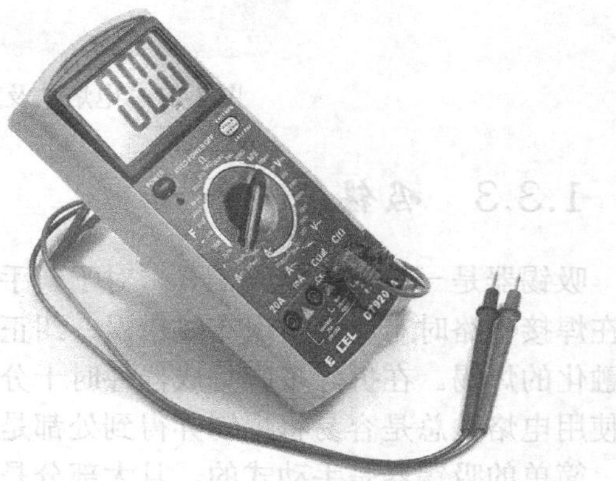

图 1-24 数字式万用表（3 位半）

本书用到的是数字式万用表，主要对电压、电阻和电流进行测量并用来排查电路故障。在使用万用表前，应认真阅读有关的使用说明书，熟悉电源开关、量程开关、插孔、特殊插口的作用。然后将 ON/OFF 开关置于 ON 位置，检查 9V 电池，如果电池电压不足，将显示在显示器上，这时则需更换电池，如果显示器没有显示，则可以使用。测试笔插孔旁边的符号，表示输入电压或电流不应超过指示值，这是为了保护内部线路免受损伤，测试之前功能开关应置于所需的挡位和量程上。

1.4.2　镊子和美工刀

镊子是单片机电路板焊接中经常使用的工具，人们常常用它夹持导线、元件及集成电路引脚等。镊子一般有尖头、平头、弯头几种，不同的场合需要不同的镊子。在单片机模块的焊接中，一般用平头镊子夹持元件和集成电路，用尖头镊子夹持细导线，如图 1-25 所示。

美工刀也俗称刻刀，由塑刀柄和刀片两部分组成，为抽拉式结构，有大小多种型号，如图 1-26 所示。美工刀正常使用时通常只使用刀尖部分，切割、打点是比较主要的功能，在单片机电路板焊接中可以用它来钻小孔或者切割万用板等，但这种刀刀身很脆，使用时不能伸出过长的刀身，另外刀身的硬度和耐久及刀柄的选用也应该根据手形来挑选，还有握刀手势通常都会在包装背后有说明。

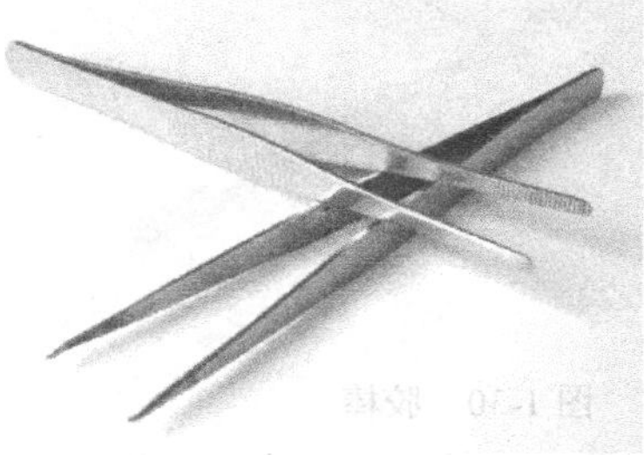

图 1-25　尖头、平头镊子

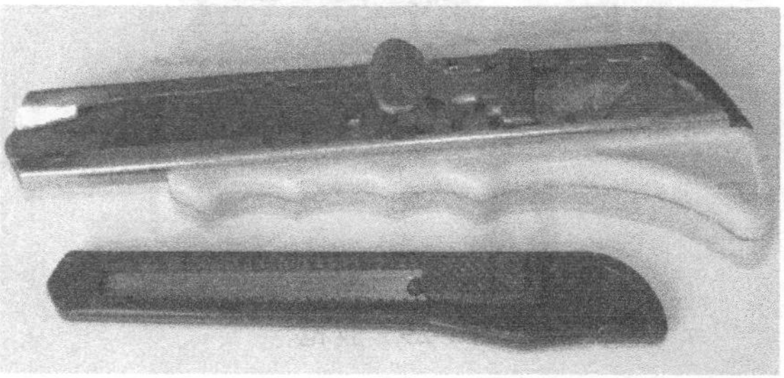

图 1-26　不同型号美工刀

1.4.3　斜口钳和剥线钳

斜口钳主要用于剪切导线，元器件多余的引脚，还常用来代替一般剪刀剪切绝缘套管、尼龙扎线卡等，使用方法较为简单。但斜口钳（图 1-27）不可以用来剪切钢丝、钢丝绳和过粗的铜导线和铁丝，否则容易导致斜口钳崩牙和损坏。

剥线钳用来剥除电线头部的表面绝缘层，如图 1-28 所示，它由刀口、压线口和钳柄组成，钳柄上套有额定工作电压 500V 的绝缘套管。剥线钳工作是利用杠杆原理，当剥线时，先握紧钳柄，使钳头的一侧夹紧导线的另一侧，通过刀片的不同刃孔可剥除不同导线的绝缘层。具体使用步骤如下：

① 根据导线的粗细型号，选择相应的剥线刀口；

② 将准备好的导线放在剥线工具的刀刃中间，选择好要剥线的长度；

③ 握住剥线工具手柄，将导线夹住，缓缓用力使导线外表皮慢慢剥落；

④ 松开工具手柄，取出导线，这时导线金属芯露在外面，其余绝缘塑料完好无损。

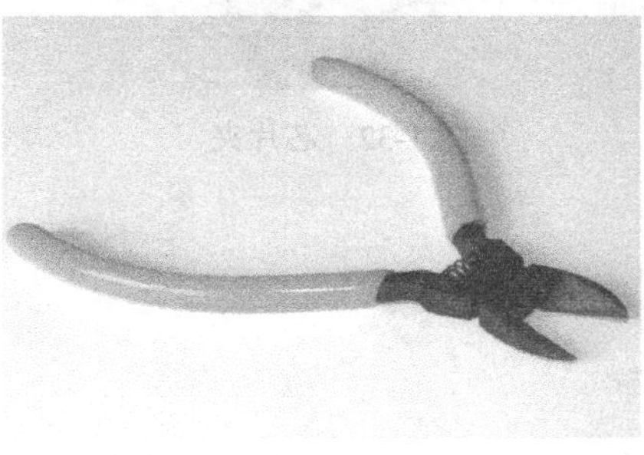

图 1-27　斜口钳

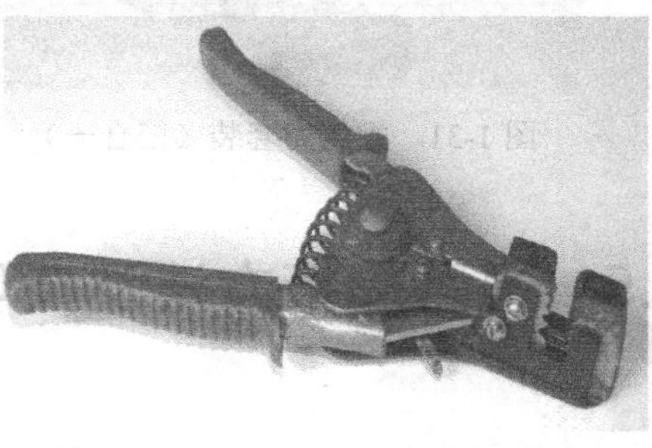

图 1-28　剥线钳

1.4.4 胶枪

胶枪是一种打胶或挤胶的工具，如图 1-29 所示，在单片机电路焊接中主要用于固定器件或者连接模块，例如，在 5V 直流稳压电源中可以用它来固定变压器或者打在电路底部走线上起到绝缘作用。普通胶枪一般为 20～40W，有不同的规格可供选择，一般为恒温设计，但不同的胶枪要选择不同直径的胶棒，如图 1-30 所示，在单片机电路中可以选用内径 11mm 左右的胶枪。使用前，先将胶棒插入胶枪，然后通电加热 3～5 分钟一般就可以使用了。按动胶枪手柄处的出胶开关，尖嘴处就会缓慢流出液体胶。

图 1-29　胶枪

图 1-30　胶棒

1.4.5 螺丝刀套装和芯片夹

在电子设计中难免要拆卸东西，现在大多数器件都采用螺纹连接，这时我们就需要螺丝刀了，但不同的器件螺丝钉不同，建议大家购买螺丝刀套装，而且螺丝刀套装也很便宜，一般在 10 元左右，虽说强度不大但在电子设计中已经够用了。本书设计中所用是三合一的套装，如图 1-31 所示，防滑塑胶手柄，接杆和刀头都有磁力，拆卸、使用都很方便。

由于芯片的引脚较多，在拔取芯片时很容易因受力不均衡使引脚歪斜或者把引脚折断，因此尽量使用芯片夹，如图 1-32 所示。把芯片夹夹住芯片的两端用力上提，这样受力比较均衡，不会出现引脚歪斜、折断的情况。

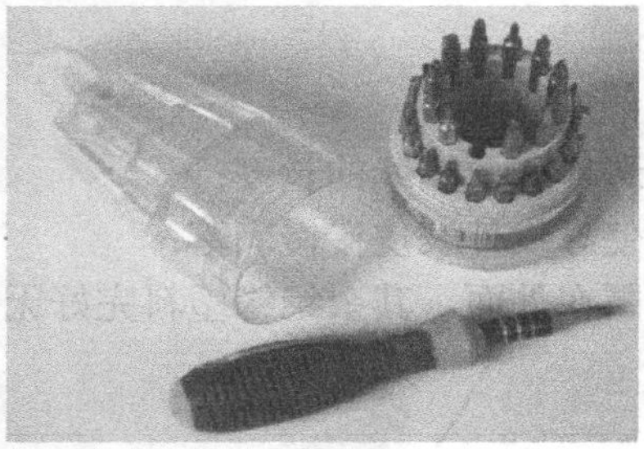

图 1-31　螺丝刀套装（三合一）

图 1-32　芯片夹

1.5 电路焊接方法及技巧

电路焊接方法有很多，但最终目的是要焊出稳定、整齐、美观的电路。电路焊接前，要选择合适的万能板，并把所有工具、元件备齐；接着就是元件布局，元器件布局要合理，初学者可以先在纸上做好初步布局，然后用铅笔画到万能板元件面（即正面）上，同时也可以将走线在板子上规划出来，方便自己焊接。

在正式焊接之前，还要对元件引脚和电路板的焊接部位进行处理，大致分为以下两方面：

第一，元件清洁和镀锡。元件必须清洁和镀锡，因为电子元件在保存中，由于空气氧化的作用，引脚上附有一层氧化膜，同时还有其他污垢，焊接前可用美工刀刮掉氧化膜，并且立即涂上一层焊锡（俗称搪锡），然后再进行焊接，经过上述处理后元件容易焊牢，不容易出现虚焊现象。电路中如果用到导线，焊接前应将绝缘外皮剥去，再打光涂锡，才能正式焊接，若是多股金属丝的导线，打光后应先拧在一起，然后再镀锡。

第二，清除万能板焊接部位的氧化层。万能板在保存中，也会由于空气氧化的作用，在焊接部位附上一层氧化膜，可以用细纱纸轻轻将敷铜面打光。

下面介绍一下焊接中的一些技巧。

（1）初步确定电源、地线的布局：电源贯穿电路始终，合理的电源布局对简化电路起到十分关键的作用。

（2）善于利用元器件的引脚：万用板的焊接需要大量的跨接、跳线等，不要急于剪断元器件多余的引脚，有时候直接跨接到周围待连接的元器件引脚上会事半功倍。另外，本着节约材料的目的，可以把剪断的元器件引脚收集起来作为跳线用。

（3）善于利用元器件自身的结构：例如单片机模块中矩阵键盘电路的焊接，这是一个利用了元器件自身结构的典型例子，因为轻触式按键有4只脚，其中两两相通，我们便可以利用这一特点来简化连线，电气相通的两只脚充当了跳线。

（4）善于利用排针：因为排针有许多灵活的用法，在焊接电路中一般用得较多，如两块板子相连，就可以用排针和排座，排针既起到了两块板子间的机械连接作用又起到电气连接的作用。

（5）充分利用板上的空间：对于一些较紧凑的板子（这一点要格外注意），例如，在芯片座里面隐藏元件，既美观又能保护元件。

（6）利用好不同颜色导线：可以用不同颜色的导线表示不同的信号，但同一个信号最好用一种颜色。例如，可以用红色线代表电源线、黑色线代表地线等，养成这样的习惯，以后看到自己焊的电路就基本知道走的是什么线了。

（7）分步调试电路：按照电路原理，分步进行制作调试。做好一部分就可以进行测试、调试，不要等到全部电路都制作完成后再测试，这样不利于整体调试和排错。

这里简单总结这些，电路的焊接需要多动手、多练习，这样才能焊出稳定、美观的板子。

第2章

单片机简介

2.1 单片机概述

单片机包含中央处理器 CPU、随机存储器 RAM、只读存储器 ROM、中断系统、定时/计数器以及 I/O 接口电路等几部分，这几个部分集成在一块电路芯片上。虽然单片机只是一个芯片，但从组成和功能上看，它已经具备了计算机系统的属性，为此，称它为单片微型计算机（Simple Chip Machine），简称单片机，单片机是典型的嵌入式微控制器（Micro Controller Unit），所以人们常用英文字母的缩写 MCU 表示单片机。不得不说的是，单片机是嵌入式系统低端应用的选择之一。

单片机的历史还要追溯到 20 世纪 70 年代，美国 Fairchild（仙童）公司率先推出了第一款单片机 F-8，随后 Intel 公司推出了影响面更大、应用更广的 MCS-48 系列单片机，从而单片机就开始了它的探索、完善之旅，如今可谓百花齐放。单片机作为一块集成芯片具有一些特殊的功能，它的功能的实现要靠用户自己编程实现。通过编程可以控制芯片的各个引脚根据需求在不同时间输出不同的电平信号（高电平或低电平，关于电平在后面会讲到），进而控制与单片机各个引脚相连接的外围电路的电气状态，编程时可以选择用 C 语言或汇编语言。

快速充电站：嵌入式系统

前面也提到单片机是嵌入式系统低端应用的最佳选择，单片机的英文缩写是 MCU，而嵌入式微控制器（Micro Controller Unit）的英文字母缩写也是 MCU，所以单片机和嵌入式系统关系非常密切。在这里需要提一下，其实嵌入式系统无处不在，在移动电话、数码照相机、MP4、数字电视的机顶盒、微波炉、汽车内部的喷油控制系统、防抱死制动系统等装置或设备都使用了嵌入式系统，告诉你，就连阿波罗飞船的导航控制系统 AGC（Apollo Guidance Computer）也是嵌入式系统。

很多学生应该都听说过嵌入式系统，不过可能对它的概念不是很清楚，那么什么是嵌入式系统呢？根据 IEEE（国际电气和电子工程师协会）的定义，嵌入式系统是“控制、监视或者辅助设备、机器和车间运行的装置”，不过笔者认为这样的定义太笼统。目前国内普遍被认同的定义是：以应用为中心、以计算机技术为基础，软件硬件可裁剪，适应应用系统，对功能、可靠性、成本、体积、功耗严格要求的专用计算机系统。再精简点就是“嵌入到对象体系中的专用计算机系统”。

嵌入式微控制器具有单片化、体积小、功耗和成本低，可靠性高等特点，约占嵌入式系统市场份额的 70%。嵌入式微控制器品种和数量很多，典型产品有 8051、MCS-251、MCS-96/196/296、C166/167、68K 系列，TI 公司的 MSP430 系列（一款低功耗单片机）和 Motorola 公司的 68H12 系列，以及 MCU8XC930/931、C540、C541，并且有支持 I2C、CAN-BUS、LCD 及众多专用嵌入式微控制器和兼容系列。

嵌入式系统通常由包含有嵌入式处理器、嵌入式操作系统、应用软件和外围设备接口的嵌入式计算机系统和执行装置（被控对象）组成。当大家精通了单片机以后就可以制作嵌入式系统了。

2.1.1 单片机的应用

单片机是一种可通过编程控制的微处理器，与外围的数字及模拟芯片等器件结合使用，大大拓展了其应用的领域，例如，智能仪表、机电一体化、实时控制、分布式多机系统、家用电器、武器装备等。这些电子器件内部无一不用到单片机，而且大多数电器内部的主控芯片就是由一块单片机来控制的，可以说，凡是与控制或简单计算有关的电子设备都可以用单片机来实现，当然需要根据实际情况选择不同性能的单片机，如 Atmel、STC、PIC、AVR、C8051、凌阳及 ARM 等。因此，对于相关专业的大学生，掌握单片机是最简单和基本的要求，如果连单片机的知识都没有掌握，再别提更高级的 CPLD、FPGA、DSP、ARM 技术了，没有单片机知识做基本的支撑，学其他内容更是难于上青天。

2.1.2 STC89C52RC 简介

单片机品种很多，本书选用的是目前国内外用得较多的以 51 内核为核心扩展出的单片机，即通常人们所说的 51 单片机。而国产的 STC 系列 51 单片机凭借低廉的价格，稳定的性能赢得了很多电子爱好者的芳心，这里我们选用的是 STC89C52RC 型号单片机，如图 2-1 所示，它是一款 8 位机。

图 2-1　STC89C52RC 型号单片机

如图 2-1 所示，芯片上的详细标号为 STC 89C52RC 40I-PDIP 1051CON222.HD。接下来就以这个芯片为例解释一下一般单片机芯片标识的含义：

STC——表示芯片为 STC 公司生产的产品。其他前缀还有如 AT、i、Winbond、SST 等。

8——表示该芯片为 8051 内核芯片。

9——表示内部含 Flah E^2PROM 存储器。还有如 80C51 中 0 表示内部含 Mask ROM(掩模 ROM）存储器；如 87C51 中 7 表示内部含 EPROM 存储器(紫外线可擦除 ROM)。

C——表示该器件为CMOS产品。还有如89LV52和89LE58中的LV和LE都表示该芯片为低电压产品（通常为3.3V电压供电）；而89S52中的S表示该芯片含有可串行下载功能的Flash存储器，即具有ISP可在线编程功能。

5——固定不变。

2——表示该芯片内部程序存储空间的大小，2为8KB，如果为1则单片机内存为4KB，3就是12KB，即该数乘上4KB就是该芯片内部程序存储空间的大小。程序空间大小决定了该芯片所能装入执行代码的多少。一般来说，程序存储空间越大，芯片价格也越高，所以在选择芯片时要根据自己硬件设备实现功能所需代码的大小来选择价格合适的芯片，只要程序能装得下，同类芯片的不同型号不会影响其功能。

RC——STC单片机内部RAM（随机读写存储器）为512B。还有如RD+表示内部RAM为1280B。

40——表示芯片外部晶振最高可接入40MHz。对AT单片机数值一般为24，表示其外部晶振最高为24MHz。

I——产品级别，表示芯片使用温度范围。I表示工业用产品，温度范围为-40～+85℃。若为C，表示商业用产品，温度范围为0～+70℃；若为A，表示汽车用产品，温度范围为-40～+125℃；若为M，表示军用产品，温度范围为-55～+150℃。

PDIP——产品封装型号，表示双列直插式。

1051——表示本批芯片生产日期为2010年第51周。

CON222.HD——有关资料显示，此标号表示芯片制造工艺或处理工艺，了解即可。

2.1.3 51单片机引脚介绍

单片机中用得最多的主要是双列直插式封装。本书用的STC89C52RC是双列直插式40脚封装，不过也有20、28、32、44等不同引脚数的单片机，基于8051内核的单片机，若引脚数或封装相同，它们的引脚功能一般是相通的。

在介绍单片机各引脚之前讲一下芯片引脚的区分方法，当我们观察单片机的表面时，会看到一个凹进去的小圆坑，或是用颜色标识的一个小标记（圆点或三角或其他小图形），这个小圆坑或是小标记所对应的引脚就是这个芯片的第1引脚，然后逆时针方向数下去，即1到最后一个引脚。如图2-1所示的STC89C52RC外观图或图2-2所示的单片机引脚图，在芯片正上方有一个小圆坑，它的左边对应的第1个引脚即为此单片机的第1引脚，逆时针数依次为2、3、…、40，在实际焊接或绘制电路板时，大家务必要注意它们的引脚标号，否则焊接错误，完成的作品不能正常工作不说，芯片或其他器件也会不同程度受损，故在使用芯片时一定要弄清楚引脚的顺序。

接下来以图2-2单片机PDIP封装引脚图为例介绍单片机各个引脚的功能。根据引脚的功能将这40个引脚分成三类，即电源引脚、时钟引脚和编程控制引脚。

（1）电源和时钟引脚：VCC、GND、XTALI、XTAL2等。

① GND（20脚）、VCC（40脚）：单片机电源引脚，不同型号单片机接入对应电压电源，常压为+5V，低压为+3.3V，大家在使用时可查看其芯片对应文档。

② XTAL2（18脚）、XTAL1（19脚）：外接时钟引脚。XTAL1为片内振荡电路的输入端，XTAL2为片内振荡电路的输出端。8051的时钟有两种方式，一种是片内时钟振荡方式，需在这两个引脚外接石英晶体和振荡电容，振荡电容的取值一般为10p～30pF；另一种是外部时钟方式，XTAL1接地，外部时钟信号从XTAL2脚输入。

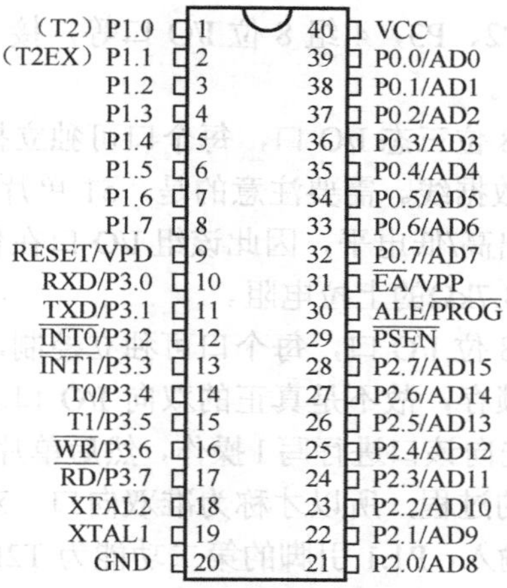

图 2-2　PDIP 封装单片机引脚图

（2）编程控制引脚：RESET/VPD、$\overline{PSEN}$、ALE/$\overline{PROG}$、$\overline{EA}$/VPP 等。

① RESET/VPD（9 脚）：单片机的复位引脚。当输入连续两个机器周期以上高电平时为有效，来完成单片机的复位操作，复位后程序计数器 PC=0000H，即复位后程序将从存储器的 0000H 单元读取第一条指令码，通俗地讲，就是单片机从头开始执行程序。VCC 掉电期间，此引脚可接备用电源，以保持内部 RAM 的数据不丢失；当 VCC 低于规定水平，而 VPD 在其规定的电压范围（5V±0.5V）内时，VPD 向内部 RAM 提供备用电源。

② $\overline{PSEN}$（29 脚）：全称是程序存储器允许输出控制端。在读外部程序存储器时，$\overline{PSEN}$ 低电平有效，以实现外部程序存储器单元的读操作，由于现在人们使用的单片机内部已经有足够大的 ROM，所以几乎没有人再去扩展外部 ROM，因此这个引脚大家只需了解即可。外部 ROM 读取时，$\overline{PSEN}$ 不动作；在每个机器周期会动作两次，两个 $\overline{PSEN}$ 脉冲被跳过不会输出；外接 ROM 时，与 ROM 的 $\overline{OE}$ 脚相接。

③ ALE/$\overline{PROG}$（30 脚）：地址锁存控制端。在单片机扩展外部 RAM 时，ALE 用于控制把 P0 口的输出低 8 位地址送锁存器锁存起来，以实现低位地址和数据的隔离。ALE 有可能是高电平也有可能是低电平，当 ALE 是高电平时，允许地址锁存信号，当访问外部存储器时，ALE 信号负跳变（即由正变负）将 P0 口上低 8 位地址信号送入锁存器，从而实现低位地址与数据的分离；当 ALE 是低电平时，P0 口上的内容和锁存器输出一致。在没有访问外部存储器期间 ALE 以 1/6 振荡周期频率输出（即 6 分频），当访问外部存储器时，以 1/12 振荡周期输出（12 分频）。当系统没有进行扩展时，ALE 会以 1/6 振荡周期的固定频率输出，因此可以作为外部时钟，或作为外部定时脉冲使用。$\overline{PROG}$ 为编程脉冲的输入端，单片机的内部有程序存储器（ROM），它的作用是用来存放用户需要执行的程序，那么我们怎样才能将写好的程序存入这个 ROM 中呢？实际上，我们是通过编程脉冲输入才写进去的，这个脉冲的输入端口就是 $\overline{PROG}$。现在有很多单片机都已经不需要编程脉冲引脚往内部写程序了，比如我们用的 STC 单片机，它可以直接通过串口往里面写程序，只需要三条线（发送、接收、信号地三条线）与计算机相连即可。而且现在的单片机内部都已经带有丰富的 RAM，所以不需要再扩展 RAM 了，因此 ALE/$\overline{PROG}$ 引脚已经很少使用。

④ $\overline{EA}$/VPP（31 脚）：$\overline{EA}$ 接高电平时，单片机读取内部程序存储器；若扩展了外部 ROM 时，读取完内部 ROM 后自动读取外部 ROM。$\overline{EA}$ 接低电平时，单片机直接读取外部 ROM。因为现在用的单片机都有内部 ROM，所以在设计电路时此引脚可以始终接高电平。

⑤ I/O 口引脚：P0、P1、P2、P3，4 组 8 位 I/O 口等，接下来重点看一下 I/O 口引脚，包括 P0 口、P1 口、P2 口和 P3 口。

P0 口（32～39 脚）：双向 8 位三态 I/O 口，每个口可独立控制。在访问外部存储器时，可分时用做低 8 位地址线和 8 位数据线。需要注意的是，51 单片机 P0 口内部没有上拉电阻，为高阻状态，所以不能正常地输出高/低电平，因此该组 I/O 口在使用时务必要外接上拉电阻，在单片机最小系统板上接入的是 4.7kΩ的上拉电阻。

P1 口（1～8 脚）：准双向 8 位 I/O 口，每个口可独立控制，内部带上拉电阻，这种接口输出没有高阻状态，输入也不能锁存，故不是真正的双向 I/O 口。之所以称它为“准双向”是因为该口在作为输入使用前，要先向该口进行写 1 操作，然后单片机内部才可正确读出外部信号，也就是要使其先有个“准”备的过程，所以才称为准双向口。对 51 单片机 P1.0 引脚的第二功能为 T2 定时器/计数器的外部输入，P1.1 引脚的第二功能为 T2EX 捕捉、重装触发，即 T2 的外部控制端。

P2 口（21～28 脚）：准双向 8 位 I/O 口，每个口可独立控制，内部带上拉电阻，具体的使用方法与 P1 口相似。

P3 口（10～17 脚）：准双向 8 位 I/O 口，每个口可独立控制，内部带上拉电阻。作为第一功能使用时当做普通 I/O 口，与 P1 口相似。作为第二功能使用时，各引脚的定义表 2-1 所示。值得强调的是，P3 口的每一个引脚均可独立定义为第一功能的输入/输出或第二功能的不同作用。

表 2-1　P3 口各引脚第二功能表

标号	引脚	第二功能	作用
P3.0	10	RXD	串行输入口
P3.1	11	TXD	串行输出口
P3.2	12	$\overline{\text{INT0}}$	外部中断 0
P3.3	13	$\overline{\text{INT1}}$	外部中断 1
P3.4	14	T0	定时器/计数器 0 外部输入端
P3.5	15	T1	定时器/计数器 1 外部输入端
P3.6	16	$\overline{\text{WR}}$	外部数据存储器写脉冲
P3.7	17	$\overline{\text{RD}}$	外部数据存储器读脉冲

2.2 单片机与 C 语言的强强联手

2.2.1 C 语言的优势

编程语言有机器语言、汇编语言和高级语言，机器语言就是 0、1 组合，这个不多说，汇编语言程序可以高效利用计算机资源，目标程序占用内存少，执行速度快，适合于自动测控系统反应快速、结构紧凑的要求，不过汇编语言是一种低级语言仅仅高于直接手工编写二进制的机器指令码。汇编语言用助记符代替操作码，用地址符号或标号代替地址码，不过记忆起来感觉很是麻烦。高级语言程序容易掌握，通用性好，但编译程序系统开销大，目标程序占用内存多，且执行时间比较长，多用于科学计算、工业设计、企业管理。我们用到的 C 语言就是高级语言的一种。

C 语言作为一种编程非常方便的语言而得到广泛的应用，很多硬件开发都用 C 语言编程，如各种单片机、DSP、ARM 等。C 语言程序本身不依赖于机器硬件系统，基本上不做修改或仅做简单的修改就可将程序在不同的系统之间进行移植。C 语言提供了很多数学函数并支持浮点运算，开发效率高，可极大地缩短开发时间。单片机的 C51 编程与用汇编 ASM-51 编程相比，有如下优势：

（1）对单片机的指令系统不要求有任何的了解，就可以用 C 语言直接编程操作单片机；

（2）对单片机的寄存器分配、不同存储器的寻址及数据类型等细节完全由编译器自动管理；

（3）C 语言程序有规范的结构，可分成不同的函数，可使程序结构化；

（4）C 语言包含许多标准子程序，具有较强的数据处理能力，使用十分方便。

C 语言常用语法不多，尤其是单片机的 C 语言常用语法更少，初学者没必要再系统地将 C 语言重学一遍，只要跟着本书学下去，当遇到难点时，停下来适当地查阅 C 语言书籍里的相关部分，便会很容易掌握，而且可以马上应用到实践当中，且记忆深刻。C 语言仅仅是一个开发工具，其本身并不难，难的是如何在将来开发庞大系统中灵活运用 C 语言的正确逻辑编写出结构完善的程序，这需要大家以后多多练习。下面主要讲解一下单片机编程中要用到的 C 语言基础知识。

（1）一个 C 语言源程序可以由一个或多个源文件组成；

（2）每个源文件可由一个或多个函数组成；

（3）一个源程序不论由多少个文件组成，都有且只能有一个 main 函数，即主函数；

（4）源程序中可以有预处理命令（包括 include 命令、if 命令等），预处理命令通常放在源文件或源程序的最前面；

（5）每一个说明，每一个语句都必须以分号结尾，但预处理命令，函数头和花括号“}”之后不能加分号；

（6）标识符，关键字之间必须加至少一个空格以示间隔，若已有明显的间隔符，也可不再加空格来间隔。

2.2.2 C 语言运算符

C 语言中常用运算符有算术运算符、关系运算符、逻辑运算符及位运算符等。算术运算符是用来处理四则运算的符号，最简单，也最常用的运算符号，尤其是数字的处理，几乎都会使用到算术运算符号，如表 2-2 所示。

表 2-2 算术运算符

算术运算符	名称
+	加法
-	减法
*	乘法
/	除法
++	自加
--	自减
%	取余

算术运算中的加减乘除对大家并不陌生，在单片机编程时需要注意的就是除法“/”的用法。“/”用在整数除法中时，10/3=3，这也被称为求模运算，10对3求模即10当中含有多少个整数3，答案是3个，当进行小数除法运算时，我们需要这样写10/3.0，它的结果是3.333333，若写成10/3它只能得到整数而得不到小数，这一点请大家一定注意；自加“++”、自减“--”，这两个你可能刚接触，它的意思就是数值自加或自减1之后再参与下一步的运算，例如初始值X=10，X++，当下一步用到X时X应该为11；“%”求余运算，也是在整数中，如10%3=1，即10当中去掉整数倍的3之后剩下的那个数，即取余数。

关系运算符和逻辑运算符，运算结果只有两种真和假，真即为非0，假即为0，如表2-3所示。

表2-3　关系运算符和逻辑运算符

运算符	名称	示例	功能
>	大于	a>b	a大于b时返回真；否则返回假
>=	大于等于	a>=b	a大于等于b时返回真；否则返回假
<	小于	a<b	a小于b时返回真；否则返回假
<=	小于等于	a<=b	a小于等于b时返回真；否则返回假
==	测试相等	a==b	a、b相等时返回真；否则返回假
!=	测试不等	a!=b	a、b不相等时返回真；否则返回假
&&	与	a&&b	a、b同时为真时返回真；否则返回假
||	或	a||b	a、b同时为假时返回假；否则返回真
!	非	!a	a为真时返回假；否则返回真

位运算符，即将数值按位操作的运算符，如表2-4所示，这部分要用到进制转换。

表2-4　位运算符

位运算符	名称
&	按位与
|	按位或
^	异或
~	取反
>>	右移
<<	左移

按位操作具体是这样运算的，例如3&5=？我们要先把3和5用补码表示再进行按位与操作。3的补码为00000011，5的补码为00000101，按位操作即00000011&00000101=00000001，即3&5=1。按位或、异或、取反操作方法类似，接下来讲解一下位运算符中的右移和左移。以右移为例，右移就是将一个数的二进位全部右移若干位，若低位右移后溢出，则舍弃，不起作用，左补0。

例如，a=a>>2，在操作时将a的二进制数右移2位，左补0。假如a=15，即二进制数00001111，那么我们右移2位（右侧舍弃两个1，左侧补上两个0）之后为a=00000011，即a=3。左移操作类似，只要高位溢出则舍弃，右补0。在P1口亮灯设计中可以用左移和右移运算实现流水灯效果。

快速充电站：进制

在 C 语言中常用的进制有二进制、十进制和十六进制。十进制数大家应该都不陌生，“逢十进一，借一当十”是十进制数的特点。有了十进制数的基础，我们学习二进制数便非常容易了，“逢二进一，借一当二”便是二进制数的特点。十进制数 1 转换为二进制数是 1B（这里 B 是表示二进制数的后缀）；十进制数 2 转换为二进制数时，因为已经到 2，所以需要进 1，那么二进制数即为 10B；那么 3 即为 10B+1B=11B，4 即为 11B+1B=100B，5 即为 100B+1B=101B。以此类推，当十进制数为 254 时，对应二进制数为 11111110B。

我们可找出一般规律，当二进制数转换成十进制数时，从二进制数的最后一位起往前看，每一位代表的数为 2 的 n 次幂，这里的 n 表示从最后起的第几位二进制数，n 从 0 算起，若对应二进制数位上有 1，那么就表示有值，为 0 即无值。例如，再把二进制数 11111110B 反推回十进制数，计算过程如下：

$$0\times2^0+1\times2^1+1\times2^2+1\times2^3+1\times2^4+1\times2^5+1\times2^6+1\times2^7=254$$

其中 2^n 称为“位权”。对于十进制数与二进制数之间的转换，我们能够熟练掌握 0～15 以内的数就够用了，如表 2-5 所示。

表 2-5　十进制与二进制转化表

十进制	二进制	十进制	二进制
0	0	8	1000
1	1	9	1001
2	10	10	1010
3	11	11	1011
4	100	12	1100
5	101	13	1101
6	110	14	1110
7	111	15	1111

如果你在进行单片机编程时用到其他较大的数，可以用 Windows 系统自带的计算器，它可以非常方便地进行二进制、八进制、十进制、十六进制数之间的任意转换。在计算机中单击“开始”菜单→“附件”→“计算器”，打开系统自带计算器，然后单击“查看”菜单，选择“程序员”就可以看到图 2-3 所示的计算器界面，你可以根据需要自由切换进制。

还有一个不得不说的进制就是十六进制，这个在我们以后的编程中也会经常用到。其实十六进制与二进制大同小异，不同之处就是十六进制是“逢十六进一，借一当十六”。还有一点特别之处需要注意，十进制的 0～15 表示成十六进制数分别为 0～9，A，B，C，D，E，F。即十进制的 10 对应十六进制的 A，11 对应 B，…，15 对应 F。我们一般在十六进制数的最后面加上后缀 H，表示该数为十六进制数，如 AH、BEH 等，这里的字母不区分大小写。不过我们在 C 语言编辑时一般写成“0xa,0xbe”，即用“0x”表示该数为十六进制。十进制与十六进制的转换在这里不再讲解，转换规则和十进制数与二进制数之间的转换规则类似，需要注意的是位权为 16^n。十进制、二进制、十六进制转换表如表 2-6 所示。

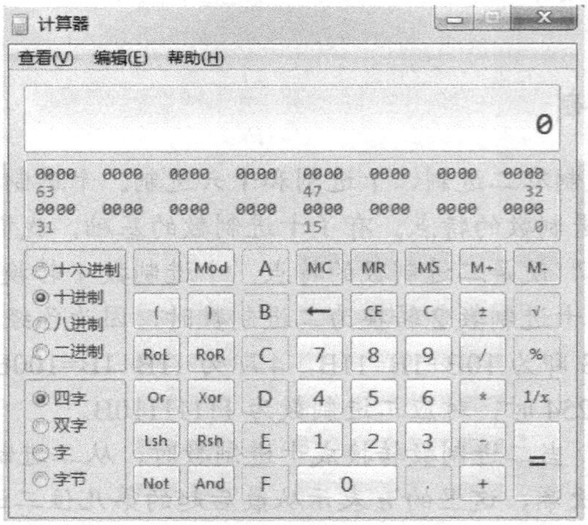

图 2-3　Windows 系统自带计算器

表 2-6　十进制、二进制、十六进制转换表

十进制	二进制	十六进制	十进制	二进制	十六进制
0	0	0	8	1000	8
1	1	1	9	1001	9
2	10	2	10	1010	A
3	11	3	11	1011	B
4	100	4	12	1100	C
5	101	5	13	1101	D
6	110	6	14	1110	E
7	111	7	15	1111	F

2.2.3　变量

变量，顾名思义即可以变化的量，遵循标识符的命名规则可以用英文字母、数字和下划线给变量起名，变量的开头不可以是数字。C 语言已经使用的语句不可以作变量名，如 char、bit、if、main 等。注意当用字母定义变量时，字母是区分大小写的，也就是说 abc 和 ABC 是不同的独立变量。

定义好的变量放在不同的位置，变量的意义是不同的。在函数体之外、程序的最前面定义的变量称为全局变量；在函数体内定义的变量称为局部变量。全局变量是给所有函数使用的变量，这些变量在程序中始终存在，不会消失，任何函数都可以读取、调用、修改全局变量。至于局部变量，它的待遇就没有那么好了，它们随函数的调用而诞生，随函数的退出而消失，只是在本函数内部使用，要么把结果送给返回值，要么不留痕迹。因为每个局部变量都是临时的，所以它们占用的内部 RAM 空间在它们消失之后被释放出来，而全局变量单独占用一份 RAM 空间直到整个应用程序结束即消失。

2.2.4　C 语言常用数据类型

变量除了有名字还有数据类型，以便被分配存储单元和用来决定能够存储哪种数据。变量的数据类型决定了如何将代表这些值的位存储到计算机的内存中。在声明变量时也可指定它的数据类型。当我们给单片机编程时，单片机也要运算，而在单片机的运算中，这个变量数据的大小是有限制的，我们不能随意给一个变量赋任意的值，因为变量在单片机的内存中是要占据空间的，变量大小不同，所占据的空间就不同。为了合理利用单片机的内存空间，在编程时就要设定合适的数据类型，不同的数据类型代表了十进制中不同的数据大小，所以在定义一个变量之前，必须要向编译器声明这个变量的类型，以便让编译器提前从单片机内存中分配给这个变量合适的空间。单片机中常用的 C 语言数据类型如表 2-7 所示。

表 2-7 C 语言常用数据类型表

数据类型	关键字	所占位数	数值范围
无符号字符型	unsigned char	8	0～255
有符号字符型	char	8	-128～127
无符号整型	unsigned int	16	0～65535
有符号整型	int	16	-32768～32767
无符号长整型	unsigned long	32	$0\sim2^{32}-1$
有符号长整型	long	32	$-2^{31}\sim2^{31}-1$
单精度实型	float	32	$-3.4\times10^{-38}\sim3.4\times10^{38}$
双精度实型	double	64	$-1.7\times10^{-308}\sim1.7\times10^{308}$
位类型	Bit	1	0～1

在学习 C 语言程序设计相关知识时，我们会看到有 short int、long int、signed short int 等数据类型。在单片机的 C 语言中默认的规则如下：short int 即为 int，long int 即为 long，前面若无 unsigned 符号则一律认为是 signed 型。

所占位数的概念，在编写程序时，无论是以十进制、十六进制还是二进制表示的数，在单片机中，所有的数据都是以二进制形式存储在存储器中的，既然是二进制，那么就只有两个数，0 和 1，这两个数每一位所占的空间就是一位（b），位也是单片机存储器中最小的单位。比位大的单位是字节（B），一个字节等于 8 位（即 1B=8b）。从 C 语言常用数据类型表可以看出，除了位，字符型占存储器空间最小，为 8 位，双精度实型最大，为 64 位。其中 float 型和 double 型是用来表示浮点数的，也就是我们所讲的带有小数点的数，如 12.234、0.213 等。在这里需要说明的是，在一般的系统中，float 型数据只能提供 7 位有效数字，double 型数据能够提供 15～16 位有效数字，但这个精度还和编译器有关系，并不是所有的编译器都遵守这条原则，当把一个 double 型变量赋给 float 型变量时，系统会截取相应的有效位数，就像一个 7L 的容器你非要往里倒 10L 的液体，容器只能留下其中的 7L 而把其余的 3L 舍弃。例如：

```
float a;  //定义个 float 型变量
a=123.1234567;
```

由于 float 型变量只能接收 7 位有效数字，因此，最后的 3 位小数将会被四舍五入截掉，即实际 a 的值将是 123.1235，若将 a 改成 double 型变量，则能全部接收上述 10 位数字并存储在变量 a 中。

2.2.5 C 语言常用头文件

我们编写的每一个单片机 C 语言程序几乎都有头文件，头文件作为一种包含功能函数、数据接口声明的载体文件，用于保存程序的声明。头文件的主要作用在于调用库功能，对各个被调用函数给出一个描述，其本身不包含程序的逻辑实现代码，它只起描述性作用，告诉应用程序通过相应途径寻找相应功能函数的真正逻辑实现代码。总体来看，头文件是用户应用程序和函数库之间的桥梁和纽带，在整个软件中，头文件不是最重要的部分，但它是C语言家族中不可缺少的组成部分。做一个不算很恰当的比喻，头文件就像是一本书中的目录，读者（用户程序）通过目录，可以很方便就查阅其需要的内容（函数库）。

头文件通常有reg51.h、reg52.h、math.h、ctype.h、stdio.h、stdlib.h、absacc.h、intrins.h等，在单片机的编程中reg51.h和reg52.h使用的比较多，它们是用来定义51单片机或52单片机特殊功能寄存器和位寄存器，两个头文件中大部分内容是一样的，不同之处在于MCS-52单片机比MCS-51单片机多一个定时器T2，因此，reg52.h中也就比reg51.h中多几行定义T2寄存器的内容。

math.h是定义常用数学运算的，如求绝对值、求方根、求正弦和余弦等，该头文件中包含有各种数学运算函数，当需要使用时可以直接调用它的内部函数，其他几种头文件在这就不多讲了，以后编程用到时再给大家细说。

大家也不要把头文件看得多么神秘、复杂，当我们对特殊功能寄存器有了基本的了解以后，也可以动手来写具有自己风格的头文件。

2.2.6 特殊功能寄存器的使用

单片机内部有很多的特殊功能寄存器，每个寄存器在单片机内部都分配有唯一的地址，一般我们会根据寄存器各自的功能给寄存器赋予不同的名称。需要注意的是，当我们在程序中操作这些特殊功能寄存器时，必须要在程序的最前面将这些名称加以声明，声明的过程实际就是将这个寄存器在内存中的地址编号赋给这个名称，这样编译器在以后的程序中才能认识这些名称所对应的寄存器。这些寄存器的声明已经完全被包含在51或52单片机的特殊功能寄存器声明头文件“reg51.h”或“reg52.h”中，如果用户不想深入了解，现在完全可以暂不操作它。以下为几种常用寄存器声明方法。

（1）sfr：8位特殊功能寄存器的数据声明。

（2）sfr16：16位特殊功能寄存器的数据声明。

（3）sbit：特殊功能位声明，即声明某一特殊功能寄存器中的某一位。

（4）bit：位变量声明，当定义一个位变量时可使用此符号。

以下来看几个特殊功能寄存器使用的举例。

```
sfr SCON=0x98;
```

SCON是单片机的串行口控制寄存器，这个寄存器在单片机内存中的地址为0x98。这样声明后，我们在以后要操作这个控制寄存器时，就可以直接对SCON进行操作，这时编译器也会明白，我们实际要操作的是单片机内部0x98地址处的这个寄存器，而SCON仅仅是这个地址的一个代号或名称而已，当然，也可以将它随意定义成其他的名称。

```
sfrl6 T2=0xCC;
```

声明一个16位的特殊功能寄存器，它的起始地址为0xCC。

```
sbit TI=SCON^1;
```

SCON是一个8位寄存器，SCON^1表示这个8位寄存器的次低位，最低位是SCON^0；SCON^7表示这个寄存器的最高位。该语句的功能就是将SCON寄存器的次低位声明为TI，以后若要对SCON寄存器的次低位操作，则直接操作TI即可。

2.2.7 C语言基础语句

不要感觉C语言语句很复杂，其实它主要由5种基本语句，do while、switch、if、for和while等。其中if和switch属于选择语句，while、do while和for属于循环语句。如果说函数体是单片机C语言编程的骨架，那么语句就是各功能器官，再加上表达式和变量化身的血液在各个器官间流淌，一个鲜活的系统就呈现在眼前。下面简单介绍一下各个“功能器官”的基本构成，它们具体的使用方法将在之后的各个实验程序中详细阐述。

1. if语句

在if语句中，当判别的表达式的值为“真”或“假”时，都执行一个赋值语句。C语言提供了三种形式的if语句：

if语句的第一种形式：

```
if (表达式) 语句;
```

if语句的第二种形式：

```
if (表达式) 语句1 ;
else 语句2;
```

if语句的第三种形式：

```
if (表达式1) 语句1;
else if (表达式2) 语句2;
    else if (表达式3) 语句3;
    ......
      else 语句n;
```

第三种形式的if语句就是常说的语句的嵌套了，此外，需要注意的是，如果在某个语句中有多个语句时，需要加上大括号，例如：

```
if (条件a)
   {
   执行指令A;
   执行指令B;
   }
else 执行指令C;
```

2. while语句

一般格式：

```
while(表达式)
{内部语句(内部可为空)}
```

执行特点：先判断表达式，后执行内部语句。

执行原则：若表达式不是0，即为真，那么执行语句。否则跳出while语句，执行后面的语句。

while语句在使用时需要注意以下几点。

（1）while语句循环是先判断后执行，若表达式一开始就是假的，则一次循环都不执行。

（2）在C语言中我们一般把“0”认为是“假”，“非0”认为是“真”，也就是说，只要不是0就是真，那么1、2、3等都是真。

（3）内部语句可为空，就是说 while 后面的大括号里可以什么都不写，如“while(1){}”。既然大括号里什么也没有，我们就可以直接将大括号也省略掉写成while(1);”。

（4）如果内部语句为空且又将大括号省略，写成了“while(1);”，现在需格外注意的就是

“while(1);”中的“;”，这个千万不能少！很多初学者都犯这个错误，结果程序出现错误，查了半天也不知道在什么地方出错，因为符号类的错误是不容易发现的。当把“;”漏掉之后，while()会把跟在它后面第一个分号前的语句认为是它的内部语句，这必然造成程序的执行错误。

（5）表达式是控制循环的条件，可以是任何类型的表达式，如一个常数、一个运算或一个带返回值的函数。关于函数的知识将在实例中讲解。

（6）循环体中尽量要有使循环结束的语句，否则会出现死循环。

3．for 语句

一般格式：

```
for(表达式 1; 表达式 2; 表达式 3)
{语句(内部可为空)}
```

执行过程如下。

第 1 步，求解一次表达式 1。

第 2 步，求解表达式 2，若其值为真（非 0 即为真），则执行 for 下面的语句，然后执行第 3 步；否则结束 for 语句，直接跳出，不再执行第 3 步。

第 3 步，求解表达式 3。

第 4 步，跳到第 2 步重复执行。

需要注意的是，三个表达式之间必须用分号隔开。在本系列单片机应用中 for 语句使用频率相当高，例如延时子程序中的 for 语句，相信大家很快就能将它用熟。

4．switch 语句

通常用 if 语句来处理两个分支，处理多个分支时需使用 if-else-if 结构，但如果分支较多，则嵌套的 if 语句层就越多，程序不但庞大而且理解也比较困难。因此，C 语言又提供了一个专门用于处理多分支结构的条件选择语句，称为 switch 语句，使用 switch 语句可直接处理多个分支，当然也包括两个分支。它的一般形式为：

```
switch(表达式)
    {
        case 常量表达式 1:（注意这里，常量表达式 1 后面是冒号而不是分号）
            语句 1;
            break;
        case 常量表达式 2:
            语句 2;
            break;
        ……
        case 常量表达式 n:
            语句 n;
            break;
        default;
            语句 n+1;
    }
```

switch 语句的执行过程：首先计算 switch 后面圆括号中表达式的值，然后用此值依次与各个 case 后的常量表达式比较，若 switch 后面圆括号中表达式的值与某个 case 后面的常量表达式的值相等，就执行此 case 后面的语句，当执行遇到 break 语句就退出 switch 语句；若 switch 后面圆括号中表达式的值与所有 case 后面的常量表达式都不等，则执行 default 后面的语句 n+1，然后退出 switch 语句，程序转向 switch 语句后面的下一个语句。

break 的作用是跳出当前的函数体，防止程序一直执行下去。因为在执行 switch 语句时，根据 switch 后面表达式的值找到匹配的入口标号，就继续执行下去，不再进行判断。break 也不是 switch 语句独有的风景，它可以应用在很多地方，不过 break 在使用时还是要谨慎为好，因为跳出当前函数体，可能会对变量、返回值等产生一定影响，所以慎用。

使用 switch 语句需要注意以下三点。

（1）每一个 case 的常量表达式的值必须互不相同。

（2）各个 case 和 default 出现次序不影响执行结果，而且 default 不是必须的。

（3）当 case 后面包含多条执行语句时，case 后面不需要像 if 语句那样加大括号，进入某个 case 后，会自动顺序执行 case 后面的所有语句。

5．do-while 语句语句

do-while 语句用于实现直到型循环结构，它可以说是 while 语句的变种。

一般形式：

```
do
  {循环体语句}
 while （表达式）
  {内部语句}
```

执行特点：先执行循环体中的语句，然后判断表达式，当表达式的值为“真”时，就返回重新执行循环体语句，如此反复，直到表达式的值为“假”，循环结束。

2.2.8 函数

所有 C 语言程序都必须有且只有唯一一个 main 函数，即主函数。C 语言的程序从 main 函数开始，从 main 函数结束。

完整的单片机 C 语言程序由函数组成，函数由若干条语句组成，语句又由无数个数值、符号构成。其实 C 语言程序中可以有多个函数，但只有一个主函数，其他的函数被称为子函数，程序从 main 函数开始，然后调用子函数，凡是当编译器编译到要调用而前面没有出现的函数，都必须在这个名单中，main 函数就不用放在名单中了，因为大家都认识，还有就是中断处理函数也不用列入名单。

一般格式：

```
void main()              //注意后面没有分号。
{
  语句 1；               //程序从这里开始执行；
  其他语句；
  ……
}
```

特点：无返回值，无参数。

无返回值表示该函数执行完之后不返回任何值，上面 main 前面的 void 表示“空”，即不返回值的意思，后面我们会讲到有返回值的函数，到时大家作一下对比便会更加明白。

无参数表示该函数不带任何参数，即 main 后面的括号中没有任何参数，我们只写“()”就可以了，也可以在括号里写上“void”，表示“空”的意思，如 void main（void）。

大家注意一下，在 main()下面有一对大括号，这是 C 语言中函数写法的基本要求之一，即在一个函数中，所有的代码都应该写在这个函数的一对大括号内，每条语句结束后都要加上分号，语句与语句之间可以用空格或回车间隔开。

2.3 逻辑电平

数字电路中只有两种电平：高电平和低电平。单片机就是一种数字集成芯片，一般认为高电平为+5V，低电平为 0V，为了让大家有个更为清晰的认识，暂且定义单片机输入/输出为 TTL 电平。那么逻辑电平都有哪些特性呢？要想了解逻辑电平的内容，大家首先要知道以下几个概念的含义。

（1）输入高电平（VIH）：逻辑电平 1 的输入电压，即保证逻辑门的输入为高电平时所允许的最小输入高电平，当输入电平高于 VIH 时，则认为输入电平为高电平。

（2）输入低电平（VIL）：逻辑电平 0 的输入电压，即保证逻辑门的输入为低电平时所允许的最大输入低电平，当输入电平低于 VIL 时，则认为输入电平为低电平。

（3）输出高电平（VOH）：逻辑电平 1 的输出电压，即保证逻辑门的输出为高电平时的输出电平的最小值，逻辑门的输出为高电平时的电平值都必须大于此 VOH 值。

（4）输出低电平（VOL）：逻辑电平 0 的输出电压，即保证逻辑门的输出为低电平时的输出电平的最大值，逻辑门的输出为低电平时的电平值都必须小于此 VOL 值。

单片机常用的逻辑电平有 TTL、CMOS、LVTTL、ECL、PECL、GTL、RS-232、RS-422、RS-485、LVDS 等，其中 TTL 和 CMOS 的逻辑电平按典型电压可分为四类：5V 系列（5V TTL 和 5VCMOS）、3.3V 系列、2.5V 系列和 1.8V 系列。

5V TTL 和 5V CMOS 是通用的逻辑电平，大家只要掌握好这两种一般就够用了，其他几种作为了解。TTL 电路是电流控制器件，而 CMOS 电路是电压控制器件。3.3V 及以下的逻辑电平被称为低电压逻辑电平 LVTTL（Low Voltage TTL），3.3V 就是其中应用最多的，像低功耗芯片 MPS430 用的就是这种电平，低电压逻辑电平还有 2.5V 和 1.8V 两种。ECL/PECL 和 LVDS 是差分输入/输出。RS-422/485 和 RS-232 是串口的接口标准，RS-422/485 是差分输入/输出，RS-232 是单端输入/输出。

TTL 电平信号用得最多，当电源 V_{CC}=5V 时的电平临界值为：VOH>=2.4V；VOL<=0.5V；VIH>=2V；VIL<=0.8V。TTL 电平信号使用最多的原因是：操作数据时通常采用二进制，+5V 等价于逻辑 1，0V 等价于逻辑 0，这被称为 TTL（晶体管-晶体管逻辑电平）信号系统，是计算机处理器控制的设备内部各部分之间通信的标准技术。TTL 电平信号对于计算机处理器控制的设备内部的数据传输是很理想的，首先计算机处理器控制的设备内部的数据传输对于电源的要求不高，热损耗也较低，另外 TTL 电平信号直接与集成电路连接而不需要价格昂贵的线路驱动器以及接收器电路；再者，计算机处理器控制的设备内部的数据传输是在高速下进行的，而 TTL 接口的操作恰能满足这一要求。TTL 电平输入脚悬空时，内部认为是高电平，要下拉的话应用 1kΩ以下的电阻下拉。需要注意的是，TTL 输出不能驱动 CMOS 输入，因为它能力有限，如果需要可以接上拉电阻提升驱动能力。

CMOS 电路输出高电平约为 0.9V_{CC}，而输出低电平约为 0.1V_{CC}，例如当电源 V_{CC}=5V 时的电平临界值为：VOH>=4.45V；VOL<=0.5V；VIH>=3.5V；VIL<=1.5V。由此可以看出相对 TTL，CMOS 有了更大的噪声容限。CMOS 电平驱动能力较强，可以驱动 TTL 电平。需要注意的是，COMS 电路是电压控制器件，它的输入阻抗很大，对干扰信号的捕捉能力很强，所以不用的引脚不要悬空，要接上拉电阻或者下拉电阻，给它一个恒定的电平，否则会造成逻辑混乱，另外，CMOS 集成电路电源电压可以在较大范围内变化，因而对电源的要求不像 TTL 集成电路那样严

格，但 CMOS 结构内部寄生有可控硅结构，当输入引脚高于 V_{CC} 一定值（如一些芯片是 0.7V）时，电流足够大的话，可能引起闩锁效应，导致芯片的烧毁。

74 系列芯片或许会经常用到，它们的电平特点如下：

（1）74HC 系列：CMOS，输入 CMOS，输出 CMOS。

（2）74LS 系列：TTL，输入 TTL，输出 TTL。

关于单片机、DSP、FPGA 之间引脚能否直接相连的这个问题，一般来说，电压相同的话是可以相连的。不过还是建议大家查看一下芯片技术手册上的 VIL、VIH、VOL、VOH 的具体数值，看是否能够匹配。

快速充电站：上、下拉电阻

上拉就是将不确定的信号通过一个电阻拉到高电平，如拉到 V_{CC}，电阻同时起限流作用，上拉电阻的功能主要是为集电极开路输出型电路输出电流通道。下拉同理，即把电压拉低，拉到 GND，下拉电阻一般用于设定低电平或者是阻抗匹配（抗回波干扰）。

上、下拉电阻使用情况：

（1）当 TTL 电路驱动 CMOS 电路时，如果电路输出的高电平低于 CMOS 电路的最低高电平（一般为 3.5V），这时就需要在 TTL 的输出端接上拉电阻，以提高输出高电平的值。

（2）集电极开路（OC）门电路必须加上拉电阻，以提高输出的高电平值。

（3）为加大输出引脚的驱动能力，有的单片机引脚上也常使用上拉电阻。

（4）在 CMOS 芯片上，为了防止静电造成损坏，不用的引脚不能悬空，一般接上拉电阻产生降低输入阻抗，提供泄荷通路。

（5）芯片的引脚加上拉电阻来提高输出电平，从而提高芯片输入信号的噪声容限增强抗干扰能力。

（6）提高总线的抗电磁干扰能力。引脚悬空就比较容易接受外界的电磁干扰。

（7）长线传输中电阻不匹配容易引起反射波干扰，加上、下拉电阻是电阻匹配，有效地抑制反射波干扰。

上拉电阻阻值的选择要考虑以下几个方面：

（1）从节约功耗及芯片的灌电流能力考虑，应当足够大，即电阻大，那么电流就小。

（2）从确保足够的驱动电流考虑，应当足够小，即电阻小，那么电流大。

（3）对于高速电路，过大的上拉电阻可能边沿变平缓，而且上拉电阻太大还会引起输出电平的延迟。

综合考虑，我们通常在 1kΩ～10kΩ之间选取，下拉电阻也有类似道理。

第 3 章 制作单片机系统板

单片机最小系统主要包括三部分：电源、晶振及复位电路，这是单片机系统能够运行的首要条件。当我们要往单片机里输入程序，显然只有这三部分的单片机最小系统板是无法满足人们要求的，所以，我们要加上 MAX232 串口下载电路，此外，为了供电方便本系统板还加入了 USB 供电。（注：本章与第 3 个教学视频《单片机最小系统》对应，大家可以将本节理论知识和视频教程结合起来学习。）

3.1 单片机系统电路图及原理

为了锻炼大家空间想象以及看标号理解电路的能力，笔者把总体电路分为三部分给出，分别是 USB 供电、MAX232 串口下载电路、单片机最小系统电路。USB 供电参考电路如图 3-1 所示。

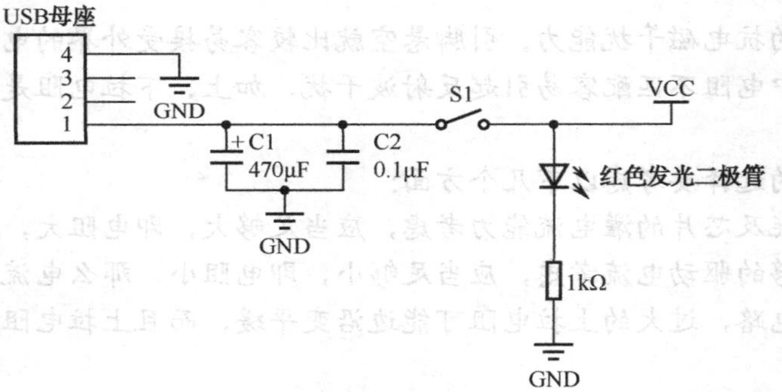

图 3-1 USB 供电参考电路

MAX232 串口下载电路如图 3-2 所示，DB9 串口母座，只用到引脚 2、3 和 5 即可。在这里主要说一下 MAX232 芯片部分，在图 3-2 中的上半部分，电容 C6、C7、C8、C9、V_+及 V_-组成的电源变换电路部分，用到的引脚是 1、2、3、4、5 和 6。在实际应用中，器件对电源噪声很敏感，因此 V_{CC} 必须要对地加去耦电容 C5，按 Datasheet 芯片手册中介绍，电容 C5 应取 10μF，电容 C6～C9 应取 1.0μF/16V，图中选用的是 1.0μF/50V，经大量实验及实际应用没有问题，当然最好选用 1.0μF/16V 的，在具体焊接电路时，C6～C9 电容要尽量靠近 MAX232 芯片，以提高抗干扰能力。

在图 3-2 中的下半部分，为发送和接收部分，实际应用中，T1IN、T2IN 可直接连接 TTL/CMOS 电平单片机的串行发送端 TXD，即 P3.1；R1OUT、R2OUT 可直接连接 TTL/CMOS

电平单片机的串行接收端 RXD，即 P3.0；T1OUT、T2OUT 可直接连接 PC 的 RS-232 串口的接收端 RXD，即串口母座的 2 脚；R1IN、R2IN 可直接连接 PC 的 RS-232 串口的发送端 TXD，即串口母座的 3 脚。

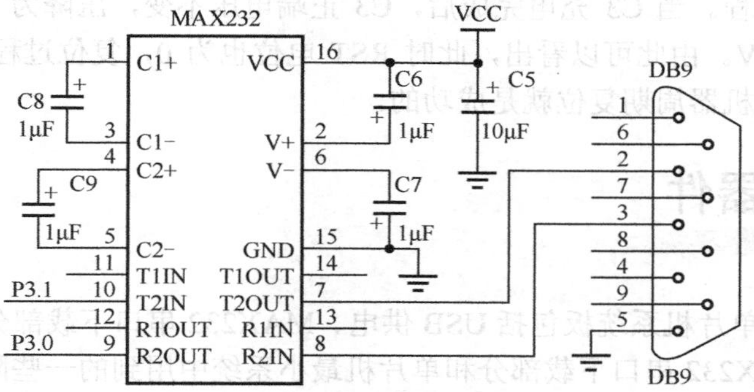

图 3-2　MAX232 串口下载电路

单片机最小系统电路如图 3-3 所示，标有 P0.0 至 P3.7 的部分为扩展单片机的插针，除了上拉电阻 4K7 外只剩下振荡和复位电路。首先看图 3-3 左上角的振荡电路，在介绍晶振的时候我们也提到过，无源晶振要加振荡电容才能正常工作，C4 所示的两个 30pF 瓷片电容就是振荡电容，晶振直接接在 XTAL1、XTAL2，振荡电容串联之后与晶振并联，然后从两个振荡电容中间引出一条线接地。

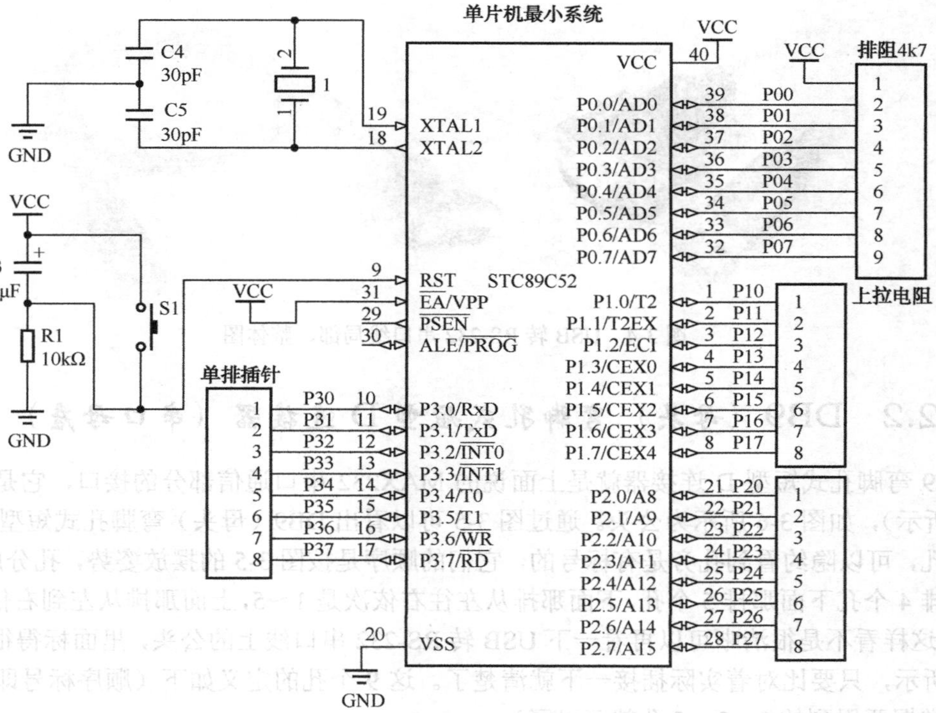

图 3-3　单片机最小系统电路

看一下复位电路，首先，单片机 9 脚即复位脚 RST 是高电位复位，而且高电位持续时间要大于等于 2 个机器周期复位才能成功。上电瞬间，5V 电压经电容 C3（此时电容作用为通交隔直，瞬间的电压变化会经 C3 耦合，此时 C3 可视为理想中的短路状态），然后经过电阻 R1 到地形成回路，RST 脚瞬间变为高电平，CPU 进入复位状态。如果电容 C3 正端没有信号变化，那么它就通过 5V 经 C3、R1 到地形成回路进行充电。充电时间以 *RC*（电阻、电容）选择值大小有关系，*RC* 和充电时间成正比，值越大，充电时间越长。充电过程中，RST 端的电压波形会有一个由高变低的过程。当 C3 充电完成后，C3 正端电压不变，压降为 5V，那么电容负端就视为虚地，电位为 0V。由此可以看出，此时 RST 电位也为 0，复位过程也就结束了，如果复位时间大于等于 2 个机器周期复位就是成功的。

3.2 所需器件

从 3.1 节可知，单片机系统板包括 USB 供电、MAX232 串口下载部分和单片机最小系统。我们先介绍一下 MAX232 串口下载部分和单片机最小系统中用到的一些陌生器件，然后再给出所需器件列表。

3.2.1 USB 转 RS-232 串口下载线

USB 转 RS-232 串口线局部、整体图如图 3-4 所示，这根线内部有石英晶体速度更稳定些。它是计算机与单片机系统的通信线，在使用时 USB 端插在计算机上，另一端插在单片机系统板的 MAX232 串口通信部分的接口上，至于什么是 RS-232，稍等在 MAX232 中讲解。

图 3-4 USB 转 RS-232 串口线局部、整体图

3.2.2 DB9（母头）弯脚孔式短型 D 连接器（串口母座）

DB9 弯脚孔式短型 D 连接器就是上面说的 MAX232 串口通信部分的接口，它是母头（如图 3-5 所示），如图 3-6 所示为公头。通过图 3-5 可以看出 DB9（母头）弯脚孔式短型 D 连接器有 9 个孔，可以隐约看到孔旁是有标号的，它们的顺序是按图 3-5 的摆放姿势，孔分成了两排，上面那排 4 个孔下面那排 5 个孔，下面那排从左往右依次是 1～5，上面那排从左到右依次是 6～9。如果这样看不是很清晰可以再看一下 USB 转 RS-232 串口线上的公头，里面标得很清晰，如图 3-6 所示，只要比对着实际插接一下就清楚了。这 9 个孔的定义如下（顺序标号即孔标号，大家只掌握要用到的 2、3、5 孔就可以了）：

（1）DCD：载波检测，主要用于 MODEM（调制解调器）通知计算机其处于在线状态，即 Modem 检测到拨号音，处于在线状态。

（2）RXD：接收数据，此引脚用于接收外部设备送来的数据。在使用 MODEM 时，用户会发现 RXD 指示灯在闪烁，说明 RXD 引脚上有数据进入。

（3）TXD：发送数据，此引脚将计算机的数据发送给外部设备。在使用 MODEM 时，用户会发现 TXD 指示灯在闪烁，说明计算机正在通过 TXD 引脚发送数据。

（4）DTR：数据终端就绪，当此引脚高电平时，通知 MODEM 可以进行数据传输，计算机已经准备好。

（5）GND：信号地。

（6）DSR：数据设备就绪，此引脚高电平时，通知计算机 MODEM 已经准备好，可以进行数据通信了。

（7）RTS：请求发送，此引脚由计算机来控制，用以通知 MODEM 马上传送数据至计算机；否则，MODEM 将收到的数据暂时放入缓冲区中。

（8）CTS：清除发送，此脚由 MODEM 控制，用以通知计算机将欲传的数据送至 MODEM。

（9）RI：振铃提示，MODEM 通知计算机有呼叫进来，是否接听呼叫由计算机决定。

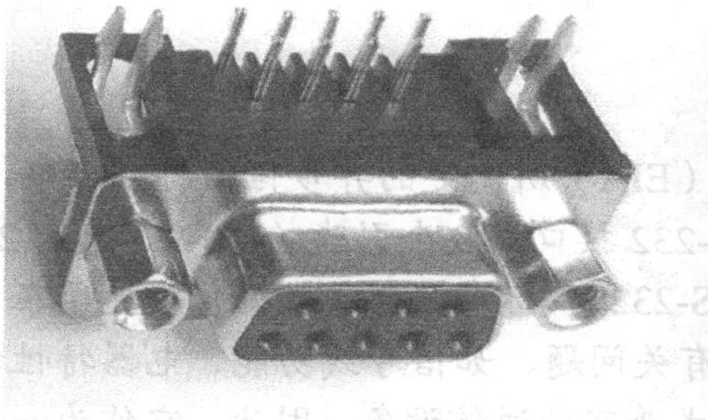

图 3-5 DB9（母头）

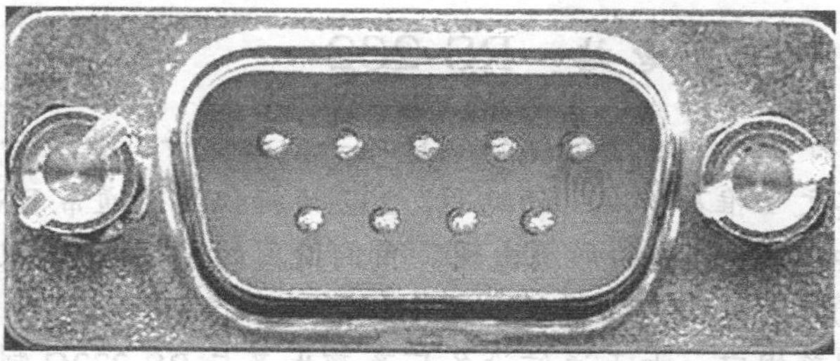

图 3-6 DB9（公头）

3.2.3 MAX232 芯片（DIP 封装）

前面一直提 MAX232，估计大家已经对它产生了好奇。MAX232 芯片是美信公司专门为 RS-232 标准串口设计的单电源电平转换芯片，它可以使用+5V 单电源供电。MAX232 的内部有一个电源电压变换器，可以把计算机的串行口 RS-232 信号电平转换为单片机所用到的 TTL 信号电平。本书选用的是 DIP 封装的 16 脚 MAX232，在电路制作中和 16 脚底座配合使用，它的外观如图 3-7 所示。

MAX232 的引脚图如图 3-8 所示，可以分三部分来看：第一部分是电荷泵电路，由 1、2、3、4、5、6 引脚和外接的 4 只电容构成，功能是产生+12V 和−12V 两个电源，提供给 RS-232 串口电平的需要。第二部分是数据转换通道，由 7、8、9、10、11、12、13、14 引脚构成两个数据通道，四个引脚一组，其中 13 引脚（R1IN）、12 引脚（R1OUT）、11 引脚（T1IN）、14 引脚（T1OUT）为第一数据通道；8 引脚（R2IN）、9 引脚（R2OUT）、10 引脚（T2IN）、7 引脚（T2OUT）为第二数据通道，TTL/CMOS 数据从 T1IN、T2IN 输入给 MAX232 转换成 RS-232 数据，从 T1OUT、T2OUT 送到电脑 DB9 插头；DB9 插头的 RS-232 数据从 R1IN、R2IN 输入转换成 TTL/CMOS 数据后从 R1OUT、R2OUT 输出。第三部分是供电，15 引脚为电源地 GND、16 引脚为电源 VCC（+5V）。

当使用 MAX232 芯片中的两路发送接收中任一路作为接口时，一定要注意其发送与接收引脚要对应，否则可能对器件或计算机串口造成永久性损坏。如选它的 T2IN 接单片机的发送端 TXD，则 PC 的 RS-232 的接收端 RXD 一定要对应接 T2OUT 引脚，同时，R2OUT 接单片机的接收端 RXD 引脚，则 PC 的 RS-232 的发送端 TXD 一定要对应接 R2IN 引脚。这个在本模块的

MAX232 串口下载电路中会有所体现。

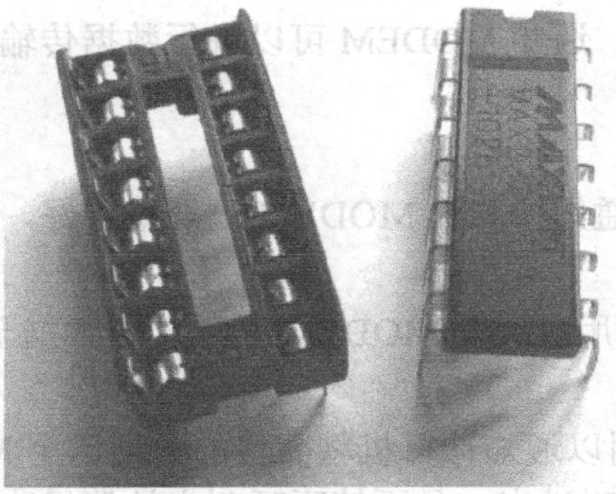

图 3-7 MAX232 及其底座

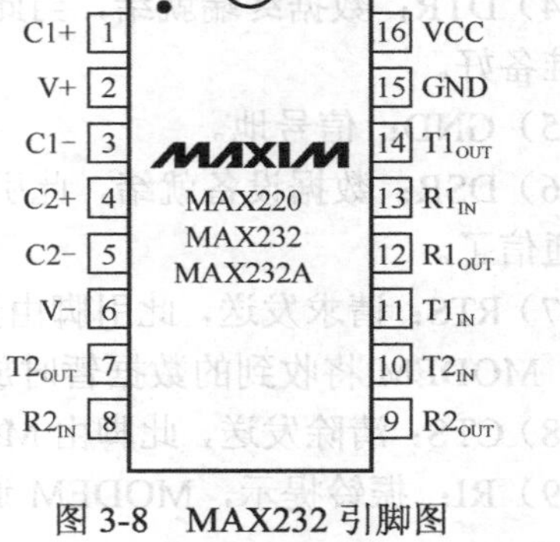

图 3-8 MAX232 引脚图

快速充电站：RS-232

个人计算机上的通信接口之一，由电子工业协会（EIA）所制定的异步传输标准接口，RS 是英文“推荐标准”的缩写，232 为标识号。通常 RS-232 接口以 9 个引脚（DB-9）或是 25 个引脚（DB-25）的形态出现，我们使用的是 DB-9。RS-232-C 标准适合于数据传输速率在 0～20000b/s 范围内的通信。这个标准对串行通信接口的有关问题，如信号线功能、电器特性都做了明确规定。由于通信设备厂商都生产与 RS-232C 制式兼容的通信设备，因此，它作为一种标准，目前已在微机通信接口中广泛采用。

在 RS-232-C 标准中，任何一条信号线的电压均为负逻辑关系，即逻辑“1”为-5～-15V；逻辑“0”为+5～+15V，其噪声容限为 2V，那么对于数据（信息码）：逻辑“1”的电平要低于-3V，逻辑“0”的电平要高于+3V；对于控制信号：接通状态（ON）即信号有效的电平高于+3V，断开状态（OFF）即信号无效的电平低于-3V，也就是当传输电平的绝对值大于 3V 时，电路可以有效地检查出来，介于-3～+3V 之间的电压无意义，低于-15V 或高于+15V 的电压也认为无意义，因此，实际工作时，应保证电平在±（3～15）V 之间。

大家知道，RS-232-C 是用正负电压来表示逻辑状态，与 TTL 以高低电平表示逻辑状态的规定不同。因此，为了能够同计算机接口或终端的 TTL 器件连接，必须在 RS-232 与 TTL 电路之间进行电平和逻辑关系的变换。实现这种变换的方法可用分立元件，也可用集成电路芯片。分立元件使用起来对设计者知识储备要求较高，而且感觉有点复杂，所以目前广泛使用的是集成电路转换器件，MAX232 芯片就是其中之一，它可完成 TTL 和 RS-232 双向电平转换。

快速充电站：USB 总线转接芯片 CH340

CH340 是一个 USB 总线的转接芯片，实现 USB 转串口、USB 转 IrDA 红外或者 USB 转打印口，如图 3-9 所示。在串口方式下，CH340 提供常用的 MODEM 联络信号，用于为计算机扩展异步串口，或者将普通的串口设备直接升级到 USB 总线。在红外方式下，CH340 外加红外收发器即可构成 USB 红外线适配器，实现 SIR 红外线通信。

CH340 的引脚图与封装形式，如图 3-10 所示。

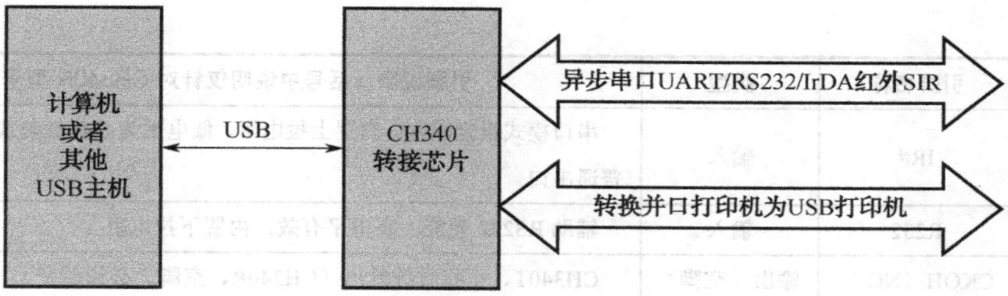

图 3-9 USB 转接芯片 CH340

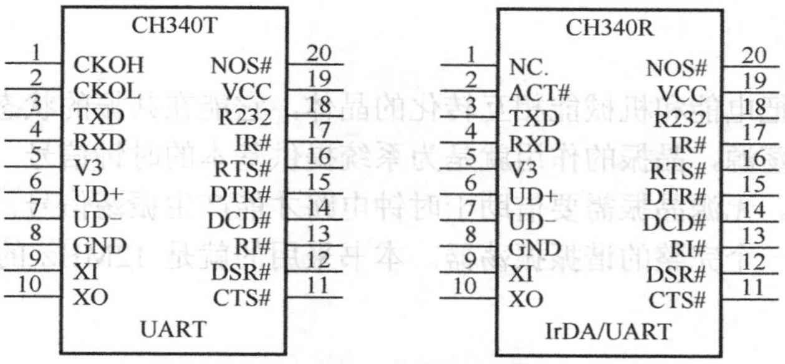

封装形式	塑体宽度		引脚间距		封装说明	订货型号
SSOP-20	5.30mm	209mil	0.65mm	25mil	超小型20脚贴片	CH340T
SSOP-20	5.30mm	209mil	0.65mm	25mil	超小型20脚贴片	CH340R

图 3-10 CH340 引脚图与封装形式

CH340 引脚说明如表 3-1 所示。

表 3-1 CH340 引脚图

引脚号	引脚名称	类型	引脚说明（括号中说明仅针对 CH340R 型号）
19	VCC	电源	正电源输入端，需要外接 0.1μF 电源退耦电容
8	GND	电源	公共接地端，直接连到 USB 总线的地线
5	V3	电源	在 5V 电源电压时外接容量为 0.01μF 退耦电容
9	XI	输入	晶体振荡的输入端，需要外接晶体及振荡电容
10	XO	输出	晶体振荡的反相输出端，需要外接晶体及振荡电容
6	UD+	双向三态	直接连到 USB 总线的 D+数据线，内置上拉电阻
7	UD-	双向三态	直接连到 USB 总线的 D-数据线
20	NOS#	输入	禁止 USB 设备挂起，低电平有效，内置上拉电阻
3	TXD	输出	串行数据输出（CH340R 型号为反相输出）
4	RXD	输入	串行数据输入，内置可控的上拉和下拉电阻
11	CTS#	输入	MODEM 联络输入信号，清除发送，低（高）有效
12	DSR#	输入	MODEM 联络输入信号，数据装置就绪，低（高）有效
13	RI#	输入	MODEM 联络输入信号，振铃指示，低（高）有效
14	DCD#	输入	MODEM 联络输入信号，载波检测，低（高）有效
15	DTR#	输出	MODEM 联络输出信号，数据终端就绪，低（高）有效
16	RTS#	输出	MODEM 联络输出信号，请求发送，低（高）有效

续表

引脚号	引脚名称	类型	引脚说明（括号中说明仅针对 CH340R 型号）
17	IR#	输入	串口模式设定输入，内置上拉电阻，低电平为 SIR 红外线串口，高电平为普通串口
10	R232	输入	辅助 RS232 使能、高电平有效，内置下拉电阻
1	CKOH（NC.）	输出（空脚）	CH340T、正相时钟输出（CH340R、空脚、必须悬空）
2	CKOL（AOT#）	输出	CH340T、反相时钟输出（CH40R；UCD 配置完成状态输出，低电平有效）

3.2.4 晶振

晶振是用一种能把电能和机械能相互转化的晶体，它能在共振的状态下工作以提供稳定、精确的单频振荡的振荡源，晶振的作用就是为系统提供基本的时钟信号。晶振可分为无源晶振和有源晶振两种类型。无源晶振需要借助于时钟电路才能产生振荡信号，晶振自身无法振荡起来，而有源晶振则是一个完整的谐振振荡器。本书采用的就是 12MHz 的无源晶振，如图 3-11 所示。

图 3-11　12MHz 无源石英晶振

通常一个系统共用一个晶振，便于各部分保持同步，有些通信系统的基频和射频使用不同的晶振，而通过电子调整频率的方法保持同步。本书选用的晶振 12MHz 是为了计算延时方便，大家也可以选用其他频率的晶振。

快速充电站：单片机周期简介

（1）时钟周期：也称为振荡周期，定义为，时钟频率的倒数（可以这样来理解，时钟周期就是单片机外接晶振的倒数，如我们用的晶振为 12MHz，它的时钟周期就是 1/12μs），它是单片机中最基本的、最小的时间单位。在一个时钟周期内，CPU 仅完成一个最基本的动作。对于某个单片机来讲，若采用了 1MHz 的时钟频率，则时钟周期就是 1μs；若采用 4MHz 的时钟频率，则时钟周期就是 250ns。由于时钟脉冲是 CPU 的基本工作脉冲，它控制着 CPU 的工作节奏（使 CPU 的每一步都统一到它的步调上来）。显然，对同一种单片机，时钟频率越高，单片机的工作速度就越快。但是，由于不同的单片机其内部硬件电路和电气结构不完全相同，所以其所需要的时钟频率范围也不一定相同。我们使用的 STC89C 系列单片机的时钟范围为 1M～40MHz。

（2）状态周期：它是时钟周期的两倍。

（3）机器周期：单片机的基本操作周期，在一个操作周期内，单片机完成一项基本操作，如取指令、存储器读/写等，它由 12 个时钟周期（即 6 个状态周期）组成。

（4）指令周期：它是指CPU执行一条指令所需要的时间，指令不同所需的机器周期数也不同，一般一个指令周期包含有1～4个机器周期。

3.2.5 轻触开关

轻触开关也称为弹片开关、轻触微动开关，它是一种电子开关，使用时按下开关按钮即可使开关接通，当松开手时开关立即断开，其内部结构是靠金属弹片受力弹动来实现通断的，按动时有清脆的手感。

轻触开关由于接触电阻小、手感清脆明显、高度规格齐全等方面的原因，在家用电器方面得到广泛的应用，如影音产品、数码产品、遥控器、通信产品、家用电器、安防产品、玩具、计算机产品、健身器材、医疗器材等。但轻触开关也有它不足之处，频繁的按动会使金属弹片疲劳失去弹性而失效。

轻触开关有环保耐高温式、贴片式、插件式、侧插式、大/中/小龟型轻触开关等，插件式轻触开关包括6×6×4.3/5.0/5.5/6/7/8/9/9.5/10/11/12/13/14/15/16/17/18/19/20/21/26mm等不同规格，本书使用的是6×6×5规格的，如图3-12所示，可以看到此轻触开关有四个引脚，它们两两一组，每组中的两个是导通的，至于哪两个一组，现在可以拿起万用表打到蜂鸣挡测一下。另外可以看一下开关的背面，连通的两个脚之间有黑色塑料条连接着，组与组之间的任意两个脚平时是断开的，只有当按下开关按钮时才连通，我们要用到的就是不同组的两个脚。

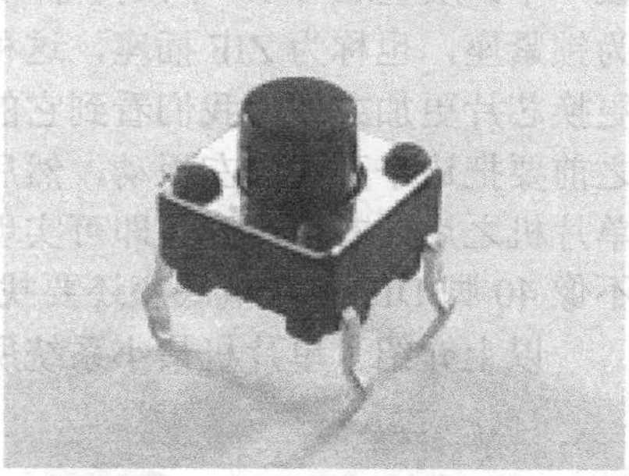

图3-12 轻触开关

3.2.6 排阻

排阻，通俗地讲，它就是一排电阻，这也就是它的本质。常用的排阻有5脚的也有9脚的，其中5脚的里面有4个电阻，9脚的里面有8个电阻，这是为什么呢？我们知道普通电阻是有两个脚的，而排阻只不过是几个电阻排起来封装在一块，它是这样做成的，例如9脚排阻，把8个电阻的任意一端接在一起，这是排阻其中的一脚，称为公共端，剩下的8个脚就分别引出，这样加起来就是9个脚。本书用到的是4700Ω的9脚排阻，如图3-13所示，大家看到左端有个白色标记，这个就是我们刚才说的公共端了，排阻有直插式和贴片式，这里选用的为直插式。

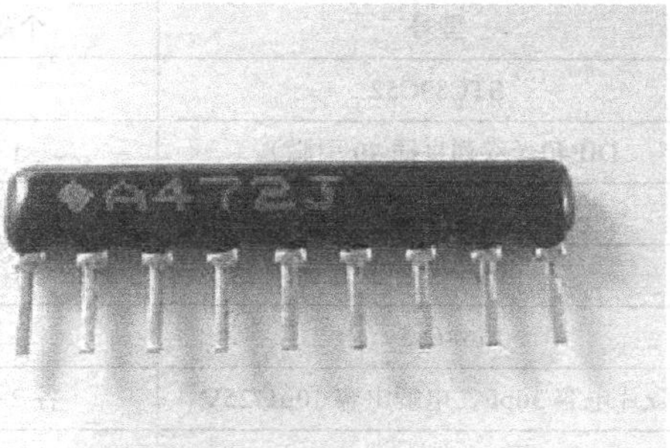

图3-13 4k7排阻

一般排阻上都是标有阻值的，如图3-13上面标有472，这就是它的阻值，意思是47×10^2，也就是 4700Ω，即 4k7。还有的标 102 和 150 等，那么 102 就是表示此电阻阻值为 $10\times10^2\Omega$，即 1kΩ，同理，150 为 $15\times10^0\Omega$，即 15Ω，这就是 3 位数标法的电阻值读取方法。

有时也会看到标号为 1002、1001 等，1002 表示 $100\times10^2\Omega$，即 10kΩ，同理，1001 则表示 $100\times10^1\Omega$，即 1kΩ，这就是 4 位数标法的电阻值读取方法。

3 位数表示与 4 位数表示的阻值读法我们都要会，标号位数不同，其电阻的精度也就不同。3 位数表示 5%精度，4 位数表示 1%精度。

3.2.7 40 脚单片机底座

我们之所以使用底座，一方面是为了防止直接焊接温度过高烧坏芯片，另一方面就是方便更换芯片。在这里以单片机 40 脚底座为例来说明底座的作用，另外还有两种单片机底座，大家可以根据需要选择购买。图 3-14 是本书选用的单片机底座，这种底座相对来说比较便宜，几角钱一个，质量还可以，只是引脚较软，容易碰弯，还有一种单片机底座如图 3-15 所示，它被称为锁紧座，也称为 ZIF 插座，这种质量较好，一般几元钱一个，这种底座引脚较为结实，而且更换芯片更加方便，我们看到它的右上角有个小开关，这个开关可以上下扳动，在安放单片机之前要把这个开关向左扳动，然后放上单片机，单片机缺口方向尽量与开关所在端一致，放好单片机之后向右按压开关即可实现单片机锁紧。由此看来，这种底座更换芯片确实比较方便，不像 40 脚 DIP 单片机底座还要找芯片夹，如果没有芯片夹很容易把单片机引脚弄弯。

以上介绍了单片机最小系统所需的器件，下面将单片机系统板所需器件列于表 3-2 中。

图 3-14 40 脚 DIP 单片机底座

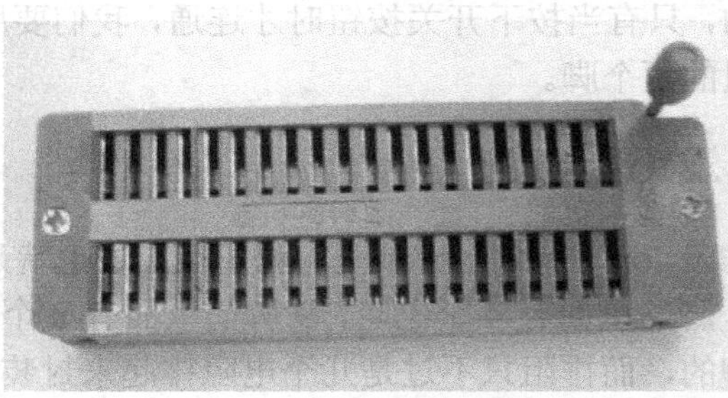

图 3-15 40 脚锁紧座

表 3-2 所需器件列表

器件	型号	个数	备注
单片机芯片	STC89C52	1	系统板 CPU
单片机底座	DIP40（双列直插 40 引脚）	1	
排阻	4700Ω	1	用做 P0 口上拉电阻
自锁开关	8×8 自锁开关	1	用做系统板供电开关
轻触开关	6×6×5	1	作为复位开关
电容	瓷片电容 30pF、电解电容 10μF/25V	各 2 个	
电容	电解电容 1μF/50V	4	
电容	瓷片电容 104，电解电容 470μF/16V	各 1 个	构成 USB 供电滤波器
晶振	12MHz	1	

续表

器件	型号	个数	备注
色环电阻	10kΩ、1kΩ	各 1 个	
插针	单排插针	45 针	扩展用
母排	单排母座（圆孔）	3 孔	用于安放晶振
发光二极管	红色	1	电源指示灯
MAX232 及 40 脚单片机底座		各 1 个	电平转换芯片
USB 接口母座	A 型	1	
串口插头（母）	DB9 串口弯脚孔式短型 D	1	
USB 数据线	双 A（公）	1	USB 供电
USB 串口下载线		1	数据下载
实验板	7cm×9cm 万能板	1	
导线		若干	电路连接

3.3 电路焊接与检测

万能板选用的是 7cm×9cm 单孔板，对于学习者来说，这些器件已经够用了。先在板子上把所有器件摆放一遍，这样可以做到合理利用空间，合理布线，因此希望大家形成良好的习惯，焊出美观、稳定的板子。焊好的板子如图 3-16 所示，大家可以参考一下布局。

图 3-16 单片机系统板

器件布局确定了之后，下面以 USB 供电电路为例进行讲解，因为电路的其他部分都要用到电源，要从这里引线，把 USB 供电模块放在了板子的右上角，与下面的 MAX232 串口下载电路部分遥相呼应。如果你不是这么摆的也要注意一点，那就是 USB 母座和串口母座不要离得太远且端口朝向要尽量一致，因为我们要用 USB 线和串口下载线将系统板和计算机连接起来，如果两个母座离得太远或是朝向不一致，我们在连接这两个线时就会很混乱，如果其中一条线跨过系统板也不利于系统板的扩展，导线各种交叉，检修的时候就比较困难了。USB 供电电路部分按图 3-1 USB 供电电路图焊接即可，另外我们可以在 VCC 处和 GND 处引出插针，方便其他需要电源的引脚连接于此，如图 3-16 所示。

USB 供电电路部分确定之后就按照从计算机到单片机的顺序参考图 3-2 开始焊接 MAX232 串口下载电路部分。首先把串口母座装上，安装的时候尽量将母座铁质下边沿与板子平齐或突出板子（要求下边沿与板子平齐或突出板子是为了方便插接串口下载线，如果把母座放得太靠里下载线上公头与板子上的母座无法完全插接，会造成接触不良的情况），这里二者平齐的时候母座两边的固定脚是插在万能板第 2 列孔中的。母座的 9 个脚尽量都焊在板子上，因为我们之后会经常拔插串口线，这样会比较牢靠。焊好母座之后就要与 MAX232 连接了，我们首先把 MAX232 的 16 脚底座焊上，注意在焊接所有芯片的底座时都要做到底座缺口端与芯片缺口或芯片标号开始标记端对应起来。在焊接时只焊底座就可以了，千万别把芯片插到底座上一起焊，这样容易烧坏芯片，底座也就失去了保护芯片的功能。此外，需要注意的是 MAX232 底座与串口母座之间要留有一定间距，因为二者之间我们还要放电容。我们知道了底座引脚与芯片引脚的对应关系，不要犹豫，直接焊就可以了。接下来就是串口母座与 MAX232 的连接了，大家知道 MAX232 芯片中有两路发送与接收，可以选择其中的任意一路，不过一定要注意发送与接收引脚要对应，否则可能对器件或计算机串口造成永久性损坏。接下来就焊接 5 个电容，需要注意的是电容不要离 MAX232 太远，防止受到干扰。我们使用的是电解电容，有正负极，焊接时不要弄错，电容的引脚一般较长，不要将剪下的部分扔掉，留着做导线也是一个不错的选择，焊好之后的单片机系统板背部走线如图 3-17 所示，

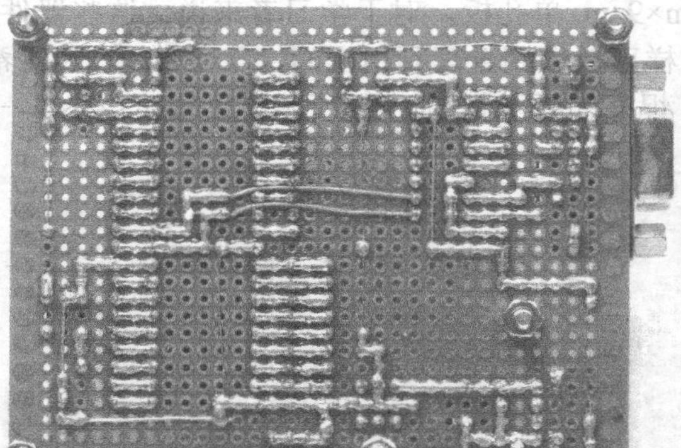

图 3-17　单片机系统板背部走线

下面按图 3-3 焊接单片机芯片了，果断按上 40 个脚，然后焊各个接口的扩展插针，8 个一组共 4 组，接着就可以把 P0 口的上拉电阻焊上了。注意一下上拉电阻的用法，我们的 P0 口插针是从单片机 P0 口直接引出的，而不是从单片机 P0 口经过排阻引出。

此时，可以将单片机 P3.0 和 P3.1 与 MAX232 的 9、10 引脚连接起来了，然后参考图 3-3 焊接复位电路和晶振电路，注意一下轻触开关引脚不要弄错，晶振没有极性怎么焊都可以。

最后将单片机 31 引脚 $\overline{EA}$ 端接电源 VCC，其他部分大家按照电路图和图 3-16 完善一下。我们还是来对照着电路图检查一下电路，该连通的是否连通，该断开的是否断开，没有问题之后，可以检测一下供电情况，拿出 USB 通信线将单片机系统板与计算机连接起来，按下自锁开关，红灯亮起，用万用表打到直流电压挡测一下各位置电压是否正常。此外，为了防止系统板放在导电的物体上造成电路的误导通，则可以在万用板上加装几个螺钉作为支撑，大家也可以在底部附上一层绝缘膜，单片机系统板就制作完成了。

第 4 章

编程，从流水灯开始

本章将带领大家制作一个“花哨”的流水灯模块，同时还要教大家怎样使用单片机程序常用编写软件 Keil 编写程序。本想着单独用一章介绍编程利器 Keil 的，但想到单独介绍与我们边学边用的学习方法相违背，所以把它与 P1 口亮灯实验融合在一起，以免造成“理论脱离实践”的尴尬。（注：本章与第 4 个教学视频《P1 口亮灯》对应，大家可以将本章理论知识和视频教程结合起来学习。）

4.1 P1 口亮灯模块制作

4.1.1 所需器件

所需器件列表如表 4-1 所示。

表 4-1 所需器件列表

器件	型号	个数
发光二极管	3mm 红色	3
发光二极管	3mm 绿色	3
发光二极管	3mm 黄色	2
排阻	102 即 1kΩ	1
插针	单排	10 针（8 个连接 I/O 口，2 个连接电源）
杜邦线	双头	10
导线		若干
万能板	5cm×7cm	1

器件中的排阻是 8 个发光二极管的限流电阻，为了方便采用了排阻，排阻上标着“102”大家应该知道它的阻值了，也可以用 8 个 1kΩ的电阻。

4.1.2 电路图及原理讲解

P1 口亮灯模块电路如图 4-1 所示，排阻部分左端全部接在一起是排阻公共端，把这一端接在 VCC 上，8 个发光二极管总结以下三点：①发光二极管朝向一致；②8 个发光二极管的阳极分别与排阻连接；③8 个发光二极管的阴极分别与“P1”表示的 8 个插针连接在一起，通过 8

个插针利用杜邦线与单片机 P1 口连接起来，这种接法就是共阳接法，发光二极管的阴极端与单片机连接起来，通过单片机的 P1 口控制发光二极管阴极电平来实现其亮灭，当给 P1 口赋低电平发光二极管就会点亮（即 P1=0）。

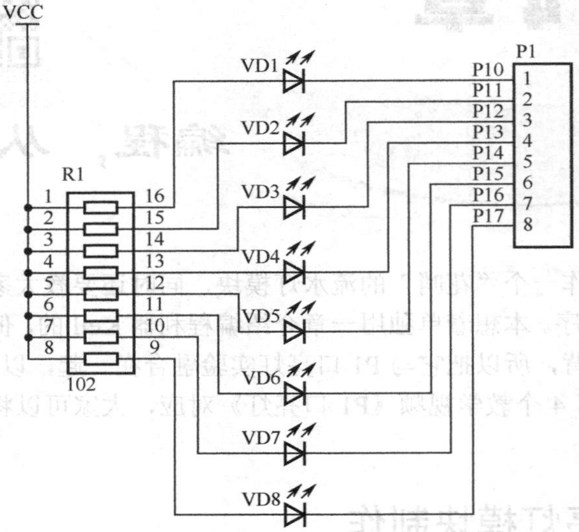

图 4-1　P1 口亮灯模块电路

4.1.3　电路焊接与检测

通过前几节的学习，我们就可以焊接电路了，为了保持流水灯的美观性，大家尽量将发光二极管按颜色间隔开，且尽量保持它们的“队列”整齐性。记得要先在板子上摆放一下确定了大体布局再焊，焊好之后的模块如图 4-2 所示。笔者认为这样的布局也不是很好，因为背部走线时排阻与发光二极管之间导线太长，如图 4-3 所示，这些线是电源线而不是信号线，如果是信号线这样走线的话就不合适了。P1 口与发光二极管之间的导线属于信号线了，如果信号线过长可能会存在干扰，当电路焊好之后尽量贴上标签，如图 4-2 所示。

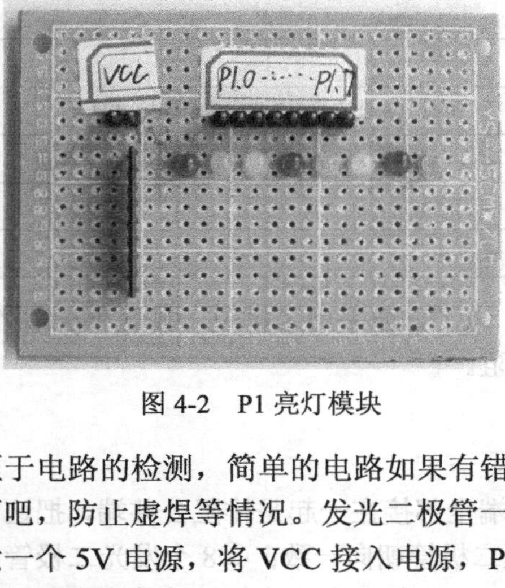

图 4-2　P1 亮灯模块

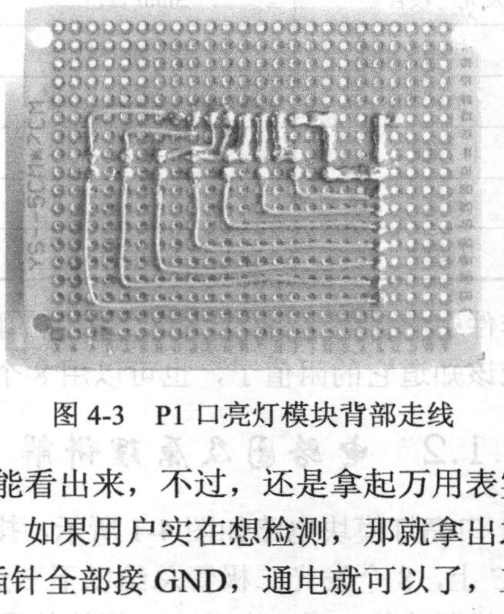

图 4-3　P1 口亮灯模块背部走线

至于电路的检测，简单的电路如果有错，用眼就能看出来，不过，还是拿起万用表实际检测一下吧，防止虚焊等情况。发光二极管一般不会坏，如果用户实在想检测，那就拿出之前做的任意一个 5V 电源，将 VCC 接入电源，P1 口 8 个插针全部接 GND，通电就可以了，三种颜色的小灯全部亮起。

4.2 点亮第一个发光二极管

在编写流水灯之前，先点亮一个发光二极管，当会点亮一个发光二极管，那么其他的发光二极管点亮也就相对容易了，先学会如何使用 Keil µVision 3 及以上版本软件编程，首先要确保计算机上安装了一款稳定的 Keil 软件，可以到网上下载 Keil µVision 3，而且包括注册机，注册之后就成了正版，用起来也比较稳定。此外，还需要一个把 Keil 编写好的程序下载到单片机中的软件“STC-ISP V38A”，这个大家也很容易在网上下载到，接下来按照下面的步骤一起编写程序点亮第一个发光二极管。

第一步：双击 Keil µVision 3 快捷方式打开软件。

Keil µVision 3 快捷方式图标及启动软件时的屏幕显示如图 4-4 和图 4-5 所示。软件打开之后出现编辑界面如图 4-6 所示。

图 4-4　Keil µVision 3 快捷方式

图 4-5　Keil µVision 3 启动画面

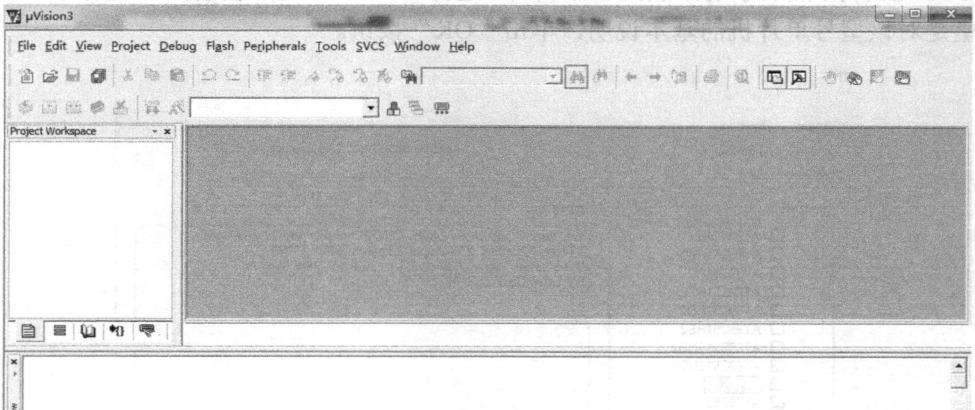

图 4-6　Keil µVision 3 编辑界面

第二步：创建一个新工程。

单击“Project”菜单，在弹出如图 4-7 所示的下拉菜单中选择建立新工程选项。

第三步：选择保存工程文件的路径，并给工程起名。

通常是将一个工程放在一个独立文件夹下，这是因为一个工程里通常包含很多小文件，放在独立文件夹里方便管理。例如，这个程序是点亮第一个发光二极管，我们就把该工程放在“点亮第一个发光二极管”文件夹里，工程名为“点亮第一个发光二极管”，如图 4-8 所示，然后单击“保存”按钮即可。

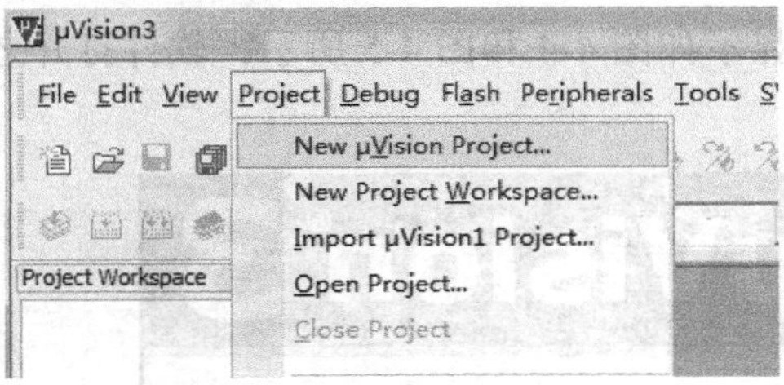

图 4-7　建立新工程选项

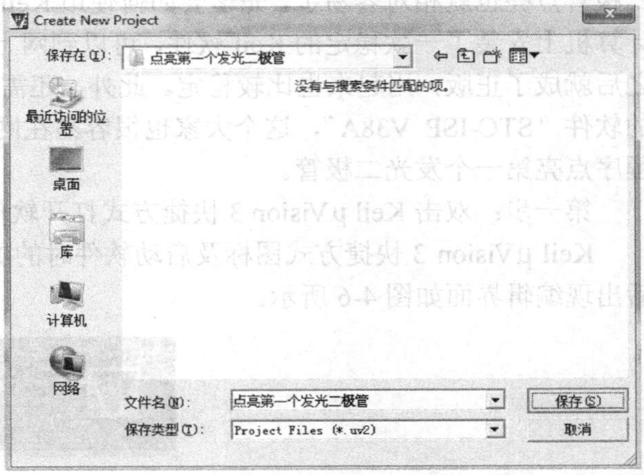

图 4-8　保存工程

第四步：选择单片机型号。

工程保存之后会弹出一个对话框，要求选择单片机的型号。这时就可以根据自己使用的单片机来选择了。系统板上用的是 STC89C52，可对话框中找不到这款单片机型号，STC 是国产的，Keil 软件来源于国外，找不到也正常。因为 51 内核单片机具有通用性，所以在这里可以任选一款 89C52 就行，Keil 软件的关键是程序代码的编写，而不是看用的什么硬件。在这里选择 Atmel 的 AT89C52 就可以，如图 4-9 所示，如果你非要找 STC89C52，可以到 STC 官网上下载 Keil 的 STC 芯片库，然后手动添加到 Keil 库中。选择 AT89C52 之后会看到右边有个 Description 栏，这里是对该型号单片机的基本说明，单击“OK”按钮。

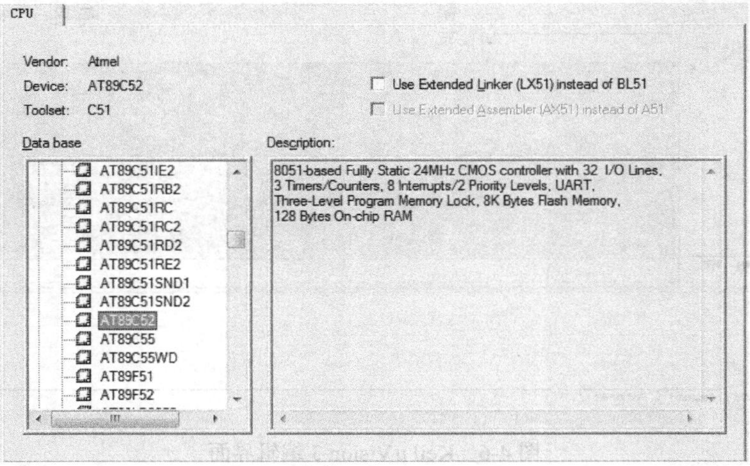

图 4-9　选择单片机型号

当单击“OK”按钮之后会弹出图 4-10 所示的对话框，它的意思是“复制标准 8051 启动代码到工程文件夹并将文件添加到工程中”，这个“标准 8051 启动代码”就是进入 C 函数之前执行的一段汇编代码，单击“否”按钮用默认的启动代码，单击“是”按钮没修改这段代码，那么还是相当于用了默认的启动代码，这样看来单击“是”按钮还是单击“否”按钮都是一样的，单击“是”按钮之后界面如图 4-11 所示。

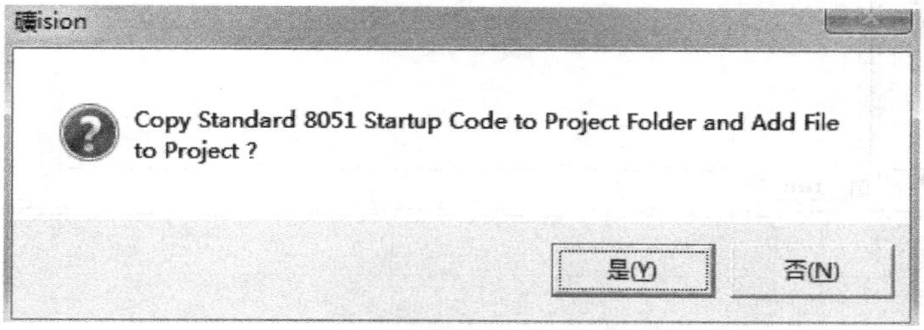

图 4-10　是否复制启动代码对话框

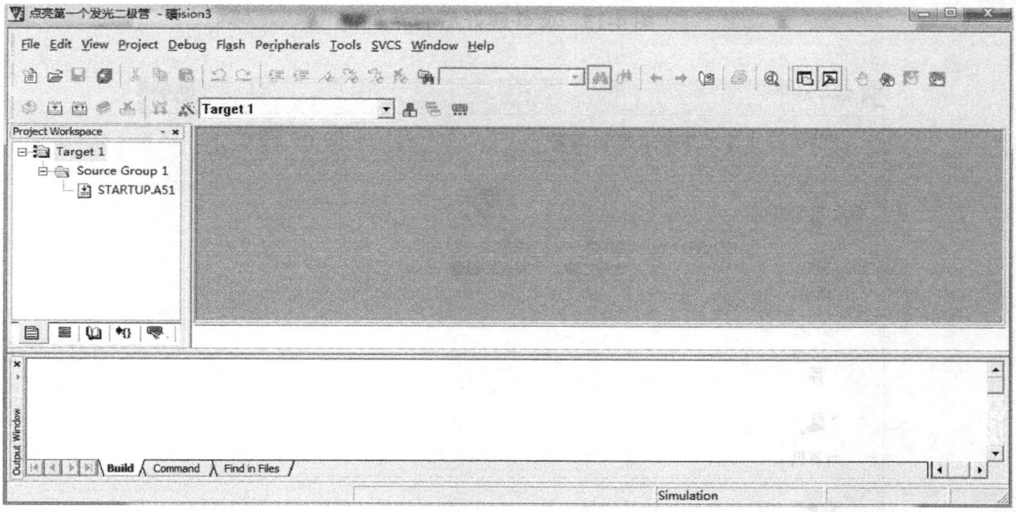

图 4-11　添加单片机型号之后的界面

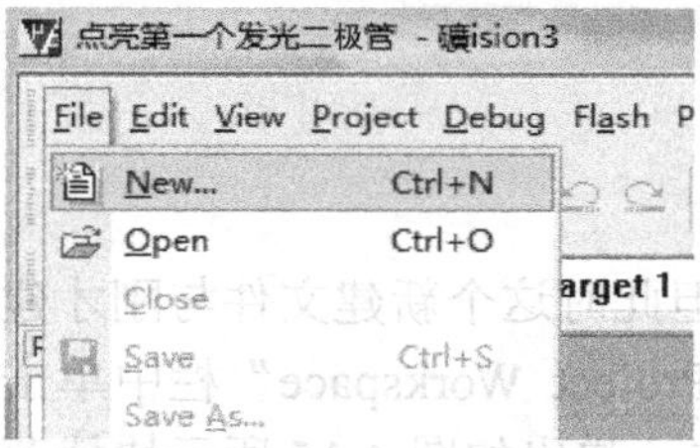

图 4-12　新建文件

第五步：给工程新建文件。

第四步之后我们还是没有建立好一个完整的工程，虽然说工程的名称有了，但工程当中还没有任何文件，接下来就给工程新建文件。单击“File”菜单中的“New”选项如图 4-12 所示，或单击界面内的快捷图标新建文件，文件建好之后的界面如图 4-13 所示。

接下来把新建的文件保存一下，单击“保存”图标，这时会弹出如图 4-14 所示的窗口，在“文件名（N）”编辑框中，输入要保存的文件名，如“点亮第一个发光二极管”，同时必须输入正确的扩展名，如果用 C 语言编写程序，那么扩展名必须为“.c”；如果用汇编语言，那么扩展名必须为“.asm”。当然，我们用的是 C 语言，扩展名当然就是“.c”了。对了，刚才工程、文件的名字我们用的都是“点亮第一个发光二极管”，不要就此以为这里的文件名一定要和工程名相同，没有这样的要求，然后单击“保存”按钮，如图 4-14 所示。

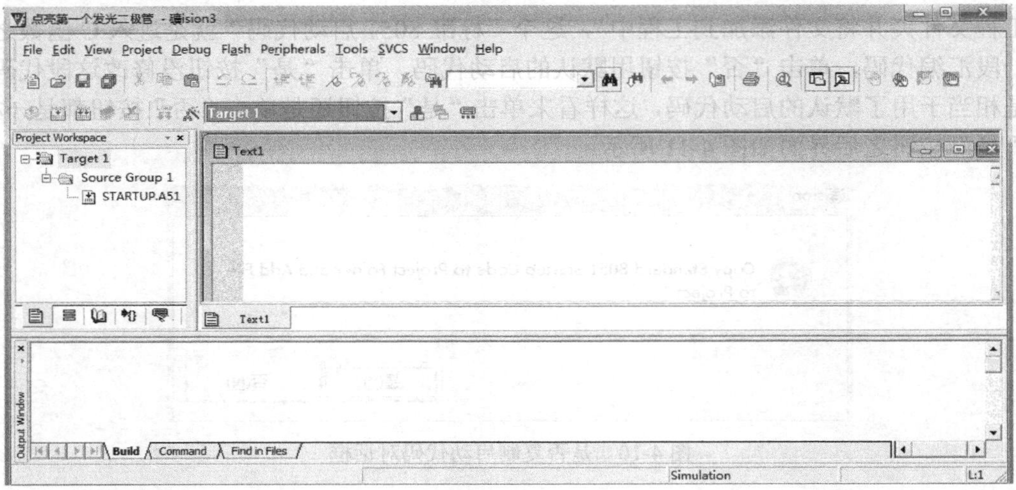

图 4-13　文件建好后的界面

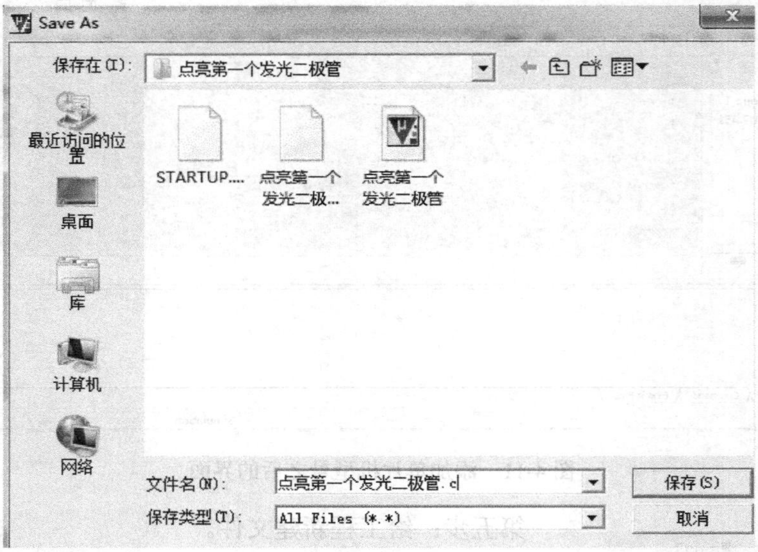

图 4-14　保存文件

第六步：添加文件。

此时会看到光标在编辑窗口中闪烁，现在可以输入程序了，但此时这个新建文件与刚才建立的工程还没有直接的联系，所以先不要急着写程序。在左侧“Project Workspace”栏中单击“Target 1”前面的“+”号，选中“Source Group 1”选项然后右击，弹出如图 4-15 所示快捷菜单，选择“Add Files to Group 'Source Group 1'”菜单项，这时又弹出如图 4-16 所示的对话框。

现在，选中“点亮第一个发光二极管”，单击“Add”按钮，再单击“Close”按钮，这样文件就添加进了工程里，也可以双击“点亮第一个发光二极管”文件，然后关掉图 4-16 对话框也可以实现文件的添加。文件添加完成之后你可以查看一下添加情况，单击左侧“Project Workspace”栏中的“Source Group 1”前面的“+”号，屏幕窗口如图 4-17 所示。

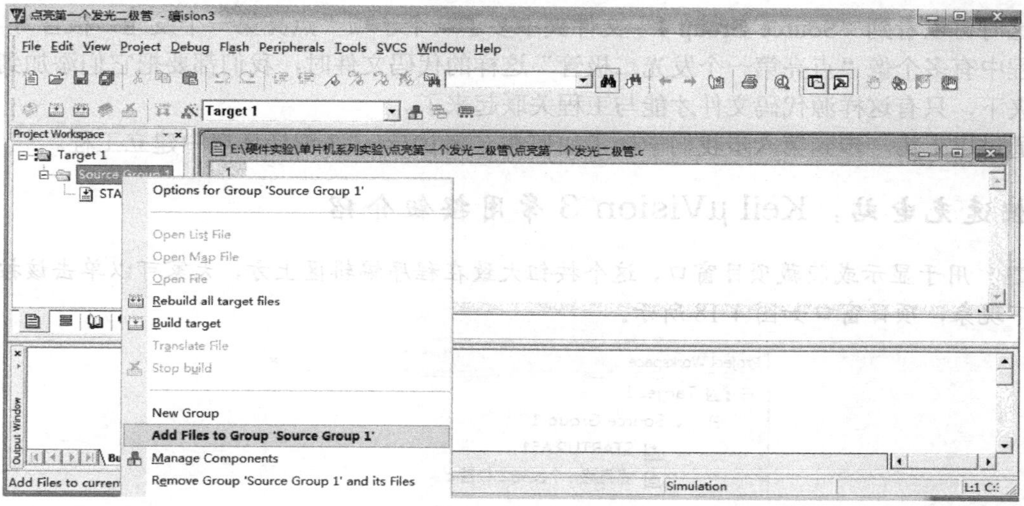

图 4-15　将文件加入工程菜单

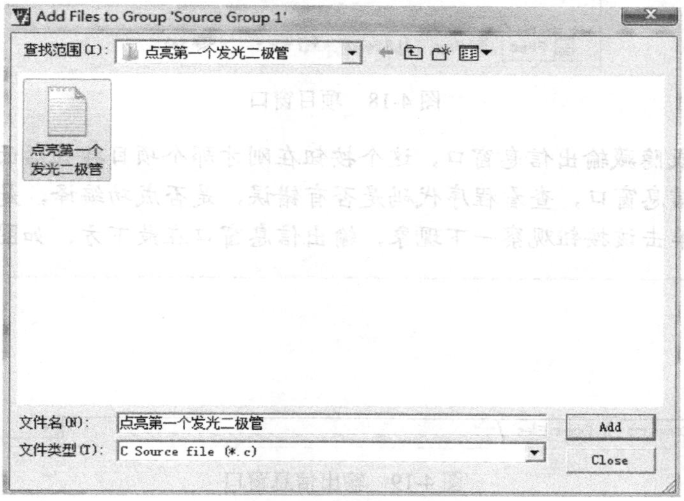

图 4-16　添加文件对话框

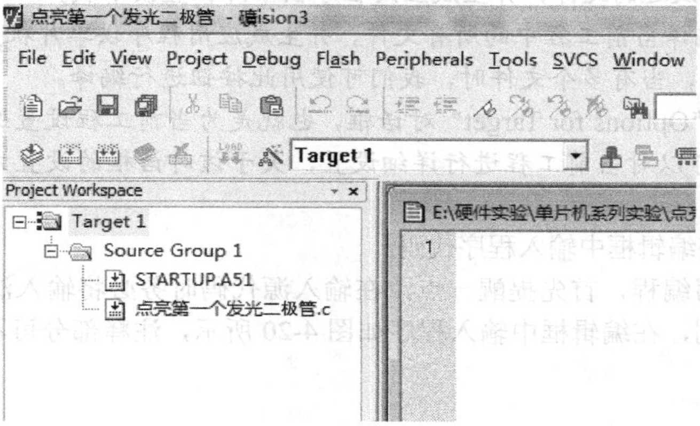

图 4-17　添加文件后的屏幕窗口

这时可以看到“Source Group 1”文件夹中多了一个子项“点亮第一个发光二极管”，当一个工程中有多个像“点亮第一个发光二极管”这样的代码文件时，我们都要把它们添加到这个文件夹下，只有这样源代码文件才能与工程关联起来了。

通过以上第一步到第六步我们学会了如何在 Keil μVision 3 编译环境中建立工程。

快速充电站：Keil μVision 3 常用按钮介绍

：用于显示或隐藏项目窗口，这个按钮大致在程序编辑区上方，大家可以单击该按钮观察一下现象，项目窗口如图 4-18 所示。

图 4-18 项目窗口

：用于显示或隐藏输出信息窗口，这个按钮在刚才那个项目按钮后面。当我们进行程序编译时可查看输出信息窗口，查看程序代码是否有错误，是否成功编译，是否生成单片机程序文件等。大家可以单击该按钮观察一下现象，输出信息窗口在最下方，如图 4-19 所示。

图 4-19 输出信息窗口

：用于编译我们正在操作的文件，它和以下三种按钮挨着，在项目窗口上方。

：用于编译修改过的文件，并生成应用程序供单片机直接下载。

：用于重新编译当前工程中的所有文件，并生成应用程序供单片机直接下载，因为很多工程有不止一个文件，当有多个文件时，我们可使用此按钮进行编译。

：用于打开“Options for Target”对话框，也就是为当前工程设置选项。使用“Options for Target”对话框可以对当前工程进行详细设置，关于该对话框的设置方法将在使用时做详细讲解。

第七步：在程序编辑框中输入程序代码。

下面就开始编写编程，首先提醒一点，在输入源代码时务必将输入法切换成英文半角状态，不然软件不识别，在编辑框中输入程序如图 4-20 所示，注释部分可不用输入。

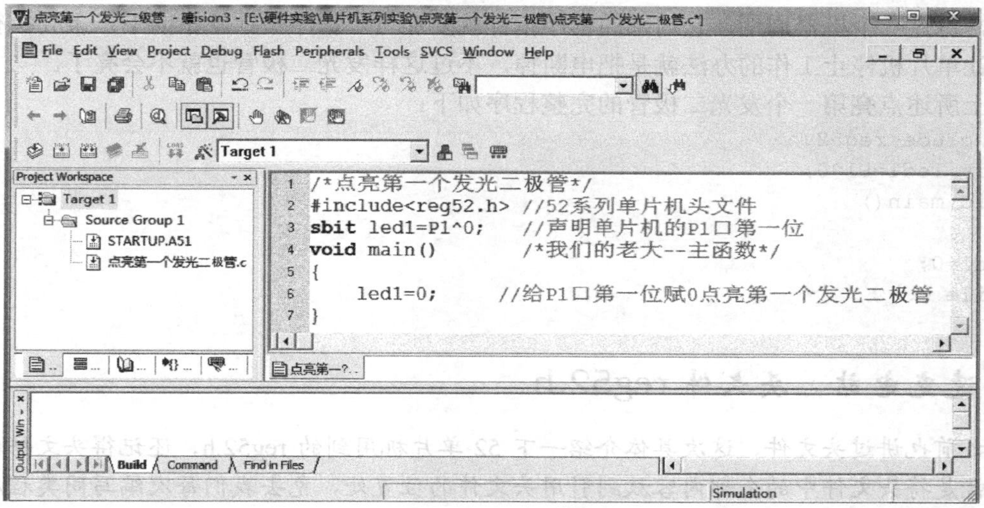

图 4-20　输入第一个程序屏幕窗口（为了截图方便调整了窗口大小）

在输入程序时大家会发现，Keil 会自动识别关键字，并以不同的颜色提示，有了这个功能我们在编写程序时就能少犯错误或及时发现错误，有利于提高编程效率。如把特殊功能位声明“sbit”错写成“sibt”，字体是不会自动加粗的，这样便可以发现并修改，在今后编写程序时如果发现 Keil 不能自动识别关键字而且字体颜色都一样，全是黑色，我们就知道问题出在了哪里，那是因为步骤五没做好，新建的文件没有保存，所以赶紧纠正错误，保存一下。

大家看到程序相对比较简单，除了注释也就四五行，接下来我们看一下它们的具体含义。

（1）“/*点亮第一个发光二极管*/”：这是程序的总体注释，说明程序功能是点亮第一个发光二极管。

（2）“#include<reg52.h>”：这是头文件的一般写法，大家要记住，单片机程序的开始一般都要先写上头文件，头文件作用看下面的“快速充电站”。

（3）“sbit led1=P1^0;”：声明单片机的 P1 口第一位，即给 P1 口的第一位起名为“led1”，也可以起其他名字，如“deng1”、“faguang1”。注意，“P1^0”中 P 必须为大写。

（4）“void main()”：这就是主函数了，之后的大括号里面就是主函数的具体内容了。

（5）“led1=0;”：给 P1 口第 1 位赋低电平 0，点亮第一个发光二极管，因为定义了 led1 就是单片机 P1 口第一位 P1^0，所以给 led1 赋 0 也是给 P1^0 赋 0，注意我们给单片机某一位单独赋值时一般采用这种找“中介”的方法。

当单片机执行程序时，它会自动从主函数开始处重新执行语句，这就是说单片机在执行上面的程序时，实际上是在不断地重复点亮发光二极管的操作。但我们本来不是这么想的啊，我们的意思是让单片机点亮二极管后就结束，也就是让程序停止在某处，这样有始有终才算圆满。那么如何让程序停止在某处呢？这时就要用到之前讲过的 while 语句了，在上面的主函数的“led1=0;”后加入“while（1);”，这样就可以使程序停止在此处，“while（1);”语句在执行时先判断表达式的值，因为表达式的值是 1，为真，内部语句为空即什么也不执行，然后再判断表达式，仍然为真，又不执行。因为 while 语句只有当表达式值为 0 时才可跳出，所以程序将不停地执行这条语句，也就是说单片机点亮发光管后将永远重复执行这条语句。或许大家会这样想，让单片机把发光二极管点亮后，就让它停止工作，不再执行别的指令，这样不是更好吗？这里先说明一点，单片机是不能停止工作的，只要它有电，有晶振提供时钟信号，它就不会停止工作，每过一个机器周期，它内部的程序指针就要加 1，程序指针就指向下一条要执行的指令，想让单片机停止工作的办法就是把电断掉，不过这样发光二极管也就不会亮了。

综上所述点亮第一个发光二极管的完整程序如下：

```
#include<reg52.h>
sbit led1=P1^0;
void main()
{
led1=0;
while (1) ;
}
```

快速充电站：头文件 reg52.h

在之前也讲过头文件，这次具体介绍一下 52 单片机用到的 reg52.h，还记得头文件的作用吗？那就是将头文件中的全部内容放到引用头文件的位置处，免去我们每次编写同类程序都要将头文件中的语句重复编写。现在我们的生活就是提倡快捷、高效，越简便越好，类似我们经常使用的快捷键，如截图用的 QQ 截图快捷键“Crtl+Alt+A”。

在程序中添加头文件一般有两种书写方法，分别为#include<reg52.h>和#include “reg52.h”，意思就是“所需要的东西包含在 reg52.h 内”，注意头文件之后都不需要加分号。这两种写法区别如下：

（1）当使用第一种<>包含头文件时，编译器先进入到软件安装文件夹处开始搜索这个头文件，也就是 Keil\C51\INC 这个文件夹下，如果这个文件夹下没有引用的头文件，编译器将会报错。

（2）当使用第二种即双撇号 “” 包含头文件时，编译器先进入到当前工程所在文件夹处开始搜索该头文件，如果当前工程所在文件夹下没有该头文件，编译器将继续回到软件安装文件夹处搜索这个头文件，若找不到该头文件，编译器将报错。

由此看来，我们还是写成#include<reg52.h>吧，因为 reg52.h 本来就在软件安装文件夹处，我们当前工程所在文件夹里没有它。

如果你想查看这个头文件里的内容，那么将鼠标移动到#include<reg52.h>上，单击鼠标右键，在弹出的快捷菜单中选择“Open document<reg52.h>”，即可打开该头文件，如图 4-21 所示。以后若需打开工程中的其他头文件，也可采用这种方式。

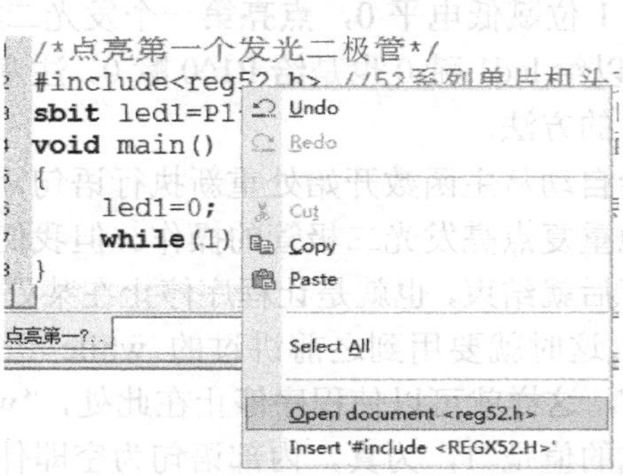

图 4-21　打开头文件 reg52.h

打开头文件 reg52.h 后看到的那些代码不知道大家有何感想，其实这里面就是 52 系列单片机内部所有功能寄存器的定义。下面以“sfr P1= 0x90;”进行简单讲解。“sfr P1= 0x90;”的意思是把单片机内部地址 0x90 处的这个寄存器重新命名为 P1，以后我们在程序中可直接对 P1 进行操作，也就相当于直接对单片机内部的 0x90 地址处的寄存器进行操作。也就是说，通过 sfr 这个关键字，让 Keil 编译器在单片机与人之间搭建一条可以进行沟通的桥梁，我们操作的是 P1 口，而单片机本身并不知道谁是 P1 口，但是它知道它的内部地址 0x90，这样大家应该就明白了，其实地址就相当于我们与单片机之间的中介。

快速充电站：C 语言中程序注释方法

在 C 语言中，注释有两种写法：

（1）// ……，两个斜扛后面跟着的为注释语句。这种写法只能注释一行，当换行时，又必须在新行上重新写两个斜扛，见图 4-22，前两行程序的注释。

（2）/*…*/，斜扛与星号结合使用，这种写法可以注释任意行，即斜扛星号与星号斜扛之间的所有文字都作为注释，见图 4-22，开头及主函数注释。

大家需要注意的就是，所有注释都不参与程序编译。编译器在编译过程中会自动删去注释，注释的目的是为了读程序方便，一般在编写较大的程序时，分段加入注释，这样当我们回过头来再次读程序时，因为有了注释，其含义便一目了然了。

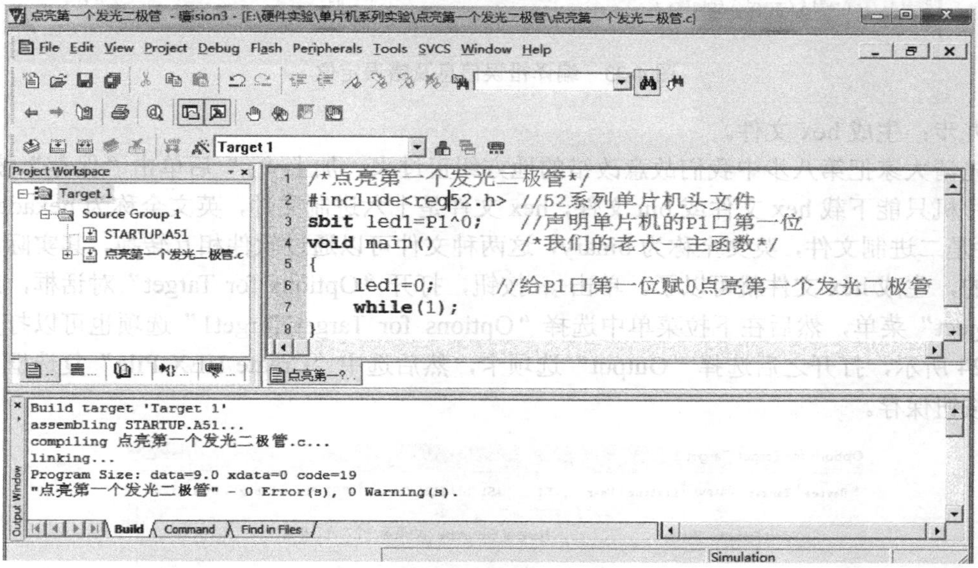

图 4-22　编译完成屏幕显示

第八步：编译文件。

在编译之前，大家要习惯性地单击保存按钮，保存一下当前编写的程序，防止出现死机的情况。接着单击“全部编译”按钮，这时会看到下方的编译信息窗口正在运行，编译好之后界面如图 4-22 所示。大家可以看到编译信息窗口显示“0　Error（s），0 Warning(s)”，即 0 错误，0 警告，编译顺利完成，说明程序没有出现错误。这样，我们故意改错一处来看看它的错误编译信息，教大家如何查找错误。把“sbit led1=P1^0;”之后的分号“;”去掉，不要忘记保存，然后再单击一下“全部编译”按钮，这时窗口显示如图 4-23 所示，双击编译信息栏中的“点亮第一个发光二极管.C（4）：error C141: syntax error near 'void', expected ';'”，void 前面出现了一个箭头，这样就实现了错误的定位，这一行文字意思是提示错误在 void 附近，并且预料是“;”出了问题，看来 Keil 的提示还是挺准确的，不过如果大家以后编写的程序较大，有些错误 Keil

软件自身不能准确显示错误信息，更不能准确定位，它只能定位到错误出现的大概位置，这就需要大家根据这个大概位置和错误提示信息，自己查找和修改错误。

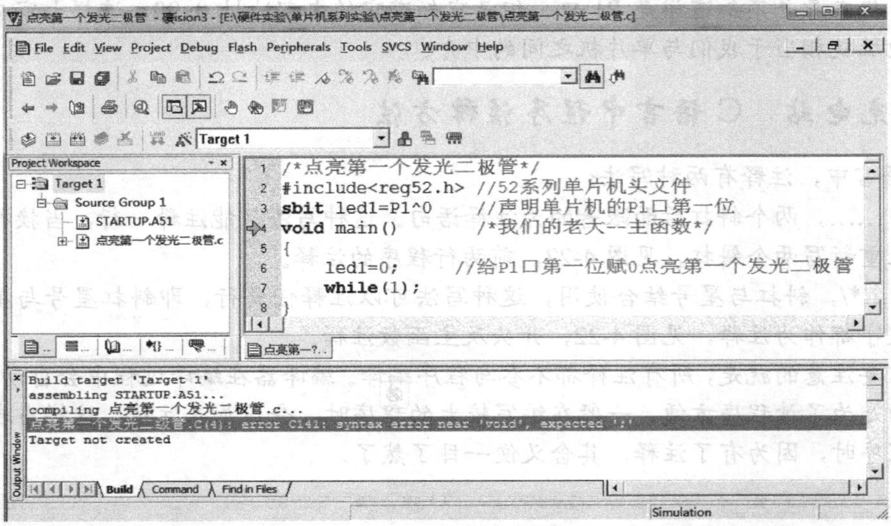

图 4-23　编译错误信息及错误定位

第九步：生成 hex 文件。

首先请大家把第八步中我们故意改错的地方纠正过来，加上“;”后单击“保存”按钮。

单片机只能下载 hex 文件或 bin 文件，hex 文件是十六进制文件，英文全称为 hexadecimal，bin 文件是二进制文件，英文全称为 binary，这两种文件可以通过软件相互转换，其实际内容都是一样的，生成 hex 文件就可以了。单击按钮，打开“Options for Target”对话框，或者单击“Project”菜单，然后在下拉菜单中选择“Options for Target'Target1”选项也可以打开它，如图 4-24 所示，打开之后选择“Output”选项卡，然后选中“Create HEX File”复选框，单击“OK”按钮保存。

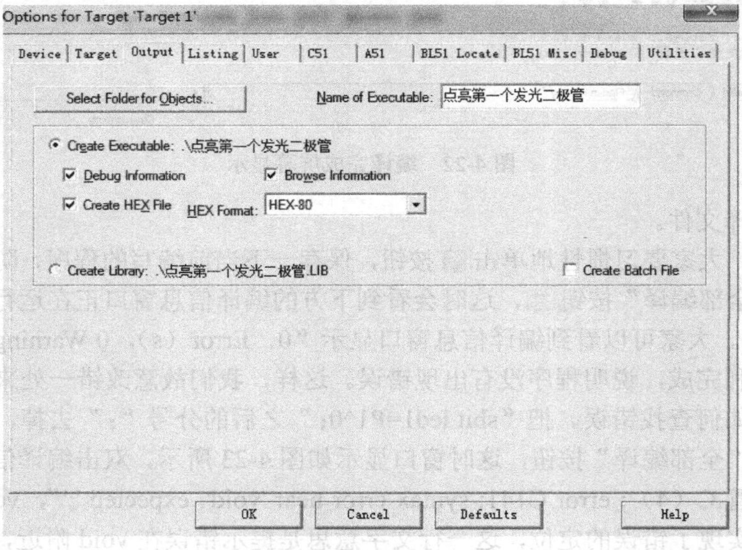

图 4-24　生成 HEX 文件对话框

保存之后我们再重新编译一下，屏幕显示如图 4-25 所示。

这时大家会发现编译信息栏里多了一行“creating hex file from "点亮第一个发光二极管"...”，说明 HXE 文件成功生成了。这里补充一点，当创建一个工程并编译它时，生成的 HEX 文件名与工程文件名是相同的，添加的源程序名可以有很多，但 HEX 文件名只跟随工程文件名。

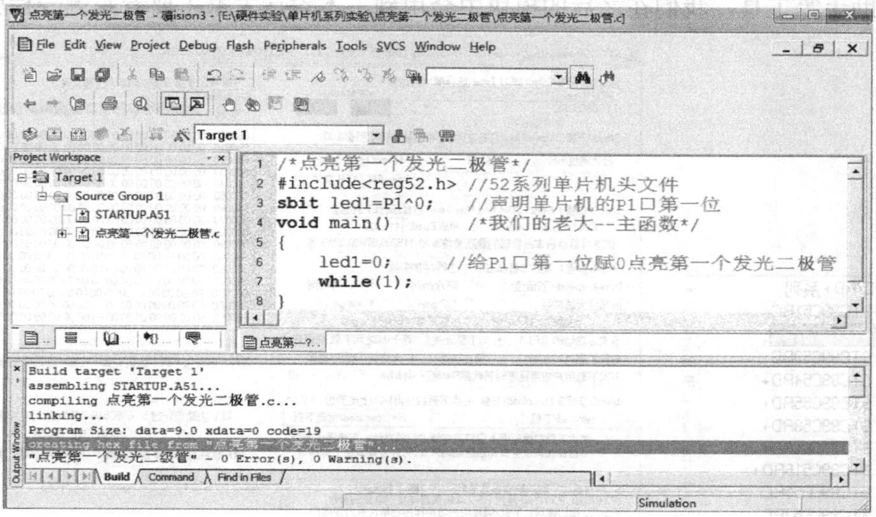

图 4-25 生成 HEX 文件后的窗口显示

第十步：连接电路。

将我们开始做的 P1 口亮灯模块与单片机连接起来，连接要用到杜邦线，我们在网上买的杜邦线一般是 40 个连在一起的，大家不要都拆开，就像我们这个模块一共 8 个发光二极管对应八根杜邦线，如果一根一根单独插岂不是很麻烦，我们可以一次拆下 8 个，这样插接起来也不至于太乱。利用这 8 根杜邦线将 P1 口亮灯实验模块中标有 P1.0～P1.7 的插针依次与单片机系统板中的 P1 口 8 个脚连接起来，注意顺序不要弄错。或许大家会问不是就点亮一个发光二极管吗，怎么 8 个都要接啊？这里之所以让大家都接上是为了让大家看一下不赋值的单片机引脚是什么电平，待会咱们修改程序点亮所有二极管，省得再去接线，双公线与串口下载线也一起接上，顺便将两根线也与计算机连接起来，P1 口亮灯模块与系统板连接如图 4-26 所示。

图 4-26 P1 口亮灯模块与系统板连接图

第十一步：下载程序到单片机。

步骤 1：电路连好之后我们来下载 HEX 文件到单片机中，首先双击 STC 下载软件图标，然后在左上方的“MCU Type”选项框里选择“STC89C52RC”，如图 4-27 所示。

选好单片机型号后的窗口如图 4-28 所示，可以看出这个下载软件功能还是挺多的，右侧还有串口调试助手等工具，我们在之后的模块中会用到，本设计大家主要看左侧一栏就可以。

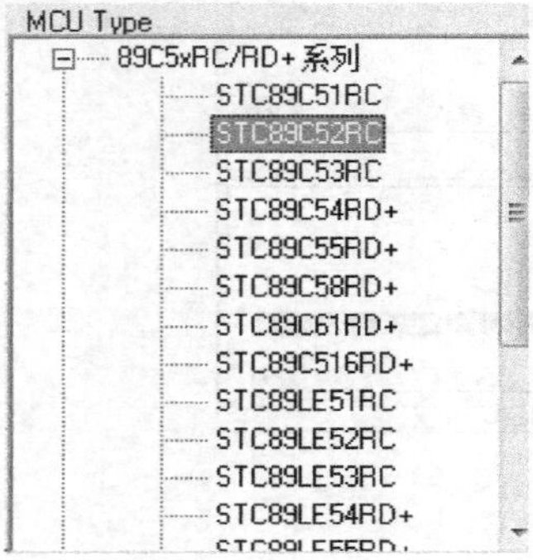

图 4-27 选择单片机型号

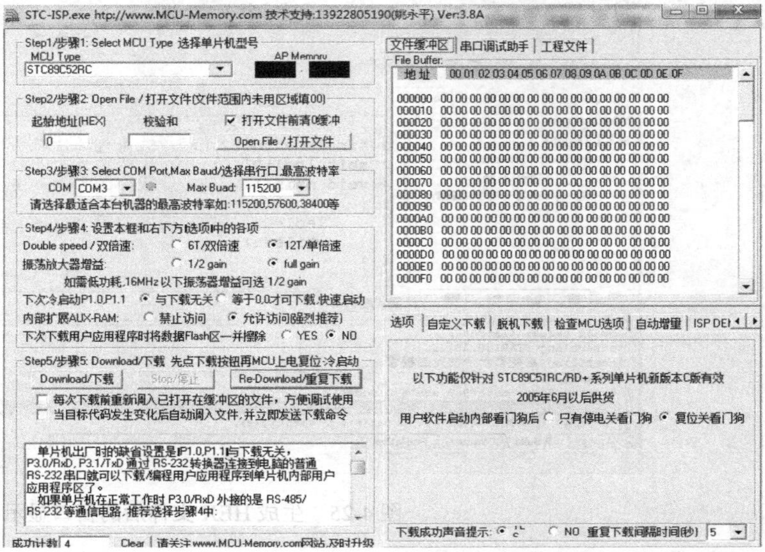

图 4-28 STC 下载软件界面

步骤 2：打开文件即打开我们之前生成的 HEX 文件，单击 Open File / 打开文件 按钮弹出如图 4-29 所示对话框，找到“点亮第一个发光二极管”HEX 文件，然后单击“打开”按钮。

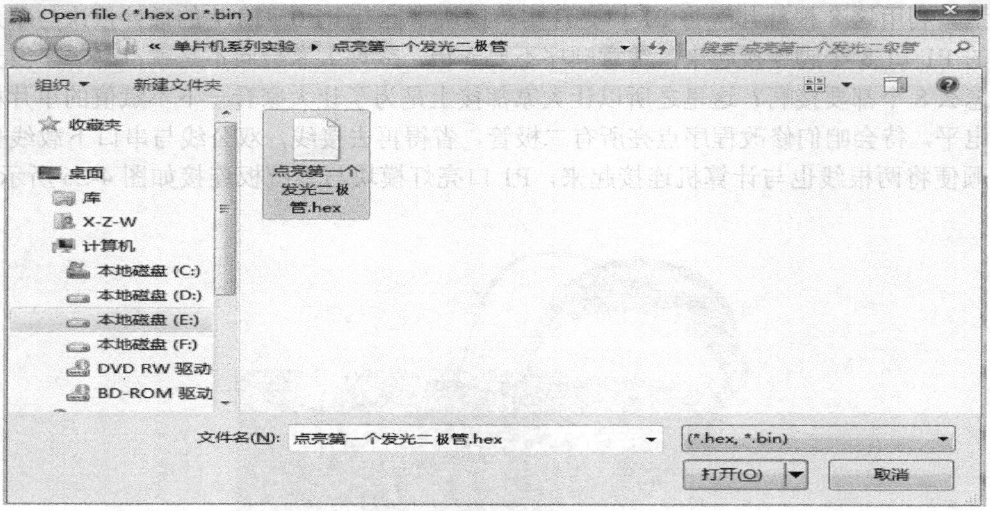

图 4-29 打开文件窗口

步骤 3：选择串行口、最高波特率，在这里选择串口即 COM 口就行，最高波特率采用默认数据。COM 口怎么选择呢？首先确保串口下载线已经插在计算机上，然后单击桌面上的“计算机”或者“我的电脑”图标，单击鼠标右键选择“管理”选项，在弹出对话框左侧栏里单击

“设备管理器”，设备管理器界面如图4-30所示，单开“端口（COM和LPT）”，可以看到串口是哪个COM口了，若是“COM3”，这样在步骤3的“COM”选择框中选择“COM3”选项。

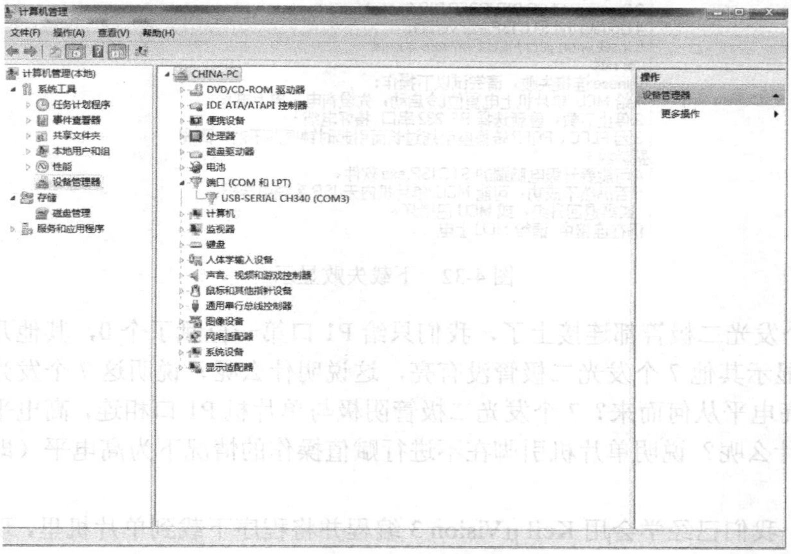

图4-30 计算机设备管理器

步骤4：其他的参数采用默认配置就可以了。

步骤5：下载，单击 Download/下载 按钮，这时按钮下的信息显示栏里会显示“We are trying to connect to your MCU ... Chinese:正在尝试与 MCU/单片机握手连接 ...”字样，现在我们就可以打开单片机系统板上的电源按钮了，这时信息显示栏里会显示“…正在进入正式编程阶段…”等字样，一两秒之后会显示“…下载OK…”等字样表明下载完成，这时可以看到我们P1口亮灯模块中第一个灯即红灯亮起，如图4-31所示，到此，P1口亮灯模块的编程及其下载全部完成。

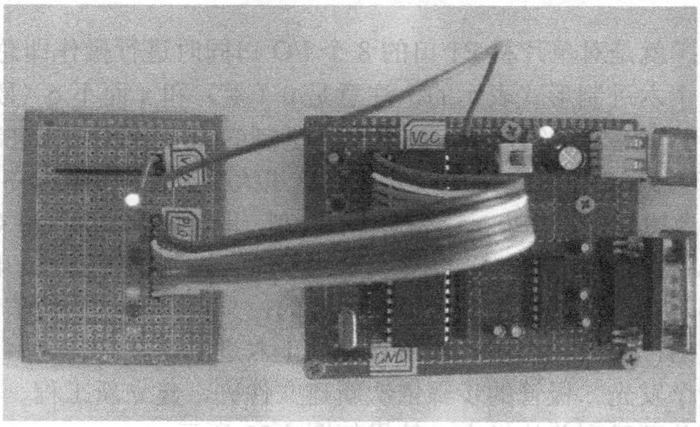

图4-31 点亮第一个发光二极管

注意：单片机需要重新上电才能编译的，例如一开始就把单片机电源打开，那么单击 Download/下载 按钮不会下载成功，信息栏会显示如图4-32所示内容。注意提示栏里给“单片机上电复位”并不是按系统板复位电路里的复位按钮，而是要对单片机电源上电复位，即先把系统板电源关掉然后再打开，这样就可以下载了。

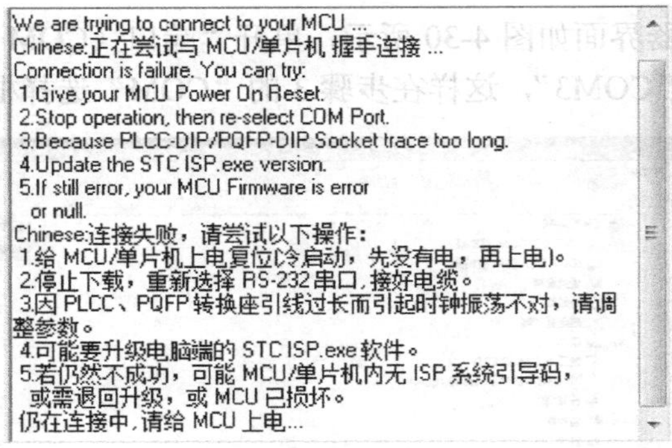

图 4-32　下载失败显示

总结：8 个发光二极管都连接上了，我们只给 P1 口第一位赋了个 0，其他几位没有进行任何操作，结果显示其他 7 个发光二极管没有亮，这说明什么呢？说明这 7 个发光二极管阴极被赋成高电平，高电平从何而来？7 个发光二极管阴极与单片机 P1 口相连，高电平肯定来自单片机，这又说明什么呢？说明单片机引脚在不进行赋值操作的情况下为高电平（即单片机上电后为高电平）。

到此为止，我们已经学会用 Keil μVision 3 编程并将程序下载到单片机里，现在来布置一道题：编写程序点亮 1、3、5、7 灯，开始编程序吧。

看到这个题目，大家想是不是要声明 4 个 I/O 口呢，起名为 led1、led 3、led5、led 7，然后依次声明、赋值，是不是感觉这样虽说简单但也太麻烦了，接下来教给大家另一种方法即总体赋值法。程序如下：

```
/*点亮第 1、3、5、7 个发光二极管*/
#include<reg52.h>   //52 系列单片机头文件
void main()
{
   P1=0xaa;          //对 P1 口整体赋值
}
```

程序中“Pl=0xaa;”就是对单片机 P1 口的 8 个 I/O 口同时进行操作即总体赋值，其中的“0x”表示后面的数据是以十六进制形式表示的，注意是 0（零）和 x 而不 o（欧）和 x，因为 0 和 o 容易混淆，所以很多学生经常输错，一定注意十六进制的 aa，转换成二进制是 10101010，那么对应的现象便是 1、3、5、7 亮，2、4、6、8 灭，这里大家要注意 P1 口高低位和发光二极管前后位置的对应关系，当然也可以将 0xaa 转换成十进制，即 170，然后直接对 Pl 口进行十进制数的赋值 “P1=170;”，二者效果是一样的，只不过采用十进制比较麻烦。因为无论是几进制的数，在单片机内部都是以二进制数形式运行、保存的，只要是同一个数值的数，在单片机内部占据的空间就是固定的，所以我们还是选用直观的十六进制比较好。

请按照点亮第一个发光二极管的步骤依次新建文件夹、建立新工程、建立新文件等，然后输入上述程序，编译并下载到单片机中，结果如图 4-33 所示。

同理也可以同时点亮所有发光二极管，具体操作是新建工程，也可以在现有程序上改，只是将“Pl=0xaa;”改成“Pl=0x00;”即可。在这里提醒大家，一个工程里只能有一个主函数，所以不要同时给工程添加两个带有主函数的文件。

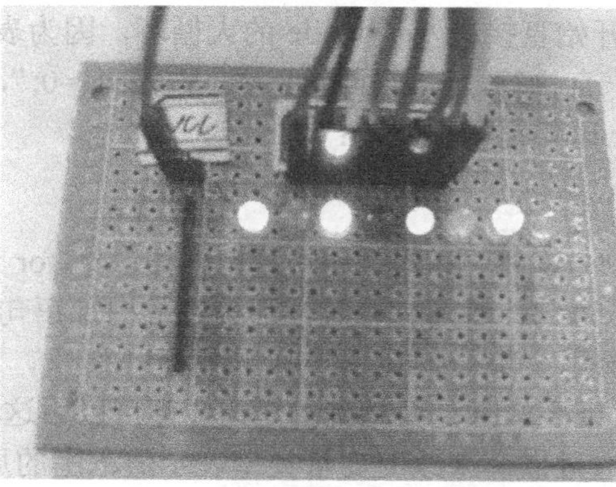

图 4-33　点亮 1、3、5、7 灯

4.3　Keil 仿真与延时的计算

本节学习如何实现小灯的亮灭闪烁效果，并告诉大家如何精确计算延时时间，此外还要教大家如何用 Keil 软件实现仿真，观察内部变量数值。本小节以实例为主线进行讲解，所以直接附上程序，大家可以新建工程起名为“Keil 仿真”，并输入以下程序代码。

/*编程实现第一个灯的亮灭闪动效果，亮灭间隔 1s*/

```
#include<reg52.h>                  //52 系列单片机头文件
#define uint unsigned int          //宏定义
sbit led1=P1^0;                    //声明单片机 P1 口的第一位
uint i,j;                          //定义全局变量 i、j
void main()                        //主函数
{
    while (1)                      //大循环
    {
        led1=0;                    //点亮第一个发光二极管
        for (i=1000;i>0;i--)       //延时
            for (j=123;j>0;j--) ;
        led1=1;                    //熄灭第一个发光二极管
        for (i=1000;i>0;i--)       //延时
            for (j=123;j>0;j--) ;
    }
}
```

接下来对程序进行讲解，第一行头文件在前面已经讲解过了，在此不再赘述，第二行出现一个“#define”，这是在进行宏定义，注意宏定义后面没有分号，它的一般格式为：

```
#define 新名称 原内容
```

#define 功能是用它后面的第一个字母组合（即标识符）代替该字母组合后面的所有内容，也就相当于给“原内容”重新起了一个比较简单的“新名称”，方便以后在程序中直接写简短的新名称，而不必每次都写烦琐的原内容。上面的程序中使用了宏定义将 unsigned int 用 uint 代替，所以在程序之后的部分中如果需要定义 unsigned int 型变量如 i、j，就可以直接这样定义“uint i, j;”，（unsigned int 型变量范围为 0~65535）。在一个程序中，只要宏定义一次，那么在整个程序中都可以直接使用它的“新名称”。需要注意的是，对同一个内容，宏定义只能定义一次，如果定义了两次，将会出现重复定义的错误提示。

下面来看主函数，主函数开始直接进入了 while 的大循环，因为表达式是 1，即一直为真，所以 while 大括号内的语句将一直执行，大括号内第一句是“led1=0;”，我们知道它的作用是点亮第一个发光二极管，其后 for 语句是两层嵌套：

```
For(i=1000;i>0;i--)
For(j=123;j>0;j--);
```

第一个 for 语句后面没有分号，根据 for 语句的规范，第二个 for 语句就成了第一个 for 语句的内部语句，再看第二个 for 语句，后面有分号，那么它的内部语句就为空。程序的执行是：第一个 for 语句中的 i 值每减一次，第二个 for 语句便执行了 123 次，即这两个 for 语句嵌套后共执行了 1000×123 次。一般对于要求不是很精确的延时，都可以用这种执行 for 语句的形式来实现。从上面语句看出，可以通过嵌套来改变变量类型表示值范围的局限性以便写出比较长时间的延时语句，此外，还可以进行 3 层或 4 层嵌套来增加延时，也可以通过改变变量类型来增加延时。语句 “led1=1;”作用是熄灭第一个发光二极管，然后又是 for 语句的两层嵌套实现熄灭以后的延时。

综上所述，while 大括号里的语句实现“点亮灯→延时→关闭灯→再延时→点亮灯→延时…”如此循环下去，把程序下载到单片机中看一下小灯亮灭闪烁的效果。

那么，如何仿真出延时语句的具体延时时间，首先回到 Keil 的编辑界面，单击按钮打开工程设置对话框，在“Target”标签下的“Xtal(MHz):”后面将原来的默认值“24.0”修改为单片机系统板上的晶振频率值“12MHz”，如图 4-34 所示，然后单击“OK”按钮设置完毕。之所以修改这个值是因为 Keil 编译器在编译程序时，计算代码执行时间与该数值有关，既然要模拟真实的延时时间，那么软件模拟运行速度就要与实际硬件对应起来。

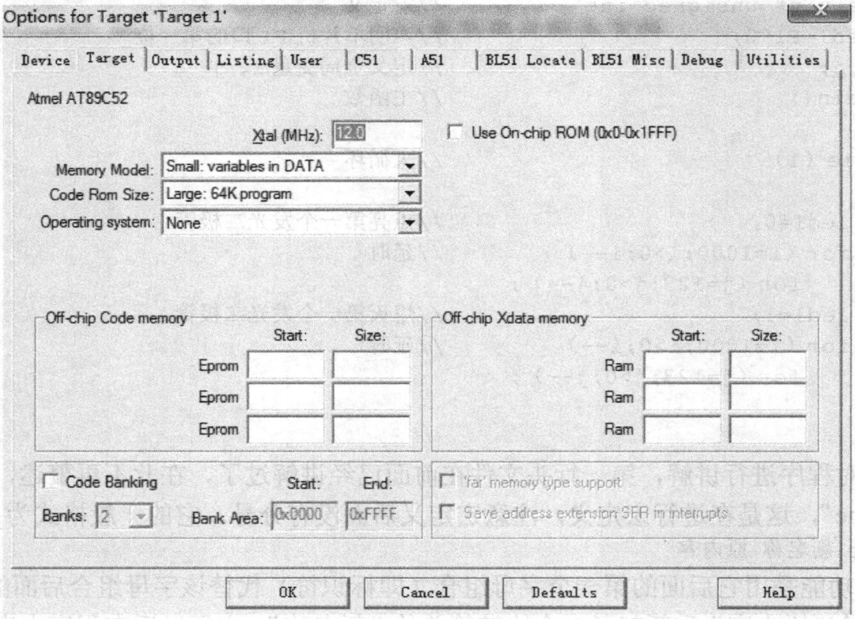

图 4-34 设置仿真晶振频率

接下来单击“调试”按钮打开软件模拟调试窗口，弹出如图 4-35 所示的对话框，提示调试模式代码大小限制在 2KB，单击“确定”按钮就可以，模拟调试界面如图 4-36 所示。

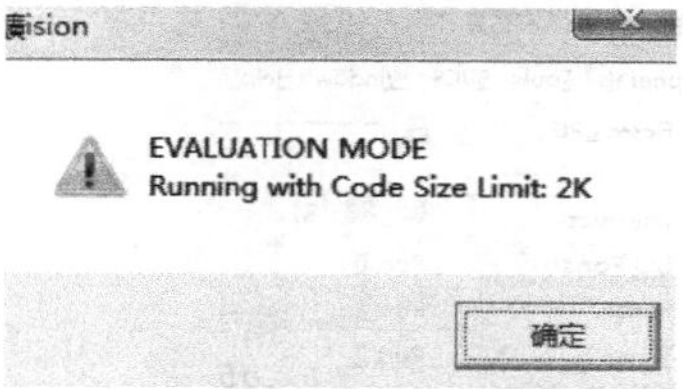

图 4-35　代码大小限制窗口

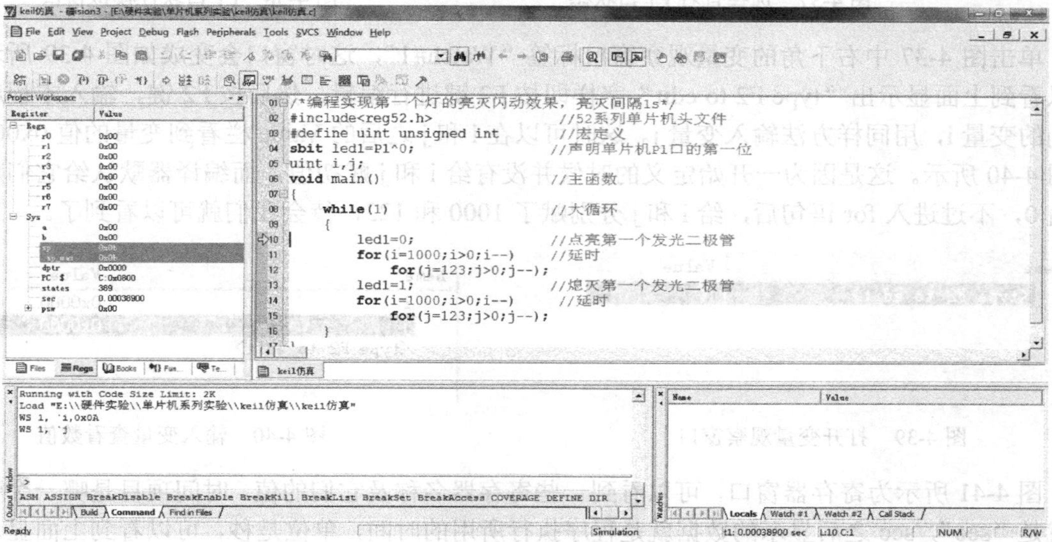

图 4-36　模拟调试界面

在软件调试模式下，可以设置断点、单步、全速、进入某个函数内部运行程序，还可以查看变量变化过程、模拟硬件 I/O 口电平状态变化、查看代码执行时间等。在开始调试之前先熟悉一下几个常用的调试按钮。

RST：将程序复位到主函数的最开始处，准备重新运行程序。

全速运行，运行程序时中间不停止。

停止全速运行，全速运行程序时激活该按钮，用来停止正全速运行的程序。

进入子函数内部。

单步执行代码，它不会进入子函数内部，可直接跳过函数。

跳出当前进入的函数，只有进入子函数内部该按钮才被激活。

程序直接运行至当前光标所在行。

显示，隐藏编译窗口，可以查看每句 C 语言编译后所对应的汇编代码。

显示，隐藏变量观察窗口，可以查看各个变量值的变化状态。

那么，如何查看硬件 I/O 口电平，首先将硬件 I/O 口模拟器打开，打开方式如图 4-37 所示，可以看到在“I/O-Ports”的子选项中有 Port 0～Port 3，对应的依次是 P1～P3 口。打开 Port 1 之后会弹出如图 4-38 所示的窗口，在窗口里可以看到软件模拟的单片机 P1 口 8 位 I/O 的状态，P1 的值为十六进制的 0xFF，说明 P1 口的 0～7 位全是 1，即高电平，从中得知单片机上电后 I/O 口全为 1。

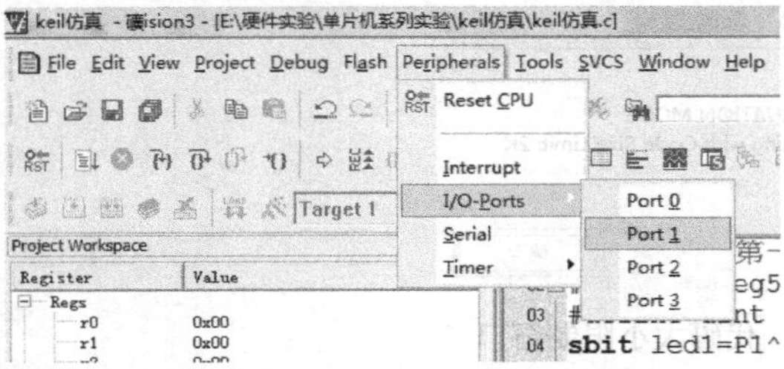

图 4-37 选择查看 P1 口状态

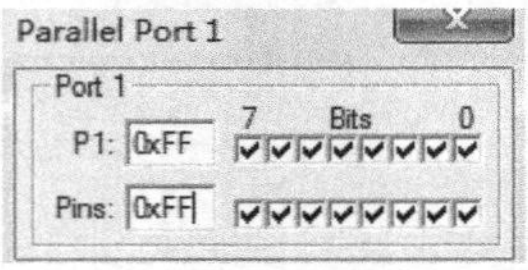

图 4-38 P1 口软件模拟窗口

单击图 4-37 中右下角的变量观察窗口标签“Watch#1”，这时窗口会变成如图 4-39 所示，可以看到上面显示出“type F2 to edit”字样即按 F2 键进行编辑，然后按 F2 键，输入本程序中用到的变量 i，用同样方法输入变量 j。这时可以在 i 和 j 之后的 Value 栏看到变量的值 0x0000，如图 4-40 所示。这是因为一开始定义的时候并没有给 i 和 j 赋初值，而编译器默认给它们赋了初值 0，不过进入 for 语句后，给 i 和 j 分别赋了 1000 和 123，待会我们就可以看到了。

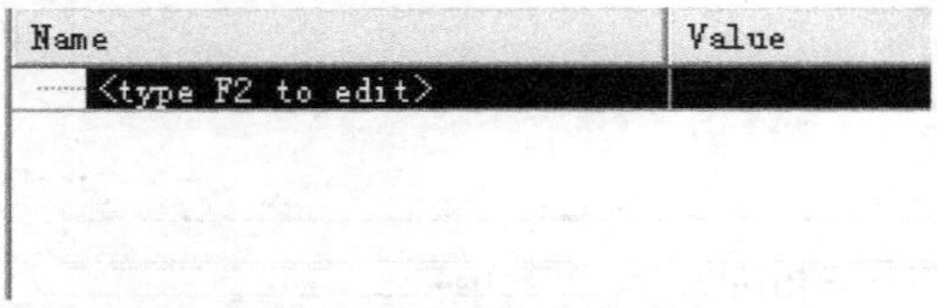

图 4-39 打开变量观察窗口

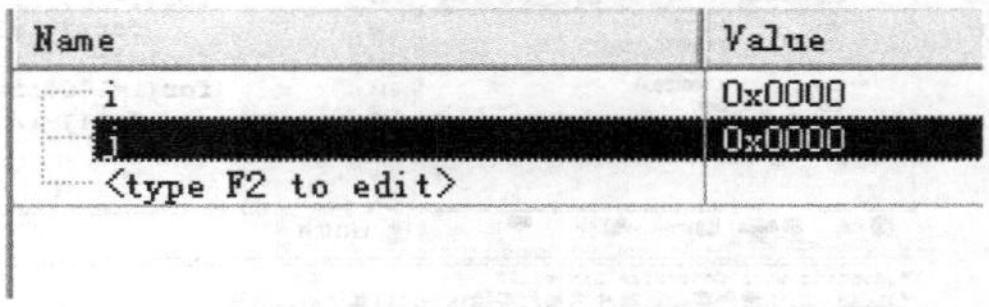

图 4-40 输入变量查看数值

图 4-41 所示为寄存器窗口，可以看到一些寄存器名称及它们的值。时间项目是哪一个呢？那就是“sec”，sec 之后显示的数据就是程序执行所用的时间，单位是秒，可以看到上面显示的是 389μs，这就是程序启动执行到目前停止位置所花的所有时间，注意，这个时间是累计的。

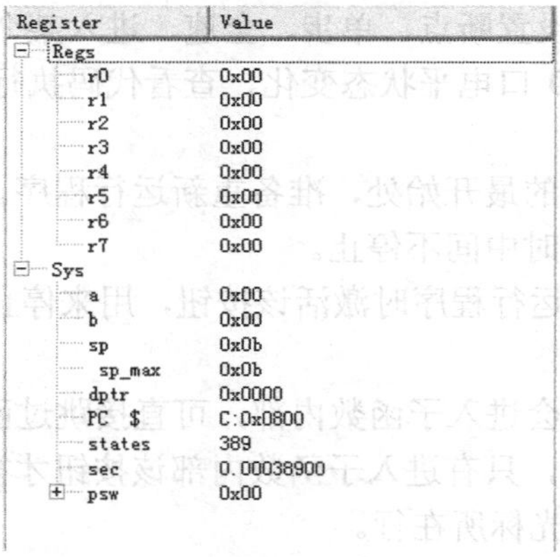
Register Value
Regs
r0 0x00
r1 0x00
r2 0x00
r3 0x00
r4 0x00
r5 0x00
r6 0x00
r7 0x00
Sys
a 0x00
b 0x00
sp 0x0b
sp_max 0x0b
dptr 0x0000
PC $ C:0x0800
states 389
sec 0.00038900
psw 0x00

图 4-41 寄存器窗口

在程序编辑栏会发现“ledl=0;”前面出现箭头，箭头的作用就是指向下一步将要执行的代码。单击“单步运行”图标，会发现黄色小箭头向下移动了一行，而且 P1 口软件模拟窗口中 P1 的最低位对应的对号没有了，P1 的值变为 0xFE，如图 4-42 所示，这说明“ledl=0;”这条语句执行结束了，即在实际硬件中 Pl 口最低位所对应的发光二极管已经被点亮了。再看一下寄存器窗口中的 sec，它后面的值变成为 390μs，如图 4-43 所示，这样就可以计算出执行这条指令实际花去的时间 390−389=lμs，这个时间恰好是单片机在 12MHz 晶振频率下一个机器周期的时间。

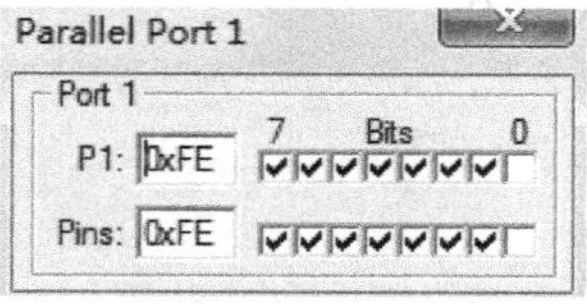

图 4-42　单步后的 P1 口软件模拟窗口

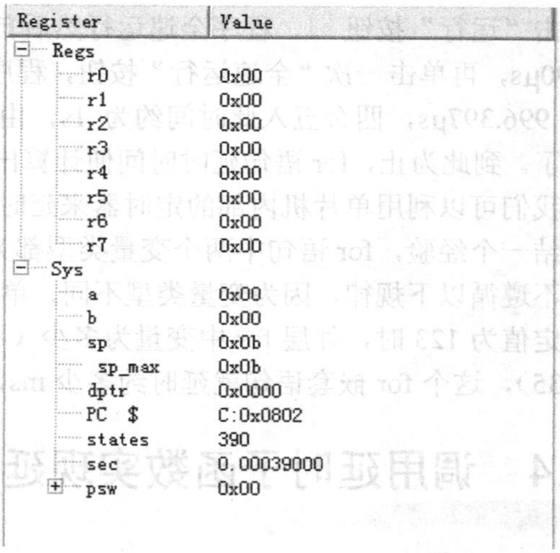

图 4-43　单步后的寄存器窗口

接着再单击“单步运行”按钮，右下角变量查看窗口中的 i 值变为 0x03E8，如图 4-44 所示，在这个值上单击鼠标右键选择“Number Base”选项，然后选择“Decimal”选项，将数值显示方式改成十进制，现在我们看到 i 的值就变成 1000 了，实际上就是刚才上一步运行第一个 for 语句时给 i 赋的值。继续单步运行可以看到 i 的值从 1000 开始往下递减，同时左侧的 sec 在一次次增加，但 j 的值始终为 0，因为每执行一次外层 for 语句，内层 for 语句将执行 123 次，即 j 已经由 123 递减到 0 了，所以看上去 j 的值始终都是 0。那如果我们要看这个 for 嵌套语句到底执行了多长时间，是不是就要单击 1000 次呢？其实不用这么麻烦，设置断点可以方便地解决这个问题。

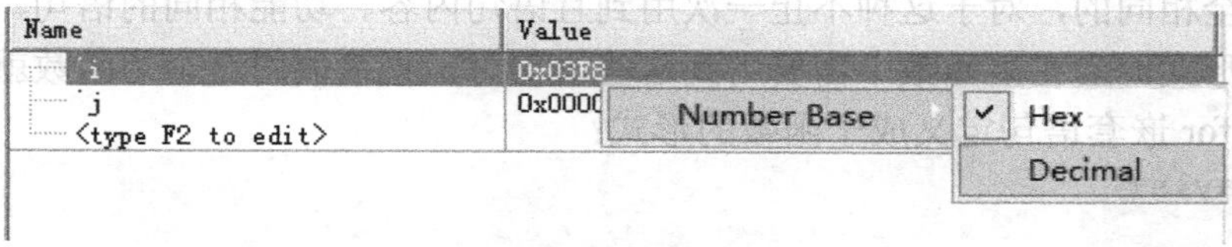

图 4-44　查看 i 值

设置断点有很多好处，在软件模拟调试状态下，当程序全速运行时，每遇到断点，程序会自动停止在断点处，即下一步将要执行断点处所在的这条指令。这样，只需在延时语句的两端各设置一个断点，然后通过全速运行，便可方便地计算出所求延时程序的执行时间。

设置方式如下：单击“复位”按钮 RST，然后在第一个 for 语句所在行前空白处双击鼠标，前面出现一个红色方块，表示本行设置了一个断点，然后在“led1=1;”所在行用同样的方式插入第二个断点，那么这两个断点之间的程序就是这两级 for 嵌套语句，如图 4-45 所示。

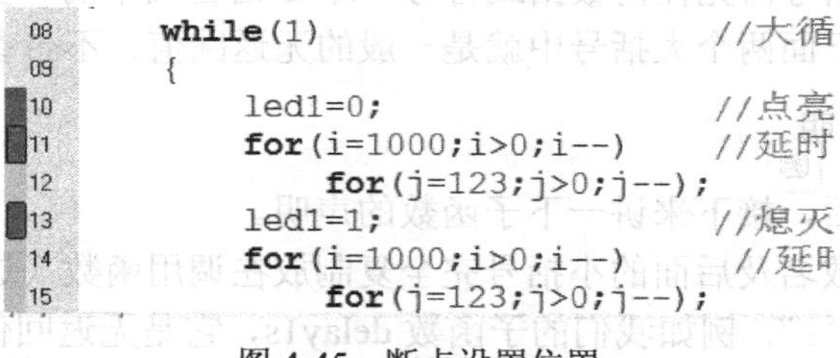

图 4-45　断点设置位置

单击“运行”按钮，程序全速运行然后自动停止在第一个 for 语句所在行，查看时间显示为 390μs，再单击一次“全速运行”按钮，程序停止在第二个 for 语句下面一行处，查看时间显示为 996.397μs，四舍五入此时间约为 1s，由于本程序对时间要求不是很精确，因此这个精度足够了。到此为止，for 语句延时时间便计算出来了，如果需要非常精确的延时时间，如电子时钟，我们可以利用单片机内部的定时器来延时，它的精度非常高，可以精确到微秒级。

总结一个经验，for 语句中两个变量类型都为 unsigned int 型时（注意，若变量为其他类型则时间不遵循以下规律，因为变量类型不同，单片机运行时所需时间就不同），内层 for 语句中变量恒定值为 123 时，外层 for 中变量为多少（不过不要超过 unsigned int 数据类型的表示范围 0～65535），这个 for 嵌套语句就延时约多少 ms，可以自己测试一下。

4.4 调用延时子函数实现延时

由于有些程序比较大，如果把所有内容都写进主函数，程序看起来不清晰，不好理解，另外，程序有些部分的代码功能是相似或相同的，多次重复编写也比较烦琐，所以对于这些功能相似或相同的代码最好写成子函数的形式，通过调用子函数的方法来简化程序。本节讲解无参数子函数书写及调用方法和带参数子函数书写及调用方法。

4.4.1 无参数子函数书写及调用方法

1. 无参子函数的定义

从 Keil 仿真这个程序可以看出，点亮和熄灭发光二极管语句之后的延时语句，即两个 for 嵌套语句是完全相同的，对于这种不止一次用到且语句内容、功能相同的语句，我们可以把它写成子函数的形式，当在主函数中需要用到这些语句时，直接调用这个子函数就可以了。现在我们把这两层 for 嵌套语句定义成子函数的形式：

```
void delay1s()
{
    unsigned int i, j;
    for (i=1000;i>0;i--)
        for (j=123;j>0;j--) ;
}
```

void 表示这个函数执行完后不返回任何数据，即它是一个无返回值的函数。delay1s 函数名按照 C 语言标识符的要求来命名，例如 delay_1s，delay1miao 都可以，但不要和 C 语言中的关键字相同，而且为了其他人或者自己今后一看到函数名就知道它实现什么功能，最好起一个简单易懂的名字。本函数起的名字为 delay1s，意思明了这个子函数作用为延时 1s，再看 delay1s 后面有一个括号，这个括号内无任何数据或符号（即 C 语言当中的“参数”），因此这个函数是一个无参数的子函数，下面两个大括号中就是一般的无返回值、不带参数的函数书写方法。

2. 无参子函数的声明

当定义好子函数之后，接下来讲一下子函数的声明。

将返回值特性、函数名及后面的小括号完全复制放在调用函数（这里即为主函数）之前，注意之后必须加上分号“;”，例如我们的子函数 delay1s，它是无返回值、无参（即小括号内为空）函数，所以就将“void delay1s();”写在调用函数之前进行声明，如果将函数的定义放在了调用函数之前，则不需要进行函数的声明。

3．无参子函数的调用

调用形式为

```
函数名();
```

下面来实际练习一下，用调用无参子函数的方法改编一下 Keil 仿真程序实现第一个灯间隔 1s 的亮灭闪动效果，程序如下：

```
/*编程用无参子函数调用的方式实现第一个灯的亮灭闪动效果，亮灭间隔 1s*/
#include<reg52.h>                        //52 系列单片机头文件
#define uint unsigned int                //宏定义
sbit led1=P1^0;                          //声明单片机 P1 口的第一位
void delay1s();                          //声明 1s 延时无参子函数
void main()                              //主函数
{
    while(1)                             //大循环
    {
        led1=0;                          //点亮第一个发光二极管
        delay1s();                       //调用无参延时子函数
        led1=1;                          //熄灭第一个发光二极管
        delay1s();                       //调用无参延时子函数
    }
}
void delay1s()                           //定义 1s 延时子函数
{
    uint i,j;                            //定义局部变量 i、j
    for(i=1000;i>0;i--)                  //延时 1s
        for(j=123;j>0;j--);}
```

P1 口亮灯模块与单片机系统板连线方式不变，把程序下载到单片机中，结果与之前一样。

4.4.2 有参数子函数书写及调用方法

1．有参子函数的定义

4.4.1 节讲到了无参数子函数，若用子函数调用的方式实现第一个灯亮 1s，灭 500ms 的闪动效果，可能需要写两个无参子函数，一个延时 1s 另一个延时 500ms，然后分别调用，但这样似乎有些麻烦！下面给大家介绍一下有参子函数。例如，可以把延时子函数写成：

```
void delay(unsigned int x)               //延时子函数
{
    unsigned int i,j;                    //定义局部变量 i、j
    for(i=x;i>0;i--)                     //i=x 即延时 x 毫秒
        for(j=123;j>0;j--);
}
```

上面的语句即为有参子函数的定义，与无参子函数相比函数名后的括号中多了“unsigned int x”，x 是这个子函数的形参，可以有多个并用逗号分隔。

2．有参子函数的声明

将返回值特性、函数名及后面的小括号复制一下先放到调用函数（这里即为主函数）前面，然后在小括号里依次写上参数类型，注意只写参数类型就可以了，无须写参数，且参数类型之间要用逗号隔开，最后也不要忘记在小括号的后面加上分号“;”，同无参函数一样，如果将函数的定义放在了调用函数之前，则不需要进行函数的声明。

3. 有参子函数的调用

调用形式为

```
函数名（实参列表）;
```

调用这个有参子函数时我们将用一个具体真实的数据代替定义中的形参（即 x），这里称这个真实数据为实参。形参被实参代替之后，在子函数内部所有和形参名相同的变量将都被实参所代替（注意是子函数内部所有和形参名相同的变量），接下来学习一下有参子函数的应用，程序如下：

```
/*编程用有参子函数调用的方式实现第一个灯亮 1s，灭 500ms 的闪动效果*/
#include<reg52.h>                    //52 系列单片机头文件
#define uint unsigned int            //宏定义
sbit led1=P1^0;                      //声明单片机 P1 口的第一位
void delay(uint);                    //声明延时有参子函数
void main()                          //主函数
{
    while(1)                         //大循环
    {
        led1=0;                      //点亮第一个发光二极管
        delay(1000);                 //调用有参延时子函数延时 1s
        led1=1;                      //熄灭第一个发光二极管
        delay(500);                  //调用有参延时子函数延时 500ms
    }
}
void delay(uint x)                   //定义有参延时子函数
{
    uint i,j;                        //定义局部变量 i、j
    for(i=x;i>0;i--)                 //i=x 即延时 x 毫秒
        for(j=123;j>0;j--);
}
```

注意，声明有参子函数时，在子函数名后的小括号内只写参数类型就可以了，无须再写实际参数，如果参数或参数类型不止一个，它们之间要用逗号隔开，将上面的程序下载到单片机中实现了小灯亮 1s 灭 500ms 的效果。

4.5 期待已久的流水灯

流水灯的实现方法有很多种，移位指令、逻辑运算、调用库函数等方法都可以实现，为了给大家多讲解一些实现方法，本节分两小节，一个用移位与逻辑运算结合实现流水灯，另一个用调用库函数的方法实现。

4.5.1 用移位与逻辑运算实现流水灯

首先用移位和逻辑运算指令实现由低位到高位的流水灯效果，间隔 500ms，即第一个灯亮 500ms 后熄灭紧接着第二个灯亮 500ms 后熄灭紧接着第三个灯……第八个灯灭后第一个灯亮，如此循环。

看到题目大家自然而然地会想到左移指令，例如，要让第一个灯亮首先赋值 P1=0xfe，即 11111110，然后左移，左移符号<<，现在发现首先需要设置一个变量，如 a，令 a=0xfe，然后左移即 a=a<<1，这个左移公式相信大家还没忘，但左移之后 a=0xfc 即 11111100，因为左移指令在操作时是将高位直接扔掉，然后在低位补 0，如果将 0xfc 送到 P1 口，第一个和第二个灯会一起亮的，如果将这样移位后的值以 500ms 间隔依次赋给 P1 口，我们看到的现象是 8 个灯以 500ms 的间隔依次被点亮，最后 8 个灯全部亮起，这显然不是题目要求。思索片刻，看看用逻辑运算能否解决，答案是肯定的，我们在每次移位之后在最低位补 1 就可以了，即移位之后加上“a=a+1;”这条逻辑运算指令。示例程序如下：

```
/*用移位和逻辑运算指令实现由低位到高位的流水灯效果*/
#include<reg52.h>                  //头文件
#define uint unsigned int          //宏定义 uint
#define uchar unsigned char        //宏定义 uchar
void delay(uint);                  //延时子函数声明
void main()
{
    uint num;
    uchar a;
    while(1)
    {   a=0xfe;                    //将 0xfe 赋给 a
        for (num=0;num<8;num++)    //执行八次
       {
        P1=a;                      //将 a 值送到 P1 口
        delay(500);                //延时 500ms
        a=a<<1;                    //a 左移 1 位
        a+=1;                      //在 a 的低位补 1
       }
    }
}
void delay(uint x)                 //延时子函数，延时 x 毫秒
{   uint i,j;
    for(i=x;i>0;i--)
        for(j=123;j>0;j--);
}
```

为了实现循环效果我们用了“while（1）{}”语句，同时为了实现 8 位操作我们用了 for 语句。在 for 语句执行 8 次之后自动跳出，然后重新给 a 赋值为 0xfe 后再次进入 for 语句进行移位操作，这样就实现了任务要求，左移学会了那么右移就比较容易实现，只是开始赋值为 0x7f，并在移位后的高位补 1，我们可以试一下，看看效果。

另外一种方法就是采用取反指令，因为移位指令补的是 0，扔掉的是 1，事先给“中介”变量一个准备好的数据让它去移位，移位后的值取反刚好是我们所需要的，不过给 a 赋值时需要注意了，因为我们要取反，所以开始时 a 应赋 0x01。示例程序如下：

```
/*用移位和取反指令实现由低位到高位的流水灯效果*/
#include<reg52.h>                  //头文件
#define uint unsigned int          //宏定义 uint
#define uchar unsigned char        //宏定义 uchar
void delay(uint);                  //延时子函数声明
void main()
{
```

```
    uint num;
    uchar a;
    while(1)
    {
        a=0x01;                          //将 0x01 赋给 a
        for (num=0;num<8;num++)          //执行八次
        {
            P1=~a;                       //将 a 值取反后送到 P1 口
            delay(500);                  //延时 500ms
            a=a<<1;                      //a 左移 1 位
        }
    }
}
void delay(uint x)                       //延时子函数，延时 x 毫秒
{
    uint i,j;
    for(i=x;i>0;i--)
        for(j=123;j>0;j--);
}
```

“P1=~a;”就是按位取反语句了，理解了前一个程序这一个也不难理解，将程序下载到单片机上试试效果。

4.5.2 用库函数实现流水灯

上节实现流水灯效果的本质是进行循环移位操作，在 C51 库中自带了循环移位函数_crol_和_cror_，可以用移位函数实现上述功能。我们打开 Keil3 软件安装文件夹，定位到 Keil\C51\hlp 文件夹，打开此文件夹下的 C51 文件（扩展名为 lib），这是 C51 自带库函数帮助文件，单击“目录”项，展开“Library Reference”然后在子菜单里找到 Reference 并打开里面的第二个函数就是_crol_，双击打开它的介绍，如图 4-46 所示。

在图 4-46 右侧栏，这里是对_crol_函数的详细介绍。“Summary”后是_crol_函数的概述，第一句“#include <intrins.h>”，说明这个函数包含在 intrins.h 头文件中，那么如果我们要在程序中用到这个函数就必须在程序的开头处写上“#include <intrins.h>”，之后几行的函数声明“unsigned char _crol_(unsigned char c，unsigned char b);”，这不像我们之前遇到的那些函数，函数名前面没有 void，取而代之的是 unsigned char，函数名后的小括号里有两个形参 unsigned char c、unsigned char b，在两个形参之间用逗号间隔，通过这些介绍我们知道这个函数是有返回值、带参数的函数，有返回值的意思是程序执行完这个函数后，通过函数内部的某些运算而得出一个新值，该函数最终将这个新值返回给调用它的语句。

接下来看一下“Description”（描述），这时就要考验一下大家的英语功底了，它的意思是：_crol_这个函数的作用是将字符 c 循环左移 b 位，而且它是作为一个内部函数使用的，也就是提醒大家在使用它时要写上包含它的头文件。

再看后面的“Return Value”（返回值），英文意思是：_crol_这个函数返回的是将 c 循环左移之后的值。下面的“See Also”意思是大家还可以看其他类似的几个函数，最后，举了个例子，如果大家感兴趣也看一下循环右移函数“_cror_”，它的使用和循环左移函数类似，接下来就实际使用一下该函数，下面编程实现流水灯从低位移到高位，然后再从高位移到低位并重复该过程的效果，灯点亮时间不限，看到这个题目大家知道既要用到循环左移又要用循环右移，

但有了上节中两个例子做铺垫，估计这个程序大家肯定能够很快编出来。

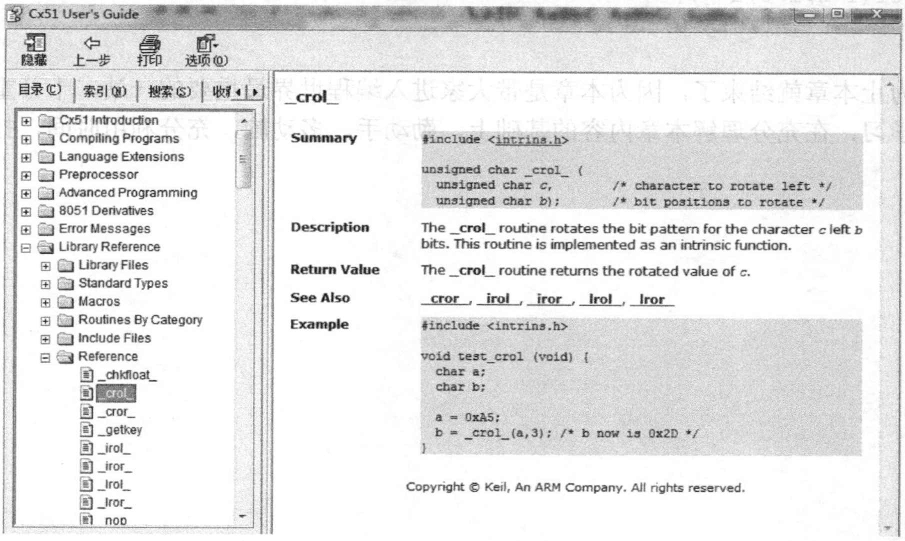

图 4-46 _crol_函数介绍界面

示例程序如下：

```
/*编程实现流水灯从低位移到高位，然后再从高位移到低位并重复该过程的效果，灯点亮时间 100ms*/
#include<reg52.h>                      //头文件
#include<intrins.h>                    //移位函数库头文件
#define uint unsigned int              //宏定义 uint
#define uchar unsigned char            //宏定义 uchar
void delay(uint);                      //延时子函数声明
void main()                            //主函数
{
    uint num;
    uchar a;
    while(1)                           //大循环
    {
        a=0xfe;
        for (num=0;num<8;num++)        //执行八次
        {
            P1=a;                      //将 a 的值赋给 P1 口
            delay(100);                //延时 100ms
            a=_crol_(a,1);             //a 循环左移 1 位后将返回值赋给 a
        }
        a=0x7f;
        for (num=0;num<8;num++)
        {
           P1=a;
           delay(100);                 //延时 100ms
           a=_cror_(a,1);              //a 循环右移 1 位后将返回值赋给 a
        }
    }
}
void delay(uint x)                     //延时子函数延时 x 毫秒
{
```

```
    uint i,j;
    for(i=x;i>0;i--)
        for(j=110;j>0;j--);
}
```

到此为止本章就结束了，因为本章是带大家进入编程世界最重要的一站，十分重要！希望大家认真学习，在充分理解本章内容的基础上，勤动手、多动脑，充分利用时间，打好基础。

第5章

蜂鸣器控制模块

本章介绍一种发生器件——蜂鸣器，其实蜂鸣器在日常生活中也有应用，如普通台式机在开机的时候会听到“嘀”的一声，这就是内部的蜂鸣器在响，蜂鸣器可以发出更多不同音调、音高的声音，还可以演奏音乐。本章就来学习一下如何控制蜂鸣器。（注：本章与第 5 个教学视频《蜂鸣器控制》对应，大家可以将本章理论知识和视频教程结合起来学习）

5.1　电路图原理解析及模块制作

蜂鸣器是一种一体化结构的电子讯响器，采用直流电压供电，广泛应用于计算机、打印机、复印机、报警器、电子玩具、汽车电子设备、电话机、定时器等电子产品中作发声器件。在蜂鸣器模块电路中由于单片机 I/O 驱动能力有限，为了增大它的驱动能力，可以利用三极管的放大作用来实现。大家知道，三极管工作在放大状态时的外部条件是发射结正向偏置且集电结反向偏置，对于 PNP 型三极管来说，满足发射结正向偏置，发射极应接电源的正极，那么基极则应该接电源的负极，从电路看到基极输入控制信号即与单片机 I/O 口连接，说明在控制蜂鸣器时应该给此 I/O 口赋低电平，即 0。同时，为了控制基极电流，在基极回路中加入限流电阻，阻值为 200Ω，那么如何满足集电结反向偏置呢？

集电极应接电源的负极即把此端接地，从图 5-1 的电路图中我们能看到集电极通过蜂鸣器 Bell 接地，这样接同时也可以将集电极电流的变化转换为电压的变化，增强 I/O 口驱动能力。VCC 端接 5V 电源，用两个或者一个插针引出来就可以，然后这个插针再与三极管的发射极 E 脚连接在一起。Beep 端是控制信号输入端，也是用两个插针引出，然后接一个 200Ω的电阻，这个电阻再与三极管的基极 B 即中间引脚连接起来，然后把三极管的集电极 C 脚与蜂鸣器标有“+”的正极引脚连接起来，蜂鸣器的负极接地。

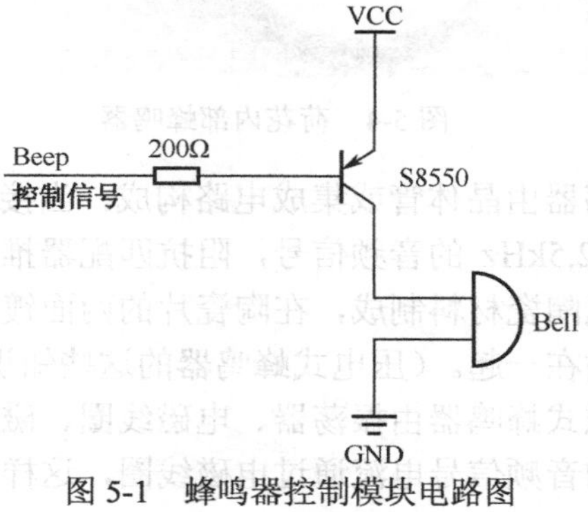

图 5-1　蜂鸣器控制模块电路图

先在板子上按顺序依次将器件摆放好，然后参考图 5-1 走线要求调整好布局之后开始焊接，焊好的电路如图 5-2 所示。由于此电路较为简单，只要不把三极管的引脚标号弄错就不会出现问题，焊好之后用万用表测试一下焊接质量。

图 5-2　蜂鸣器控制模块

5.2　所需器件

5.2.1　蜂鸣器

蜂鸣器主要分为压电式和电磁式两种类型。

（1）压电式蜂鸣器：主要由多谐振荡器、压电蜂鸣片、阻抗匹配器及共鸣箱、外壳等组成，有的压电式蜂鸣器外壳上还装有发光二极管，如图 5-3 所示。荷花音乐蜡烛内部生日快乐歌的播放器就是压电式蜂鸣器，如图 5-4 所示，除了小控制板和电子之外的部分就是压电式蜂鸣器，不过这是经过厂商专门设计的样子，最常见的普通压电式蜂鸣器如图 5-5 所示。

图 5-3　荷花音乐蜡烛

图 5-4　荷花内部蜂鸣器

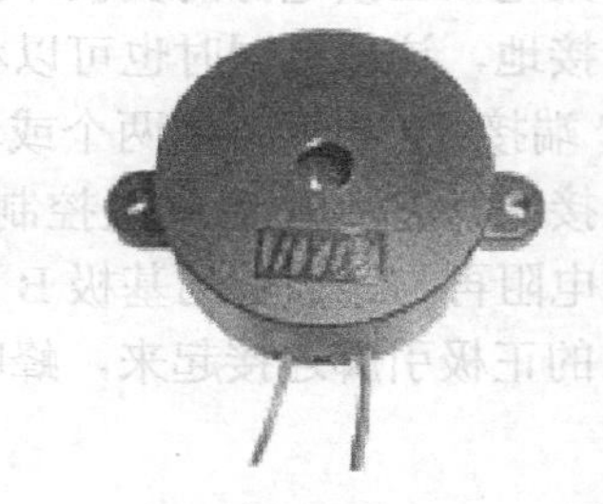

图 5-5　普通压电式蜂鸣器

压电式蜂鸣器的多谐振荡器由晶体管或集成电路构成，当接通电源后（直流 1.5～15V），多谐振荡器起振，输出 1.5～2.5kHz 的音频信号，阻抗匹配器推动压电蜂鸣片发声。压电蜂鸣片由锆钛酸铅或铌镁酸铅压电陶瓷材料制成，在陶瓷片的两面镀上银电极，经极化和老化处理后，再与黄铜片或不锈钢片粘在一起。（压电式蜂鸣器的这些知识作为了解就可以了）

（2）电磁式蜂鸣器：电磁式蜂鸣器由振荡器、电磁线圈、磁铁、振动膜片及外壳等组成，当接通电源后，振荡器产生的音频信号电流通过电磁线圈，这样电磁线圈就产生了磁场，振动膜片在电磁线圈和磁铁的相互作用下，周期性地振动发声。电磁式蜂鸣器有无源、有源两种类型，注意这里的“源”不是指电源，而是指振荡源，有源蜂鸣器内部带振荡源，只要一通电就会叫，无源蜂鸣器内部不带振荡源，所以用直流信号无法令其鸣叫，只有给它赋以一定间隔的高低电平才会鸣叫，也可以给它一定频率数据来演奏乐谱，例如，用蜂鸣器播放生日快乐、世上只有妈妈好之类的歌曲。如果想用蜂鸣器播放歌曲，要根据超高、高、低音写出所用晶振对应的频率数据表，一般要做4个八度的音阶，然后再做一个乐曲的数据表，几组数据配合起来才能产生美妙的音乐，不然就是噪声了。在学习了数组、定时/计数器之后大家可以尝试着做一下，本章学会驱动、控制蜂鸣器并学会用蜂鸣器发出警报声就可以了。

无源蜂鸣器和有源蜂鸣器外观很相似，如图5-6和图5-7所示。为了区分我们可将两种蜂鸣器的引脚向上放置，可以看出有绿色电路板的是无源蜂鸣器，没有电路板而用黑胶封闭的是有源蜂鸣器。还可以进一步用万用表测试一下，把万用表打到电阻挡，用黑表笔接蜂鸣器标有“+”的引脚，用红表笔在另一引脚上来回碰触，如果触发出咔、咔声且电阻只有几欧或者十几欧的是无源蜂鸣器，如果能发出持续的声音，且电阻在几百欧以上的，那就是有源蜂鸣器。

图5-6　无源蜂鸣器

图5-7　有源蜂鸣器

本节选用的就是5V有源蜂鸣器，如图5-7所示，它的具体工作原理是：变化的信号通过绕在支架上的线包，在支架的芯柱上产生一个变化的磁通，变化的磁通和磁环恒定磁通进行叠加，使内部钼片以给定的变化信号频率振动并配合共振腔发声，它的整个频率和声压的响应曲线与间隙值、钼片的固有振动频率（可粗略体现为小钼片的厚度）、外壳频率、磁环的磁强漆包线的线径有直接关系。

5.2.2　三极管

三极管也称为晶体管、晶体三极管，是最常用的基本元器件之一。三极管的作用主要是电流放大（通过加电阻也可以放大电压），是电子电路的核心元件，现在的大规模集成电路的基本组成部分主要是三极管，三极管基本结构是在一块半导体基片上制作两个相距很近的PN结，两个PN结把整个半导体分成三部分，中间部分是基区，两侧部分是发射区和集电区，排列方式有PNP和NPN两种，其结构如图5-8所示。从三个区引出相应的电极，分别为基极B、发射极E和集电极C，发射区和基区之间的PN结称为发射结，集电区和基区之间的PN结称为集电结，基区很薄，而发射区较厚，杂质浓度大。PNP型三极管发射区“发射”的是空穴，其移动方向与电流方向一致，所以我们看到图5-8中发射极箭头向里；NPN型三极管发射区“发射”的是自由电子，其移动方向与电流方向相反，所以发射极箭头向外，同时，发射极箭头指向也是PN结在正向电压下的导通方向。

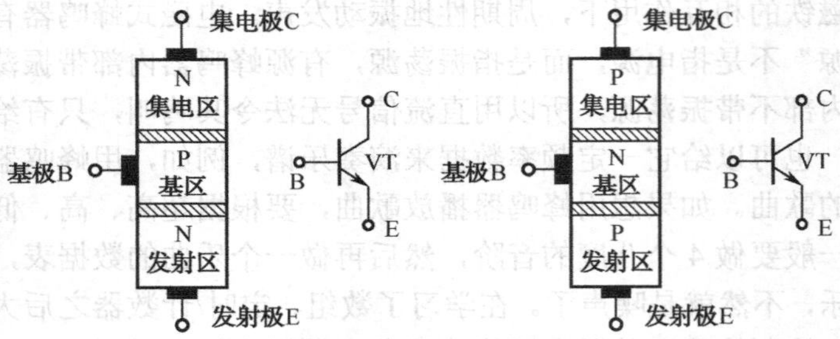

图 5-8　NPN 和 PNP 结构示意图及符号

其中，N 区表示在高纯度硅中加入原子数为 15 即 5 价的磷（P），磷取代了一些原子数为 14 的硅原子 Si，这样就产生了很多自由电子，自由电子在电压刺激下就会导电。而 P 区是在高纯度硅中加入原子数为 5 的 3 价硼（B），取代了硅，所以就产生大量空穴，从而具有了导电能力。NPN 和 PNP 三极管除了电源极性不同外，工作原理都是相同的。

三极管是一种控制元件，它的作用非常大，当基极电压 U_B 有一个微小的变化时，基极电流 I_B 也会随之有一小的变化，受基极电流 I_B 的控制，集电极电流 I_C 会有一个很大的变化，基极电流 I_B 越大，集电极电流 I_C 也越大；反之，基极电流越小，集电极电流也越小，即基极电流控制集电极电流的变化。但是集电极电流的变化比基极电流的变化大得多，也就是用小的基极电流控制大的集电极电流，这就是三极管的电流放大作用。将$\Delta I_c/\Delta I_b$ 的比值称为晶体三极管的电流放大倍数，用符号“β”表示。电流放大倍数对于某一只三极管来说是一个定值，但随着三极管工作时基极电流的变化也会有一定的改变。通过上面三极管的接法我们知道，使三极管工作在放大状态的外部条件是发射结正向偏置且集电结反向偏置。在这里解释一下什么是正向偏置和反向偏置，正向偏置的意思就是在 PN 结的 P 端加正压、N 端加负压，那么反向偏置意思相反即 N 端加正压、P 端加负压，所以平时使用三极管时要注意区分是 NPN 还是 PNP，注意二者电源极性不同。

除了放大，三极管还有电子开关、稳压等作用，而且三极管的这些作用是与它的输出特性曲线对应起来的。根据三极管的输出特性曲线如图 5-9 所示，我们可以看出三极管有三个工作区域。放大区大家都知道了，特征就是发射结正向偏置且集电结反向偏置，对应三极管的放大作用。截止区特征是发射结反向偏置且集电结反向偏置，与此对应的就是三极管的电子开关作用了。饱和区的特性是发射结和集电结都处于正向偏置，饱和压降硅管 0.3V、锗管 0.1V，这也就满足了三极管实现稳压作用的条件。

至于三极管是 NPN 和 PNP 的判断我们可以查看三极管对应的数据手册 datasheet 或者使用万用表测量。万用表测量的方法是将黑表笔插进“COM”孔，红表笔插入“VΩ”孔中，然后把功能挡打到二极管 “—▶|—”挡，先假定其中一脚（一般为中间脚）为基极，用黑表笔与该脚相接，红表笔与其他两脚分别接触。若两次读数均为 700mV 左右，再用红笔接中间脚，黑笔接触其他两脚，若均显示“1”，则中间脚为基极，否则需要重新测量，且此管为 PNP 管。NPN 管测量方法相同，但要用红表笔接假定的基极引脚。本节用到的三极管型号为 S8550，如图 5-10 所示，可以测测它是什么型号的。

接下来讲一下集电极和发射极如何判断。数字表不能像指针表那样利用指针摆幅来判断，那怎么办呢？这时我们就可以利用“hFE”挡来判断，先将挡位打到“hFE”，可以看到挡位旁有一排小插孔，分为 PNP 和 NPN 管的测量，前面已经判断出管型，将基极插入对应管型“b”孔，其余两脚分别插入“c”，“e”孔，此时可以读取并记录数值，再固定基极，其余两脚对调读取并记录数值，比较两次读数，读数较大的引脚位置与表面“c”、“e”相对应，当引脚插放正确时，万用表屏幕显示的数值为三极管电流放大倍数β的近似值。

其实，对于普通插件封装 TO-92 的三极管来说，如图 5-11 所示，引脚朝下，三极管平面对着我们的时候，三只引脚从左到右依次为 E、B、C，也就是发射极、基极、集电极。

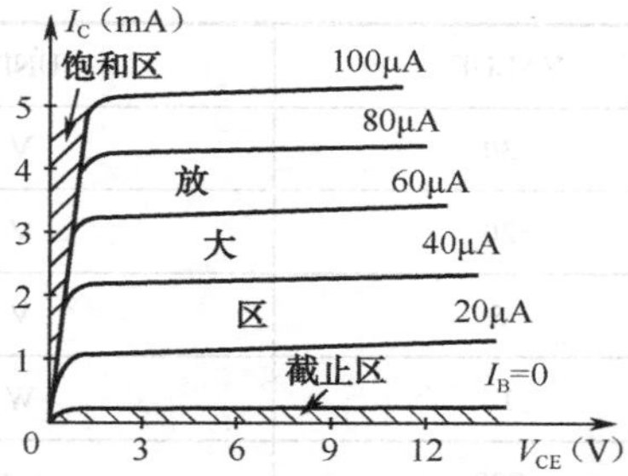

图 5-9　三极管的输出特性曲线

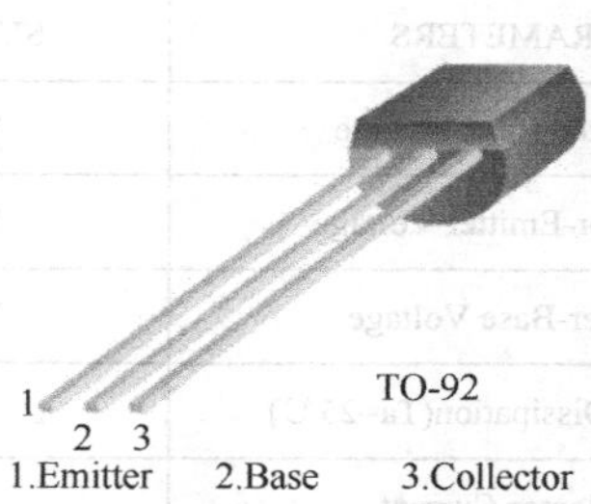

图 5-10　TO-92 封装三极管

大家可以下载 S8550 的 datasheet 看一下，我们一定要学会查找并下载器件的 datasheet，即数据手册，器件所有的参数、特性都在里面，它是我们了解器件最权威的资料。下面以 S8550datasheet 为例，看一下如何查看器件的 datasheet，现在打开 S8550 的 datasheet，首先映入眼帘的是图 5-12 所示的 S8550 概述，在第一行就能看到“UTC S8550 PNP RPITAXIAL SILICON TRANSISTOR”，其中“PNP RPITA- XIAL SILICON TRANSISTOR”告诉我们用的 S8550 是 PNP 型外延硅晶体管，型号与用万用表测得应该一致。然后看 S8550 横线下面是它的概述，即 S8550 是一种低电压、高电流小信号 PNP 晶体管，再下面“DESCRIPTION”即描述、说明，下面的英文也是说 S8550 是一种低电压、高电流小信号 PNP 晶体管，且它是为 B 级推挽式音频放大器和平常应用设计。接下来就是“FEZTURES”即产品特征，下面讲到 S8550 集电极电流可以达到 700mA，集电极和发射极电压可以达到 20V，又讲 S8550 与 UTC S8050 是互补产品，这些描述的右边就是 S8550 的封装及引脚图了，接着往下看，如表 5-1 所示。

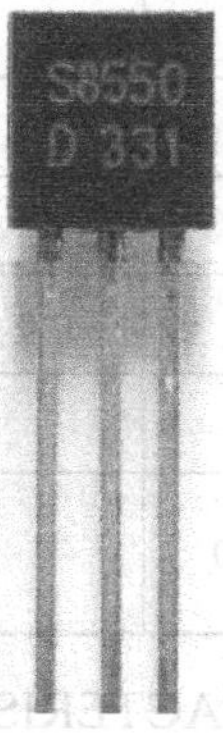

图 5-11　三极管 S8550

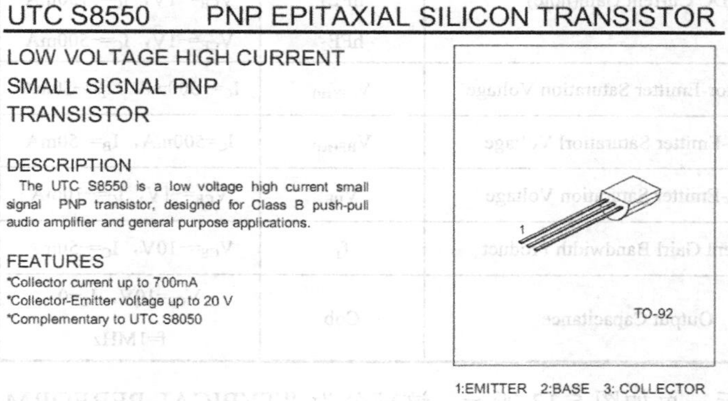
UTC S8550　　PNP EPITAXIAL SILICON TRANSISTOR

LOW VOLTAGE HIGH CURRENT
SMALL SIGNAL PNP
TRANSISTOR

DESCRIPTION
The UTC S8550 is a low voltage high current small signal PNP transistor, designed for Class B push-pull audio amplifier and general purpose applications.

FEATURES
*Collector current up to 700mA
*Collector-Emitter voltage up to 20 V
*Complementary to UTC S8050

图 5-12　S8550 概述

表 5-1 中有两个表，第一个是“ABSOLUTE MAXIMUM RATINGS”，即绝对最大额定参数，也就是该器件的参数最大值，在实际使用时器件可以达到这些值，但如果超过了这些值就有可能对器件造成永久性伤害，简单地说这器件就废了。我们看到 S8550 集电极与基极电压 VCBO 可以达到-30V，集电极和发射极电压 VCEO 可以达到-20V，发射极和基极电压 VEBO 可以达到-5V，集电极损耗最大 1W，集电极电流最大可达到-700mA，此栏最后两项是结点最高温和

储存温度范围，依次为 150℃和-65～+150℃。下面的表是“Electrical Characteristics”，即电气特性，主要讲解 S8550 在各测试条件下的一些表现。

表 5-1 S8550 参数表

ABSOLUTE MAXIMUM RATINGS（Ta=25℃，unless otherwise specified）

PARAMETERS	SYMBOL	VALUE	UNIT
Collector-Base Voltage	V_{CBO}	−30	V
Collector-Emitter Voltage	V_{CEO}	−20	V
Emitter-Base Voltage	V_{EBQ}	−5	V
Collector Dissipation(Ta=25℃)	Pc	1	W
Collector Current	Ic	−700	mA
Junction Temperature	Tj	150	℃
StorageTemperature	T_{STG}	−65～+150	℃

ELECTRICAL CHARACTERISTICS（Ta=25℃，unles sotherwise specified）

PARAMETER	SYMBOL	TEST CONDITIONS	MIN	TYP	MAX	UNIT
Collector-Base Breakdown Voltage	BV_{CBO}	I_C=−100μA，I_E=0	−30			V
Collector-Emitter Breakdown Voltage	BV_{CEO}	I_C=−1mA，I_B=0	−20			V
Emitter-Base Breakdown Voltage	BV_{EBO}	I_E=−100μA，I_C=0	−5			V
Collector Cut-Off Current	I_{CBO}	V_{CB}=−30V，I_E=0			−1	μA
Emilter Cut-Off Current	I_{EBO}	V_{CB}=−5V，I_C=0			−100	nA
DC Current Gain(note)	hFE_1	V_{CE}=−1V，I_C=−1mA	100			
	hFE_2	V_{CE}=−1V，I_C=−150mA	120	110	400	
	hFE_3	V_{CE}=−1V，I_C=−500mA	40			
Collector-Emitter Saturation Voltage	$V_{CE(sat)}$	I_C=−500mA，I_B=−50mA			−0.5	V
Base-Emitter Saturatiorl Voltage	$V_{BE(sat)}$	I_C=500mA，I_B=−50mA			−1.2	V
Base-Emitter Saturation Voltage	V_{BE}	V_{CE}=−1V，I_C=−10mA			−1.0	V
Currenl Gairl Bandwidth Product	f_T	V_{CE}=−10V，I_C=−50mA	100			MHz
Output Capacitance	Cob	V_{CS}=10V，I_E=0 f=1MHz		9.0		pF

最后一页如图 5-13 所示，这部分为“TYPICAL PERFORMANCE CHARACTERISTICS”，即 S8550 典型运行特性，分别给出了它的静态特性、直流电流增益、基极集电极工作电压、饱和电压、电流增益带宽、集电极输出电容特性等。

本模块所用器件列表如表 5-2 所示。

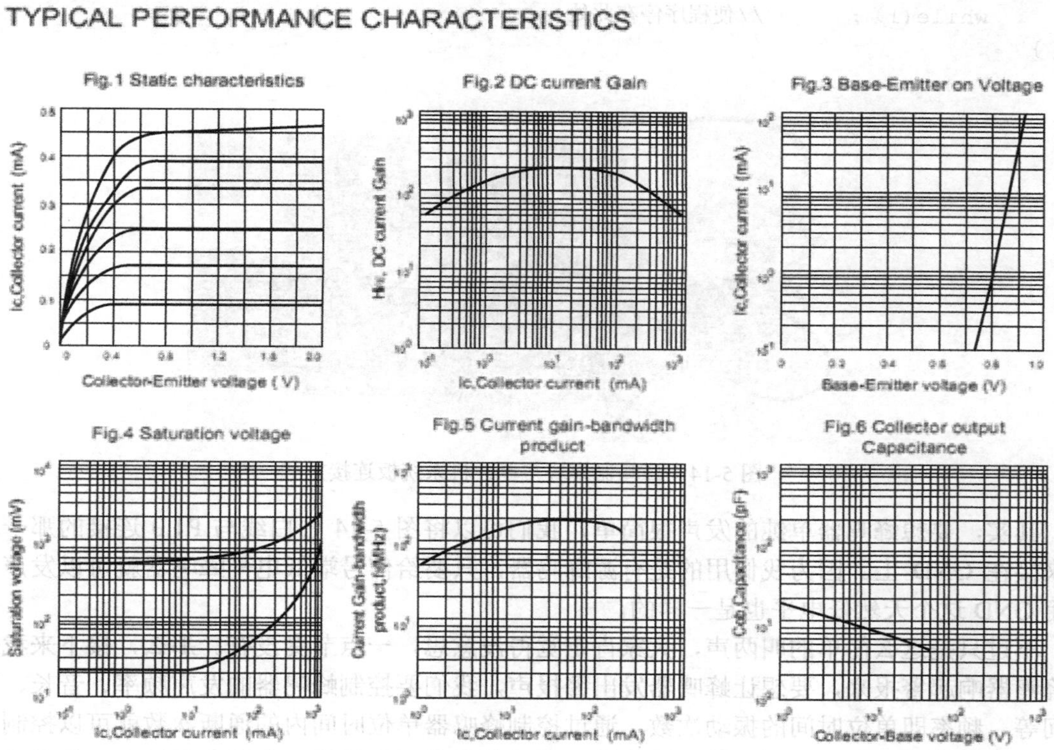

图 5-13　S8550 典型运行特性

表 5-2　所需器件列表

器件	型号	个数
蜂鸣器	5V 有源	1
三极管	S8550（PNP）	1
色环电阻	200	1
插针	单排	6 针（信号、GND、VCC 各 2）
万能板	5cm×7cm	1

5.3　编程控制蜂鸣器

首先，把蜂鸣器与之前用到的单片机系统板连接起来，这里用 P1.0 作信号输入端，连接方式如图 5-14 所示。

由于我们用的是有源蜂鸣器，可以用很简单的方法编程控制它，即一直给信号输入端连接的 P1.0 赋 0 值，这样三极管就导通了，蜂鸣器就会一直响，示例程序如下：

```
#include<reg52.h>
sbit beep=P1^0;        //采用 P1.0 口作为信号输入口
void main()            //主函数
{
    beep=0;            //信号输入端赋 0 使三极管导通
```

```
    while(1) ;          //使程序停在此处
}
```

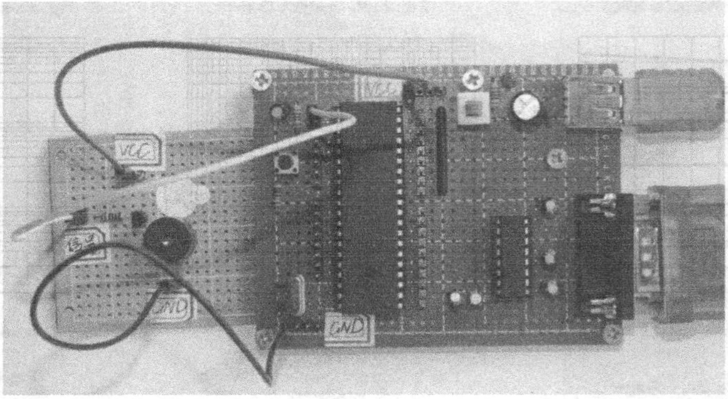

图 5-14　蜂鸣器模块与单片机系统板连接方式

其实，要想蜂鸣器单纯的发声很简单，我们可以将图 5-14 中白线与 P1.0 连接的那一端拔下来接在 GND 上。因为我们用的是有源蜂鸣器，只要给信号端低电平蜂鸣器就可以发声，所以用 GND 这个天然低电平也是一样的。

不过只是这么简单的叫两声，大家肯定觉得没意思，一点节奏没有。那么，接下来我们就让蜂鸣器响起警报来，要想让蜂鸣器发出警报声，我们要控制蜂鸣器的发声频率、音长、间歇时间等，频率即单位时间的振动次数，通过控制蜂鸣器单位时间内的通断次数就可以控制发声频率，即给蜂鸣器送一定频率的方波信号。音长是指声音的长短，它决定于发音体振动时间的长短，也就是说发音体振动持续久，声音就长，反之则短，可以通过控制这个方波信号的长短就可以控制音长。至于这个间歇时间，直接给控制信号高电平让蜂鸣器停止鸣叫后面再加上延时时间就可以了。思考一下如何实现？

示例程序如下：

```
/*蜂鸣器控制实验警报程序*/
#include<reg52.h>
sbit beep=P1^0;                  //采用 P1.0 口作为信号输入口
void delay(int x)                //延时函数延时 x 毫秒
{
    int i,j;
    for(i=x;i>0;i--)
        for(j=123;j>0;j--) ;
}
void main()
{
    int m;                       //定义整型变量 m
    while (1)
    {
      for(m=200;m--;m>0)         //蜂鸣器发声的时间循环，改变 m 大小可以改变发声时间长短
      {
          delay(1) ;             //延时参数决定发声的频率
          beep=~beep;            //  取反，输出方波
      }
      beep=1;                    //蜂鸣器停止工作
      delay(100) ;               //间歇的时间
```

```
        }
    }
```

从本程序中我们可以看出，这次采用的是先小后大的出场顺序，在这里旨在说明函数顺序的多样性，大家要灵活使用，当然，大家也可以选一种自己喜欢的顺序然后一直使用它。本程序中，采用了 for 语句来实现发声音长、频率的要求，for 语句怎样执行大家都很清楚了，所以本程序没有什么难度。另外，大家在写程序时一定要有层次感，每级之间用一个 Tab 键隔开，尽量加上注释，例如上述程序主函数的书写：

```
void main()
{
    int m;                          //定义整型变量 m
    while (1)
    {
        for(m=200;m--;m>0)      //蜂鸣器发声的时间循环，改变 m 大小可以改变发声时间长短
        {
            delay(1) ;              //延时参数决定发声的频率
            beep=~beep;             //取反，输出方波
        }
        beep=1;                     //蜂鸣器停止工作
        delay(100) ;                //间歇的时间
    }
}
```

如果大家不注意书写格式，每级之间没有任何间隔，程序从头到尾不加任何注释，那么当程序有错误时，查询错误很不方便，应从一开始就要养成良好的程序书写习惯。

第 6 章

继电器控制模块

继电器是一种电控制器件，它具有控制系统（又称为输入回路）和被控制系统（又称为输出回路）之间的互动关系。继电器在控制电路中有独特的电气、物理特性，其断态的高绝缘电阻和通态的低导通电阻，使得其他任何电子元器件无法与其相比，加上继电器标准化程度高、通用性好、可简化电路等优点，所以继电器得以广泛应用。继电器通常应用于自动化的控制仪器中，如空调器、彩电、冰箱、洗衣机，也应用于工业自动化控制和仪表，实现小电流控制大电流运作的“自动开关”作用，此外，它在电路中还起着自动调节、安全保护、转换电路等作用。本章我们一起来学习如何控制继电器实现它的自动化控制的功能。（注：本章与第 6 个教学视频《继电器控制》对应，大家可以将本章理论知识和视频教程结合起来学习）

6.1　电路图原理解析及模块制作

继电器模块的电路原理和接线方式，如图 6-1 所示，最左端 relay 是信号控制端，此端引到插针上之后与单片机 I/O 口连接起来，从 relay 进来的控制信号通过 200Ω的限流电阻接到 S8550 的基极上，S8550 的发射极连接电源 VCC 的插针上，集电极接在继电器线圈的任意一个脚（继电器线圈的任意一个脚没有极性，两个脚只要一个接正极一个接负极就可以工作。）和 1N4148 负极（标有黑色环的那端）的连接点上。我们看到三极管 S8550 的接法和第 5 章蜂鸣器的接法一样，当然它的作用也一样，就是电流放大作用，所以我们给控制端低电平 0 有效，三极管导通。继电器线圈的另一只脚，与 1N4148 的正极相连同时连接到电源 GND 上。我们看到 1N4148 的导通方向与继电器线圈的电流方向相反，1N4148 利用它单向导电的特性对继电器 relay 起到保护的作用，当我们在线圈两端加上电压时，它本身会产生一个感应电动势去阻止电压变化，当控制信号为低电平，三极管导通，VCC 就引到了线圈的“+”端，此时线圈产生反向电动势，这时正向电压肯定大于它的感生电动势，所以二极管 1N4148 不满足导通电压，感生电动势的作用慢慢退去，继电器工作稳定了。当我们给控制信号高电平时，三极管关闭，线圈两端生成与我们电源电压极性相同的电压去阻止电压的消失，生成的这个电动势要被 1N4148 消耗掉。这时 1N4148 就满足了导通条件，此电动势就消耗在线圈和 1N4148 组成的回路中。最后看继电器剩下的三个脚，我们依次将它们用插针引出来，分别给三只脚贴上公共端、常闭端、常开端标签。这样继电器模块的完整电路我们就从头讲了一遍，现在拿出器件，按照刚才讲的顺序摆放器件，参考图 6-1 开始焊接。

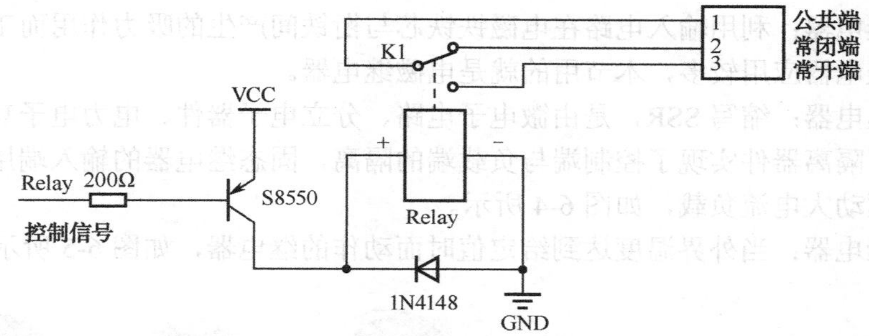

图 6-1　继电器控制模块电路图

本节制作的继电器模块如图 6-2 和图 6-3 所示，在焊接时注意三极管、1N4148 和继电器引脚不要弄错。为了连接方便，把常开端、常闭端、公共端和信号控制端并排引出，如图 6-3 所示的继电器控制模块背部走线，这样布局走线不乱。在焊其他模块时一样，大家尽量把需要引出的引脚结合走线情况按顺序依次引出，虽然在焊接时麻烦一些，但使用时插接线会方便很多。另外，大家一定要养成下脚料合理利用的习惯，器件剪裁下来的引脚是很好的连接线，尤其是电阻、电容、二极管之类的器件，引脚一般都很长，如图 6-3 就是利用很多剪裁下来的引脚做导线的。

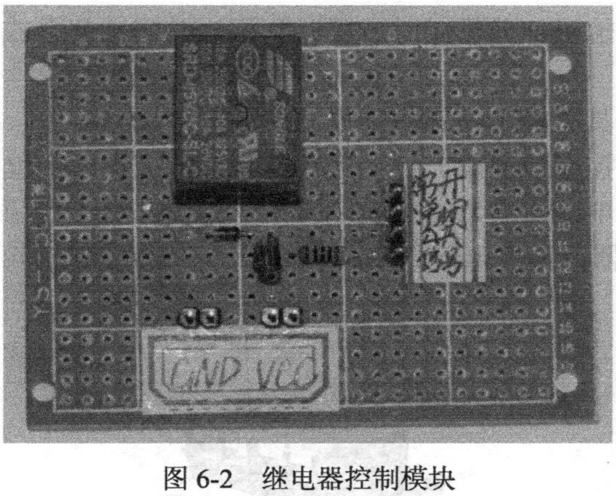

图 6-2　继电器控制模块

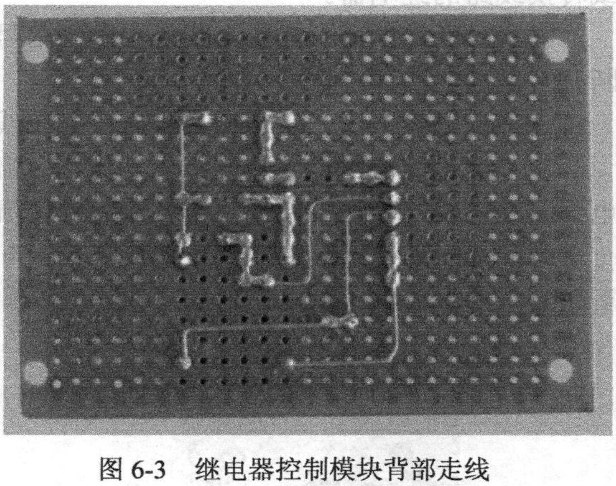

图 6-3　继电器控制模块背部走线

6.2　所需器件

6.2.1　继电器

继电器，简单地说就是继承控制，用很小的电力和电流去驱动一个设备，然后这个设备带动一个负载部件，让接触片去承载大电流。例如，只需用几伏、几百毫安的继电器，就能接通和分断几百万伏，电流高达几千甚至几万安培的特高压线路。所以，无论在什么地方，为了使控制者操作安全，使用继电器是最好的选择，只要控制继电器动作，继电器就会帮助我们连接我们不想亲自去碰的一些线路。

继电器按工作原理和结构特征分为以下几类。

（1）电磁继电器：利用输入电路在电磁铁铁芯与衔铁间产生的吸力作用而工作的一种电气继电器，电磁继电器应用较多，本节用的就是电磁继电器。

（2）固体继电器：缩写SSR，是由微电子电路、分立电子器件、电力电子功率器件组成的无触点开关，用隔离器件实现了控制端与负载端的隔离。固态继电器的输入端用微小的控制信号，达到直接驱动大电流负载，如图6-4所示。

（3）温度继电器：当外界温度达到给定值时而动作的继电器，如图6-5所示。

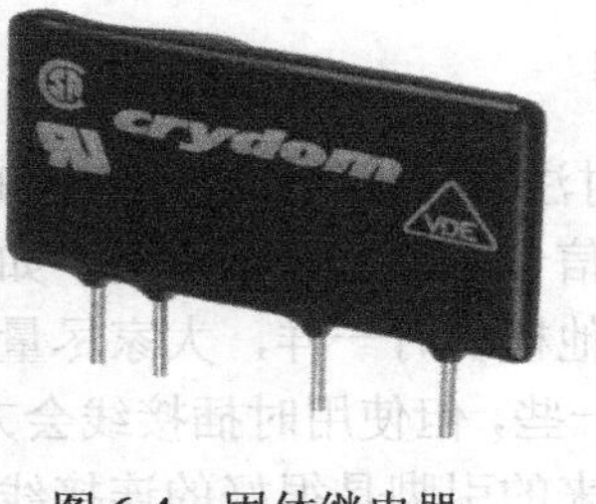

图6-4　固体继电器

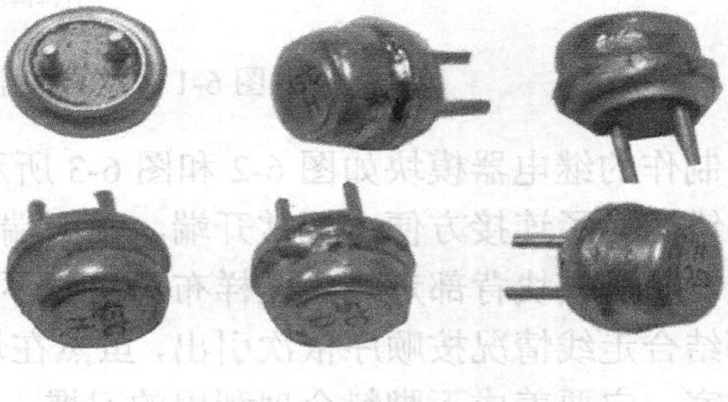
图6-5　温度继电器

（4）舌簧继电器：利用密封在管内，具有触电簧片和衔铁磁路双重作用的舌簧动作来开闭或转换线路的继电器。

（5）时间继电器：当加上或除去输入信号时，输出部分需延时或限时到规定时间才闭合或断开其被控线路继电器，如图6-6所示。

（6）高频继电器：用于切换高频，射频线路而具有最小损耗的继电器。

（7）极化继电器：用极化磁场与控制电流通过控制线圈所产生的磁场综合作用而动作的继电器。继电器的动作方向取决于控制线圈中流过的电流方向。

（8）其他类型的继电器：如光继电器，声继电器，热继电器如图6-7所示，仪表式继电器、霍尔效应继电器、差动继电器等。

图6-6　时间继电器

图6-7　热继电器

继电器种类繁多，那么一般我们如何进行选择呢？这里总结有以下几点。

（1）了解必要的条件。

①控制电路的电源电压，能提供的最大电流；②被控制电路中的电压和电流；③被控电路需要几组、什么形式的触点。选用继电器时，一般控制电路的电源电压可作为选用的依据，控制电路应能给继电器提供足够的工作电流，否则继电器吸合是不稳定的，有些大型继电器工作启动电流很大，有可能造成保护电路跳闸的情况。

（2）继电器额定工作电压的选择。

继电器额定工作电压是继电器最主要的一项技术参数，在使用继电器时，应该首先考虑所在电路（即继电器线圈所在的电路）的工作电压，一般所在电路的工作电压是继电器额定工作电压的 86%，注意，所在电路的工作电压千万不能超过继电器额定工作电压，否则继电器线圈烧毁。

（3）继电器触点负载的选择。

触点负载是指触点的承受能力，继电器的触点在转换时可承受一定的电压和电流，所以在使用继电器时，应考虑加在触点上的电压和通过触点的电流不能超过该继电器的触点负载能力。

（4）继电器线圈电源的选择。

继电器线圈使用的是直流电（DC）还是交流电（AC），通常，初学者在进行电子制作活动中，都是采用电子线路，而电子线路往往采用直流电源供电，所以必须采用线圈是直流电压的继电器。

本节选用的继电器是 5V 直流电磁式继电器，如图 6-8 所示。电磁继电器一般由铁芯、线圈、衔铁、触点簧片等组成的，如图 6-9 所示。工作原理如下，只要在线圈两端加上一定的电压，线圈中就会流过一定的电流，从而产生电磁效应，衔铁就会在电磁力吸引的作用下克服返回弹簧的拉力吸向铁芯，从而带动衔铁的动触点即公共端与原来的静触点（常闭触点）释放而与另一个静触点（常开触点）吸合，当线圈断电后，电磁的吸力也随之消失，衔铁就会在弹簧的反作用力作用下返回原来的位置，使动触点公共端与原来的静触点（常闭触点）吸合而与另一个静触点（常开触点）释放，这样吸合、释放，从而达到了在电路中导通、切断的目的。

图 6-8 5V 直流电磁继电器

对于继电器的“常开、常闭”触点，可以这样来区分：继电器线圈未通电时处于断开状态的静触点，称为“常开触点”，处于接通状态的静触点称为“常闭触点”，电路图如图 6-10 所示。电磁继电器可以用低电压、弱电流控制高电压、强电流电路，还可实现远距离操纵和生产自动化，在现代生活中起着越来越重要的作用。

通过图 6-10 可以清晰地看到本节用到的电磁继电器有 5 个引脚，而且它的背面已经把内部电路标出来了，5 个引脚为公共端、线圈的正极端、线圈的负极端、常闭端及常开端。

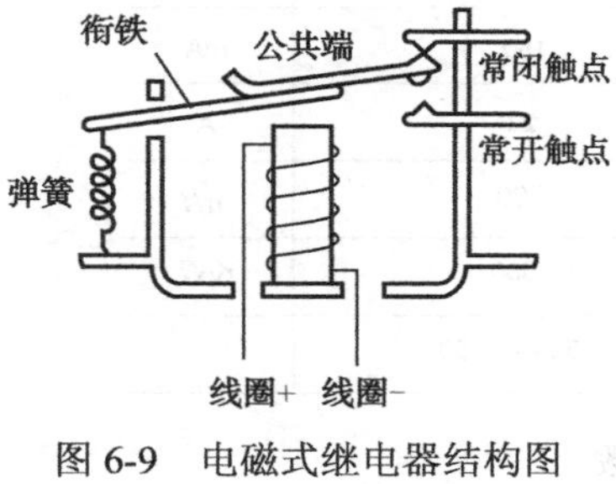

图 6-9 电磁式继电器结构图

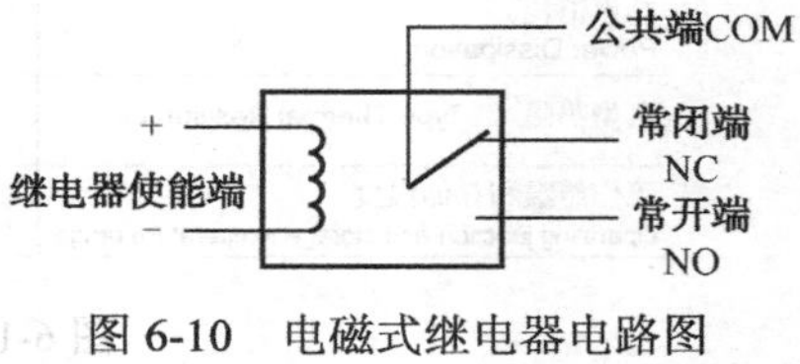

图 6-10 电磁式继电器电路图

6.2.2 1N4148

1N4148是一种小型的高速开关二极管，开关迅速，广泛用于信号频率较高的电路进行单向导通隔离，通信、电脑板、电视机电路及工业控制电路中常常用到，其外观如图6-11所示。1N4148是快速恢复型二极管，起到保护的作用，如电流倒灌或感生电动势，本节的模块设计就是利用它的保护作用。

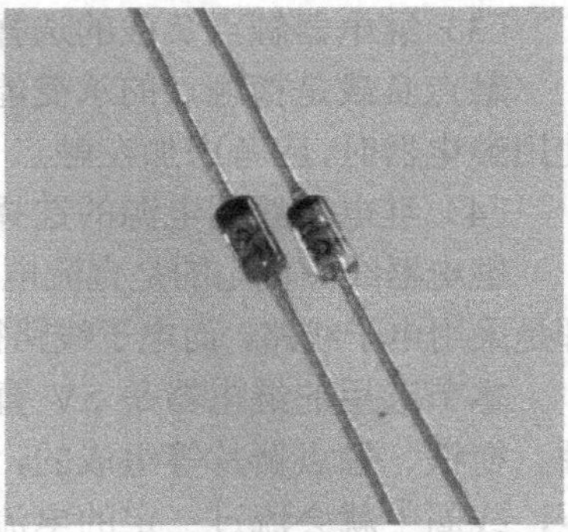

图6-11 二极管1N4148

至于1N4148的技术参数我们还是下载它的datasheet来看一下，这次给大家下载了一个中文版，由于1N4148与1N4448功能、参数相似，厂家把它们做在了一个datasheet里。

在datasheet的开始部分我们看到的是它的特征和机械数据，知道了它属于肖特基二极管。这部分还说明了1N4148极性的判断，即色环端为负极，也就是图6-12中有黑色环的那一端为负极。下面就是1N4148一些特性参数了，如图6-13所示，我们看到它的工作电流才150mA，这也是它广泛用于信号频率较高电路的原因，不过在一般小电流场合例如本模块中，我们可以用1N4007替换它。

SIYU® **1N4148 / 1N4448**

小信号肖特基二极管 Small Signal Schottky Diodes

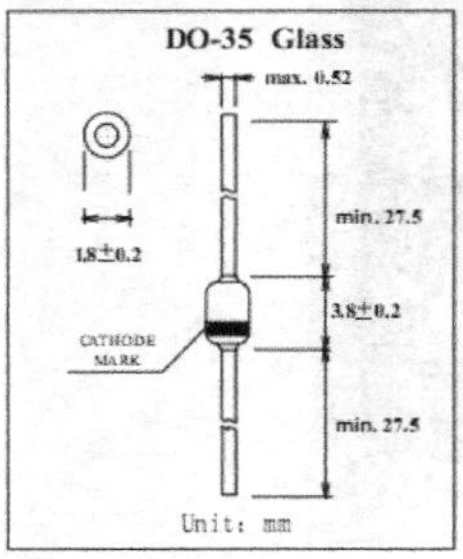

特征 Features

- 反向漏电流小。Low reverse leakage
- 开关速度快。Fast switching speed
- 最大功率耗散500mW。Maximum power dissipation 500mW
- 高稳定性和可靠性。High stability and high reliability

机械数据 Mechanical Data

封装：DO-35 玻璃封装 Case: DO-35 Glass Case

极性：色环端为负极 Polarity: Color band denotes cathode end

安装位置：任意 Mounting Position: Any

图6-12 1N4148简介

极限值和温度特性 TA = 25℃ 除非另有规定。

Maximum Ratings & Thermal Characteristics Ratings at 25℃ ambient temperature unless otherwise specified.

	符号 Symbols	1N4148	1N4448	单位 Unit
不重复峰值反向电压 Non-repetitive Peak Reverse Voltage	V_{RM}	100		V
反向峰值电压 peak repetitive Reverse Voltage	V_{RRM}	75		V
最大正向平均电流 Forward Continuous Current	I_{FM}	300	500	mA
平均整流输出电流 Average Rectified Output Current	I_O	150		mA
正向（不重复）浪涌电流 Non-Repetitive Peak Forward Surge Current	I_{FSM}	2.0		A
功率消耗 Power Dissipation	Pd	500		mW
典型热阻 Type Thermal Resistance	$R_{θJA}$	300		K/W
工作结温和存储温度 Operating junction and storage temperature range	Tj, T_{STG}	-50 --- +150		℃

图6-13 1N4148特性参数

电特性 TA = 25℃ 除非另有规定。
Electrical Characteristics　Ratings at 25℃ ambient temperature unless otherwise specified.

		符号 Symbols	最小值 MIN.	最大值 MAX.	单位 Unit	测试条件 Test Condition
正向电压 Forward voltage	1N4148	V_{FM}	---	1.0	V	I_F =10mA
	1N4448		0.62	0.72		I_F = 5.0mA
	1N4448		---	1.0		I_F = 100mA
反向电流 Reverse current		I_{RM}	---	5.0	μA	V_R = 75V
				50	μA	V_R = 70V, Tj=150℃
				30	μA	V_R = 20V, Tj=150℃
				25	nA	V_R = 20V
结电容 Junction capacitance		Cj	---		pF	V_R = 0, f = 1.0MHz
反向恢复时间 Reverse Recovery Time		trr	---	4.0	nS	I_F = 10mA — I_R = 1.0mA V_R = 6.0V, R_L =100Ω

图 6-13　1N4148 特性参数（续）

快速充电站：肖特基二极管

肖特基二极管又称肖特基势垒二极管（简称 SBD），它属一种低功耗、超高速半导体器件。最显著的特点为反向恢复时间极短（可以小到几纳秒），正向导通压降仅 0.4V 左右。其多用作高频、低压、大电流整流二极管、续流二极管、保护二极管，也有用在微波通信等电路中作整流二极管、小信号检波二极管使用。在通信电源、变频器等中比较常见。

肖特基二极管不是利用 P 型半导体与 N 型半导体接触形成 PN 结原理制作的，而是利用金属与半导体接触形成的金属－半导体结原理制作的。肖特基二极管用贵金属（金、银、铝、铂等）A 做正极，以 N 型半导体 B 为负极，利用二者接触面上形成的势垒具有的整流特性制成。因为 N 型半导体中存在着大量的电子，贵金属中仅有极少量的自由电子，所以电子便从浓度高的 B 中向浓度低的 A 中扩散。显然，金属 A 中没有空穴，也就不存在空穴自 A 向 B 的扩散运动。随着电子不断从 B 扩散到 A，B 表面电子浓度逐渐降低，表面电中性被破坏，于是就形成势垒，其电场方向为 B→A。但在该电场作用之下，A 中的电子也会产生从 A→B 的漂移运动，从而削弱了由于扩散运动而形成的电场。当建立起一定宽度的空间电荷区后，电场引起的电子漂移运动和浓度不同引起的电子扩散运动达到相对的平衡，便形成了肖特基势垒。当在肖特基势垒两端加上正向偏压（阳极金属接电源正极，N 型基片接电源负极）时，肖特基势垒层变窄，其内阻变小；反之，若在肖特基势垒两端加上反向偏压时，肖特基势垒层则变宽，其内阻变大。

肖特基二极管与普通 PN 结整流管相比有以下两点优势：

（1）由于肖特基势垒高度低于 PN 结势垒高度，因此它的正向导通门限电压和正向压降都比 PN 结二极管低（约低 0.2V）。

（2）由于肖特基二极管是一种多数载流子导电器件，不存在少数载流子寿命和反向恢复问题。肖特基二极管的反向恢复时间只是肖特基势垒电容的充、放电时间，完全不同于 PN 结二极管的反向恢复时间。而且肖特基二极管的反向恢复电荷非常少，所以它的开关速度非常快，开关损耗也特别小，尤其适合于高频应用。

本模块所需的器件列表如表 6-1 所示。

表 6-1　所需器件列表

器件	型号	个数
继电器	5VDC	1
PNP 型三极管	S8550	1

续表

器件	型号	个数
电阻	200Ω	1
二极管	1N4148	1
插针	单排	8 针（电源、地各用 2 针）
万能板	5cm×7cm	1

6.3 编程控制继电器

我们只要给控制信号端赋相应的电平就可以控制继电器，下面用继电器控制流水灯的亮灭，例如我们把它当做一个转向灯，用继电器控制它实现 500ms 的闪动转向示意效果。

根据这个要求，我们选第一个红色的发光二极管，当给控制端赋低电平 0 时才能发亮，这里不用单片机 I/O 口给它送控制信号，而是要用继电器来送控制信号。这里二极管需要低电平，可以直接连到电源的 GND，具体怎么接呢？找根黑色的杜邦线从单片机系统板 GND 引出，然后接到继电器模块的公共端引脚上，再从常闭或者常开中选择一个脚连接到 P1 口亮灯模块第一个发光二极管的控制端，这样我们的低电平控制信号就通过了继电器，此时继电器就成了第一个发光二极管的控制者。至于选择常开还是常闭，选择常闭通上电发光二极管就会亮，而选择常开最初通电时它是不会亮的，这里选常开感觉会好些。例如，我们选择 P1 口的第一位做控制端，因为这个脚不容易插错，找根杜邦线把系统板上的 P1.0 与继电器模块的信号控制端连起来，最后只剩下 VCC、GND 的连接了，这个简单不用多说，用红色和黑色的杜邦线按照标签连上就可以，如图 6-14 所示。

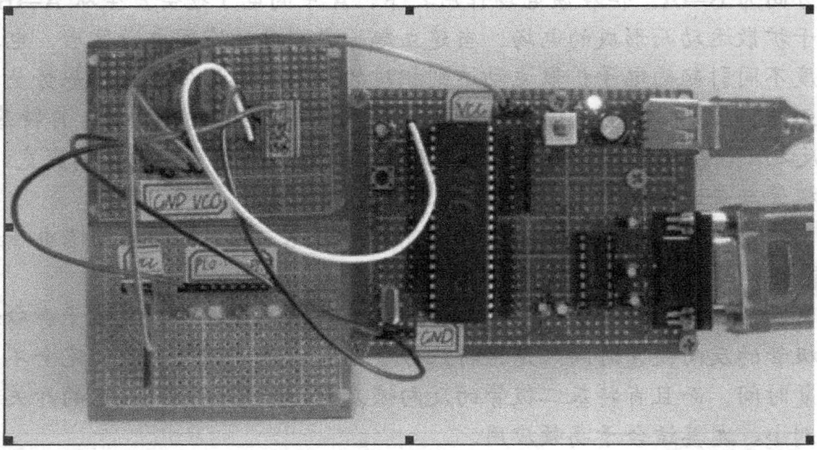

图 6-14　三个模块的连接方式

示例程序如下：

```
/*利用继电器控制发光二极管实现类似转向灯的闪动效果，500ms 间隔*/
#include<reg52.h>                    //头文件
sbit relay=P1^0;                     //利用 P1 第一位作为控制端
void delay(unsigned int x)           //延时函数，延时 x 毫秒
{
```

```
    unsigned int i,j;
    for(i=x;i>0;i--)
        for(j=123;j>0;j--);
}
void main()
{
    while(1)                    //大循环
    {
        relay=0;                //继电器常开开关闭合
        delay(500);
        relay=1;                //继电器常开开关断开
        delay(500);
    }
}
```

我们把这个程序下载到单片机中，看一下这三个模块的配合效果如何。下载好通电之后，会听到继电器“嘀嗒……嘀嗒……”的响，同时第一个发光二极管一亮一灭，很有轿车打转向灯时的感觉。我们还可以把蜂鸣器模块用上，因为现在很流行的电动车转向时都是带有声音的，我们就做一个电动车转向的效果。因为我们用的是有源蜂鸣器，通上电就响，就不用再编程了，采用上面的程序就可以实现，拿出蜂鸣器模块，用红色和黑色杜邦线把 VCC 和 GND 连好，然后用继电器的常闭端控制蜂鸣器即常闭端与蜂鸣器模块信号输入端用杜邦线连接起来，注意连线时一定断开系统板电源！线路接好之后的效果如图 6-15 所示，重新打开系统板电源，实验现象绝对能让你感觉到是电动车在打转向灯。

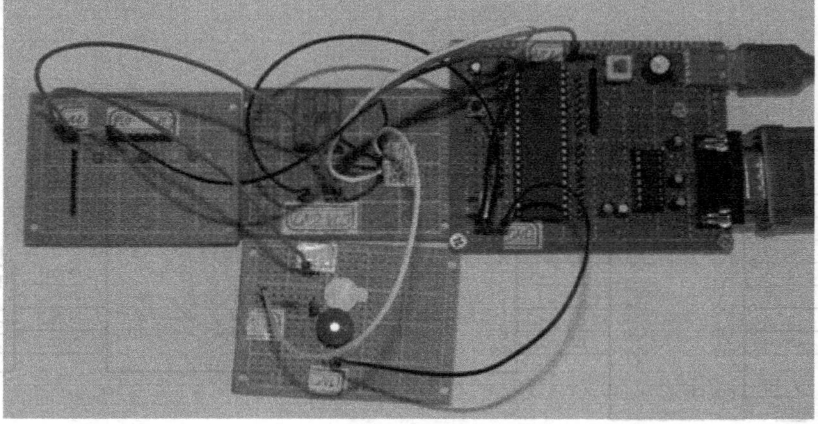

图 6-15　4 个模块的连接方式

第 7 章

数码管显示模块

数码管曾十分广泛的应用，例如公交车上的几路车标志，不过现在逐渐被点阵或液晶屏替代，数码管属于鼻祖类的器件，后续显示器件都是基于数码管改良开发的，所以我们搞懂了数码管，那么，其他显示器件就很容易学习。本章我们一起来学习数码管的特点和控制方法，同时学习一下数组的概念和应用。（注：本章与第 7 个教学视频《数码管显示》对应，大家可以将本章理论知识和视频教程结合起来学习，本章理论部分比视频教程多讲解了几个程序）

7.1 电路图原理及模块制作

数码管显示模块需要一个数码管、一个 74LS573 和底座，外加几个插针，如图 7-1 所示。

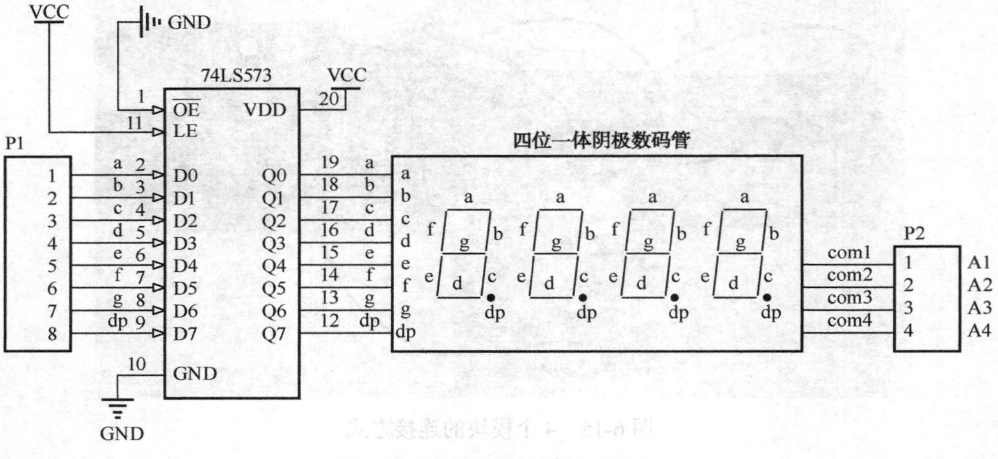

图 7-1　数码管显示模块电路图

按照从左到右的顺序依次讲解，首先看 P1，这就是连接插针的接口，对应 a～dp 的段选信号，连接至任意 8 个 I/O 口即可，这里连接至单片机 P0 口，即 P0 用口来输入段选信号。段选信号通过 74LS573 的 2～9 脚进来后，通过 74LS573 的 19～12 脚输出，19～12 脚接至四位一体数码管的 a～dp 脚，连接时注意 74LS573 引脚和四位一体数码管的对应关系。74LS573 剩下的 4 个引脚，第 1 个引脚和第 10 个引脚接到至 GND，第 11 个引脚和第 20 个引脚接到 VCC 上，这样 74LS573 就工作在了我们要求的同步输出状态。再看四位一体数码管剩下了 4 个引脚，即 4 个数码管的公共端（即位选端），用插针引出标上号（A1、A2、A3、A4），这里用的是共阴型数码管，故想要哪一位亮时给哪一个数码管的位选端赋 0 即可。

这里四位一体数码管有 12 个引脚，与插针、74LS573 连接时比较麻烦，走线有点乱，大家尽量要走得整齐一些。另外，在焊接 74LS573 的 20 脚底座时，要根据“缺口对缺口”的规则，确定好底座的引脚顺序，不要弄错，本节焊接好的模块如图 7-2 和图 7-3 所示，走线比较规整。

模块焊好之后，我们还是要例行检查，虽然本模块器件少但走线甚是麻烦，检查时要有耐心，各线路连接情况都尽量测一下，尽量减少我们编好程序下载到模块中后，再返回来检查电路的时间。

图 7-2　数码管显示模块

图 7-3　数码管显示模块背部走线

7.2　制作数码管显示模块

7.2.1　数码管

如图 7-4 所示，1 位、2 位一体、3 位一体、4 位一体的数码管，当然它的种类还不止这些，理论上讲多少位的数码管都可以做出来。每位数码管可以显示 0、1、2、3、4、5、6、7、8、9、A、B、C、D、E、F 共 16 个数字或字符。

图 7-4　不同位数的数码管

不管数码管是几位连接在一起，显示原理都是一样的，因为所有数码管都是由发光二极管组成的，它所发出的光也是源自内部的发光二极管。数码管按段数分为七段数码管和八段数码管，八段数码管比七段数码管多一个发光二极管，即小数点显示二极管，我们常用的就是八段数码管。八段数码管中由七个发光管组成 8 字形和小数点显示管，分别用字母 a、b、c、d、e、 f、g、dp 表示，如图 7-5 所示。当数码管指定的段加上电压后，这些段就会发亮，以形成我们看到的字样，如显示一个“2”字，应当是 a、b、g、e、d 这 5 个段亮，其他 3 个段都不亮。按照不同的连接方式数码管分为共阴、共阳两类，接法如图 7-6 和图 7-7 所示。

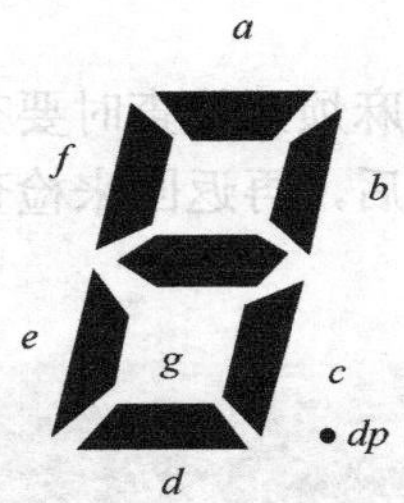

图 7-5 数码管引脚定义

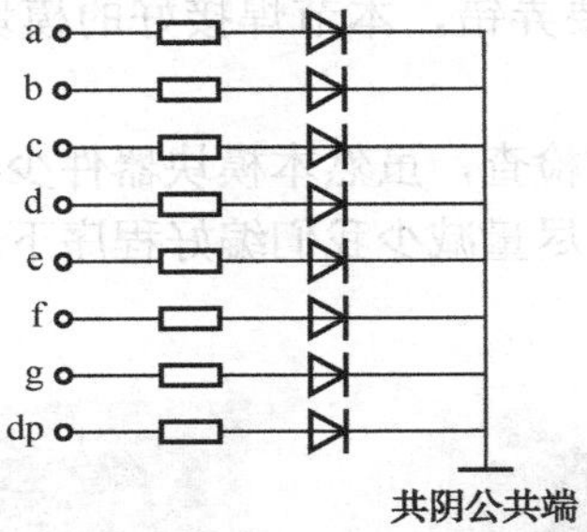

图 7-6 共阴型数码管接法

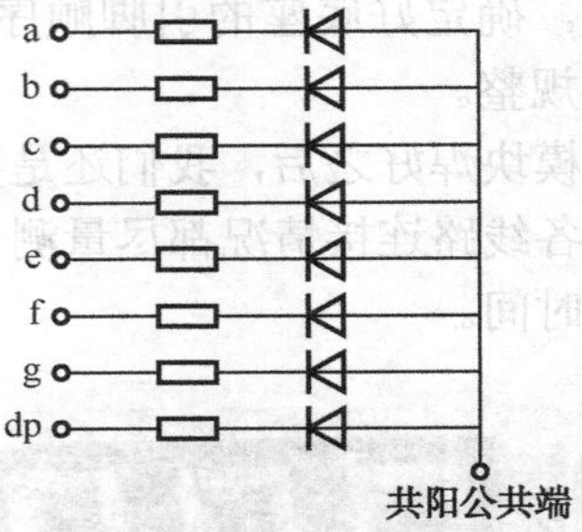

图 7-7 共阳型数码管接法

有了 P1 口亮灯模块流水灯的连接基础，大家对这两种接法具体含义也比较好理解了。例如，对图 7-7 所示接法的共阴极数码来说，它的 8 个发光二极管的阴极在数码管内部全部连接在一起，这也是它“共阴”称号的来历，但它们的阳极是独立的。不过需要注意的是，为了我们方便控制，在设计电路时一般把这个阴极公共端接地，这样当我们给数码管的任一阳极加高电平时，对应的发光二极管就会被点亮，此二极管对应的数码管段就会发亮。例如，显示“8.”，可以给 8 个阳极端全送高电平，如果想让它显示出一个“1”，那么可以只给“b、c”两位送高电平，其余引脚全部都送低电平即可，也就是说，我们想让它显示几，就给相应的发光二极管送高电平即可。

共阳极数码管内部 8 个发光二极管接法是所有阳极全部连接在一起接到 VCC 上，这与我们 P1 口亮灯模块流水灯的连接方式相同，我们要点亮哪个发光管二极管就给对应的阴极送低电平，例如，我们要显示“1”，这时需要给“b、c”两位送低电平即可。

对于图 7-4 所示的多位一体数码管，它们内部的公共端是独立的，而负责显示什么数字的段线全部是连接在一起的，大家一定要与单位数码管区分开。多位一体数码管独立的公共端可以控制多位体中哪一位数码管点亮，而连接在一起的段线可以控制这个点亮的数码管显示什么数字或字符。为了区分，通常多位一体数码管的公共端称为“位选线”，而把连接在一起的段线称为“段选线”。有了这两个线后，通过单片机及外部驱动电路就可以控制任意数码管显示相应的数字或字符了。例如，用单片机控制段选线，大家知道不论对于单位还是多位一体的数码管，段选线都是 8 条，这就需要用单片机 8 个 I/O 口去控制，例如，我们选 P0 口的 8 位作为段选，在送值时需要注意一点，就是数码管各段与单片机 I/O 口高低位的对应关系，P0 口各位与数码管各段对应关系表如表 7-1 所示。

表 7-1 P0 口各位与数码管各段对应关系表

P0.7	P0.6	P0.5	P0.4	P0.3	P0.2	P0.1	P0.0
dp	g	f	e	d	c	b	a

当然，大家也可以用其他 I/O 口，只要注意对应关系即可。根据共阴和共阳数码管的显示条件，我们可以把它们显示 0～F 对应的编码写出来方便以后查阅，如表 7-2 所示，共阴与共阳显示数字的编码是相反的关系，所以，在使用时要注意区分共阴还是共阳数码管。

表 7-2 共阴、共阳数码管 0～F 编码数值表

显示字符	共阴极字型码	共阳极字型码	显示字符	共阴极字型码	共阳极字型码
0	3FH	C0H	8	7FH	80H
1	06H	F9H	9	6FH	90H
2	5BH	A4H	A	77H	88H
3	4FH	B0H	B	7CH	83H
4	66H	99H	C	39H	C6H
5	6DH	92H	D	5EH	A1H
6	7DH	82H	E	79H	86H
7	07H	F8H	F	71H	8EH

表 7-2 中编码数值以十六进制的形式给出，也是我们在程序中采用整体赋值方式时常用的进制。注意在使用时单片机不区分大小写，例如，我们让共阴数码管显示 0，给段选端 P0 口送“3FH”和“3fH”都是可以的，此外“H”代表十六进制，当然我们也可以根据自己的习惯用“0x”代表十六进制，例如“3FH”可以写成“0x3f”。

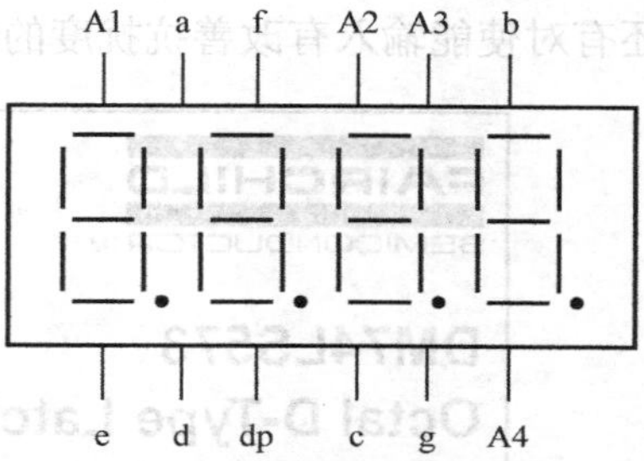

图 7-8 四位一体数码管引脚图

一般单位数码管和二位一体数码管都是有 10 个引脚，三位一体和四位一体数码管是 12 个引脚，关于具体的引脚及段、位标号大家可以查询相关资料，当然也可以用数字万用表测量。本模块用到的是四位一体共阴极数码管，其引脚定义如图 7-8 所示，其中 a～dp 为段选端，A1、A2、A3、A4 为位选端，A1 对应的为从左边数第一个数码管，之后依次为 A2、A3、A4。

快速充电站：如何用万用表区分数码管共阴、共阳及各引脚

我们知道数码管分为共阴极、共阳极两种型号，那么如何区分呢？下面以本模块用到的四位一体数码管来讲解一下。

首先，拿出你的数字万用表，我们知道万用表内部是带有电池的，电池的正极与红色表笔连接，电池负极与黑色表笔连接。当我们把数字万用表打到蜂鸣挡（也可以称为二极管挡）时，黑、红表笔间开路电压约为 1.5V，这个电压大于发光二极管的压降，所以我们把两表笔正确连接到发光二极管两端是可以点亮它的，当然也可以点亮数码管中的各段。通过理论分析，我们就把万用表打到蜂鸣挡，拿出一个四位一体数码管，按图 7-8 中数码管位置摆好四位一体数码管。把黑表笔接到四位一体数码管的 A1 脚，即按图 7-8 摆放时上排引脚最左端那一个，然后用红表笔随便在其他几个脚上连接一下，如果你看到第一位数码管的某些位闪了一下，这个就是共阴极数码管，本模块用的就是共阴极数码管。如果第一位数码管任意一段都没有亮，你现在就需将两只表笔对调一下，即把红表笔接到四位一体数码管的 A1 脚而用黑表笔随便在其他几个脚上连接一下，这时肯定会看到第一位数码管的某些位闪了一下，那么这个数码管就是共阳型的。

例如，我们测出四位一体数码管是共阴型的，那么各引脚怎么检测呢？把黑表笔接到四位一体数码管的 A1 脚，然后用红表笔依次去连接其他各引脚，当你看到第一位数码管的 a

段发亮时，与红表笔连接的这个引脚就是 a 段引脚标号为 a。同样的方法，黑表笔接 A1 脚不动，再用红表笔去连接其他引脚，哪一段亮就是哪段脚了。全部找出标好之后与图 7-8 比对一下。当然，如果被测数码管为共阳型，只需将红、黑表笔对调测试即可，原理相似，方法相同。

7.2.2 74LS573

数码管内部发光二极管点亮时，需要 5mA 以上的电流，而单片机的 I/O 口送不出如此大的电流，所以数码管与单片机连接时需要加驱动电路，可以用上拉电阻也可以使用专门的数码管驱动芯片，在本模块中我们使用的是 74LS573 锁存器，其输出电流较大，电路接口也比较简单，也可以使用 74HC573，二者逻辑上完全一样。

74LS573 是一种锁存器，当然，为了全面地了解它我们还是要去网上下载它的 datasheet。我们看 datasheet 第一页，如图 7-9 所示，这部分也就是 74LS573 的概述了，说明它是八进制透明（即同步输出）三态总线驱动输出锁存器，它有高速八进制缓冲公共锁存控制端 LE 和缓冲公共输出使能端 OE(低电平有效)，而且说明它与 74LS373 功能相同，但引脚有区别。此外，它还有对使能输入有改善抗扰度的滞后作用，而且完全兼容 TTL 和 CMOS 电路。

FAIRCHILD
SEMICONDUCTOR™

October 1988
Revised March 2000

DM74LS573
Octal D-Type Latch with 3-STATE Outputs

General Description

The DM74LS573 is a high speed octal latch with buffered common Latch Enable (LE) and buffered common Output Enable ($\overline{OE}$) inputs.

This device is functionally identical to the DM74LS373, but has different pinouts.

Features

- Inputs and outputs on opposite sides of package allowing easy interface with microprocessors
- Useful as input or output port for microprocessors
- Functionally identical to DM74LS373
- Input clamp diodes limit high speed termination effects
- Fully TTL and CMOS compatible

Ordering Code:

Order Number	Package Number	Package Description
DM74LS573WM	M20B	20-Lead Small Outline Integrated Circuit (SOIC), JEDEC MS-013, 0.300 Wide
DM74LS573N	N20A	20-Lead Plastic Dual-In-Line Package (PDIP), JEDEC MS-001, 0.300 Wide

Devices also available in Tape and Reel. Specify by appending the suffix letter "X" to the ordering code.

图 7-9 74LS573 概述

再看一下 datasheet 提供的推荐工作条件，如图 7-10 所示。我们看到 74LS573 的推荐使用典型电压为 5V，这再好不过了，可以与单片机共用电源，输出可以达到 24mA，完全够我们用。

现在我们看一下 74LS573 的外观图和引脚图，如图 7-11 和图 7-12 所示，首先 D0～D7 脚，这些为数据输入端，然后 O0～O7 为数据输出端。这样还剩下 4 只脚，依次为第 1 脚 OE（低电平有效）锁存控制端，第 10 脚 GND 电源地，第 11 脚 LE 锁存控制端，第 20 脚 VCC 电源输入正极端。

Recommended Operating Conditions

Symbol	Parameter	Min	Nom	Max	Units
V_{CC}	Supply Voltage	4.75	5	5.25	V
V_{IH}	HIGH Level Input Voltage	2			V
V_{IL}	LOW Level Input Voltage			0.8	V
I_{OH}	HIGH Level Input Current			−2.6	mA
I_{OL}	LOW Level Output Current			24	mA
T_A	Free Air Operating Temperature	0		70	°C

图 7-10 74LS573 使用条件

图 7-11 74LS573 外观图

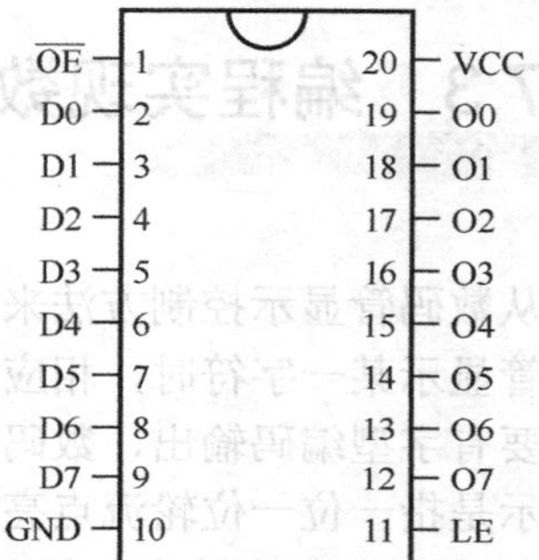

图 7-12 74LS573 引脚图

知道各引脚定义后，我们不得不看一样东西，那就是真值表，真值表是表征逻辑事件输入和输出之间全部可能状态的表格，它用来表示数字电路或数字芯片工作状态的直观特性，如图 7-13 所示，第一栏 Output Enable 即所存控制端$\overline{OE}$（低电平有效），第二栏中的 Latch Enable 即锁存控制端 LE，D 表示输入状态即 2～9 脚的输入状态，第三栏中 O 为输出状态即 19～12 脚的输出状态，在图的下方给出了字母的含义：L—低电平；H—高电平；X—不用在意的任意电平；Z—高阻态即既不是高电平也不是低电平，其他的电平状态由与它相连接的其他电气状态决定；QO—先前条件的输出即上次的电平状态。大家一定要学会看真值表，下面我们就一起来看一下 74LS573 的真值表。第一列$\overline{OE}$（低电平有效）为 L 时，我们看到若 LE 为 H，D 与 O 同时为 H 或 L，即此时锁存器工作在同步输出状态；而若 LE 为 L，无论 D 为何种电平状态，O 都保持上一次的数据状态。总体来看，当 LE 为 H 时，O 端数据状态随 D 端数据状态变化；而当 LE 为 L 时，O 端数据将保持 LE 端变为低电平之前的数据输出状态。在本模块中，我们要求数据同步输出，也就是说锁存器要工作在同步输出状态，所以 LE 端要始终为 H，那么我们就把该端直接连至 VCC 即可，然后，我们看真值表最后一行，当$\overline{OE}$（低电平有效）为 H 时，无论 LE 与 D 端为何种电平，它的输出都呈现出 Z（高阻态），也就是说此时 74LS573 工作在不可控状态。我们用它时要求它必须服从我们，那么不听话我们是不会用它的，且本模块要求它工作在同步输出状态，所以我们果断将 OE（低电平有效）接至低电平 GND。

Function Tables

$\overline{\text{Output}}$ $\overline{\text{Enable}}$	Latch Enable	D	Output O
L	H	H	H
L	H	L	L
L	L	X	Q_O
H	X	X	Z

L = LOW State
H = HIGH State
X = Don't Care
Z = High Impedance State
Q_O = Previous Condition of O

图 7-13 74LS573 真值表 datasheet 截图

下面给出本模块所需的器件列表，如表 7-3 所示。

表 7-3 所需器件列表

器件	型号	个数
数码管	四位一体共阴	1
锁存器	74LS573	1
芯片底座	20 脚	1
插针	单排	14 针
万能板	5cm×7cm	1

7.3 编程实现数码管显示

从数码管显示控制方法来说分为两类，一类是静态显示，另一类为动态显示。静态显示指数码管显示某一字符时，相应的发光二极管在一定时间内恒定导通或恒定截止，单片机 I/O 端口只要有字型编码输出，数码管就显示指定字符，并保持不变，直到 I/O 口输出新的段码。动态显示是指一位一位轮流点亮各位数码管的显示方式，即在某一时段，只选中一个数码管的“位选端”，并送出相应的字型编码，在下一时段按顺序选通另外一位数码管，并送出相应的字型编码。依此规律循环下去，即可使各位数码管分别间断地显示出相应的字符，由于数码管内部发光二极管的余辉和我们眼睛的视觉暂留作用，我们看到的现象是各位数码管同时显示，这一过程也被称为动态扫描显示。

7.3.1 数码管静态显示

无论哪种显示方式，数码管都需要位选和段选信号，为了方便大家学习本模块统一选用 P2 的低四位为位选端，选用 P0 的 8 位为段选端。这样大家就知道数码管显示模块与单片机系统板如何连接了，连接方式如图 7-14 所示。一定要注意 a～dp 与 P0 口的对应关系：P0 口各位与数码管各段对应关系表，即 a～dp 依次对应 P0 口的 P0.0～P0.7。

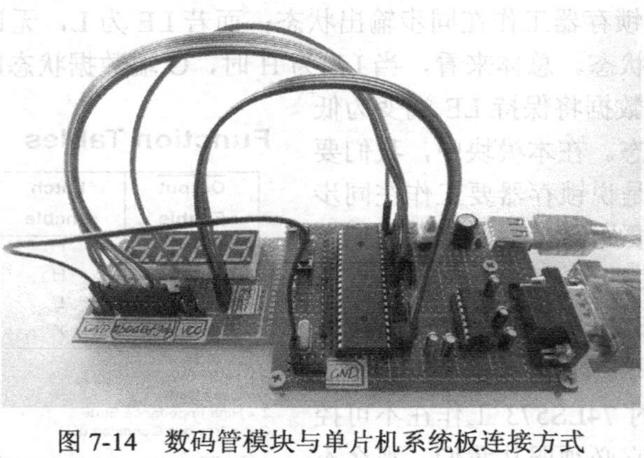

图 7-14 数码管模块与单片机系统板连接方式

对于多位一体数码管，它们的“位选端”可以独立控制，而“段选端”是连接在一起的。所以我们用静态显示方式控制多位一体数码管时，可以通过位选信号控制哪几个数码管亮，但在同一时刻，送入所有数码管的段选信号都是相同的，而位选选通的所有数码管的段选又都是连接在一起的，所以它们显示的字符始终都是一样的。

根据上面的分析，静态显示控制相对比较简单，给段选端 P0 和位选端 P2 送恒定值就可以，我们用几行程序就能控制数码管显示。例如，利用静态显示方式让 4 个数码管同时显示“0”的示例程序如下：

```
#include<reg52.h>
void main()              //主函数
    {
        P2=0xf0;      //给 P2 口送 11110000，即选通全部的 4 个数码管
        P0=0x3f;      //给 P0 口送入段编码值
        while(1);     //程序停在此处
    }
```

由于本模块用的是共阴极数码管，给位选端 P2 口低四位送 0 才能选通，这点大家很清楚了。当我们想让数码管显示 0 时送 0x3f，要显示 1 时将 0x3f 改成 0x06 即可。0～F 编码值大家可以自己算一下，也可以参照表 7-2，这里习惯性采用 0x 来代表十六进制，最后把程序下载到单片机中看一下运行结果，如图 7-15 所示。

图 7-15　显示四位 0

其实，静态显示也并不是指数码管就必须一直静态显示某个数，只要在一定时间内完成显示并保持，过一段时间 I/O 口有新的段码值送来时再去显示别的数也是可以的，例如，我们让第一个数码管以 500ms 间隔依次显示 0～F 共 16 位数，并这样一直执行下去。思考一下这个程序怎么写？一次次的给 P0 口赋值？先选好位，P2=0xfe；然后一次次的 P0=0x3f；delay（500）；P0=0x06；……写上 16 个送段选值的语句，16 个延时语句，最后用个大循环。有没有感觉到麻烦呢？要是按照这种思路，实现起来确实比较烦琐。下面介绍一个简便的方法，利用数组，例如，16 个字符编码写成如下数组：

```
unsigned char code duan[]={
    0x3f,0x06,0x5b,0x4f,0x66,0x6d,0x7d,0x07,0x7f,0x6f,0x77,0x7c, 0x39,0x5e,
0x79,0x71};
```

其中，unsigned char 是数组类型，无符号字符型，表示数值范围 0～255，此数组类型是指数组中元素变量的数据类型；关键字 code，它表示编码的意思，我们定义编码时是直接分配其到程序空间中的，编译后编码占用的是程序存储空间，而不是内存空间；数组名 duan，因为本数组存放的是段选编码值所以给它取名为 duan，数组名遵循标识符定义的原则，但注意不要和关键字重名；紧随数组名 duan 有个中括号[]，注意这个是必须要写的，中括号内部可注明当前

数组内的元素个数，例如，本组 16 个数可以写在里面如[16]，当然也可不注明，因为 C51 编译器在编译时能够自动计算出来；接下来是等号，等号后边是一个大括号，我们要用到的所有字符编码都包含于此，大括号内部元素与元素之间用逗号隔开，最后一个元素后面就不用加逗号了；大括号后面一定不要忘记加一个分号。因为这是一些人的通病，写了烦琐的内部元素习惯性地忘记在大括号后面加分号，而在编译时 Keil 对这个错误的识别能力不强且定位也很不准确，少了这个分号编译时会提醒你有四五个错误！下面看如何调用数组中的元素，举例如下：

调用数组中的元素“0”：P0=duan[0]；即将 duan 这个数组中的第 1 个元素赋给 P0 口，即 P0=0x3f。

调用数组中的元素“8”：P0=duan[7]；即将 duan 这个数组中的第 8 个元素赋给 P0 口，即 P0=0x7f。

从上面两个例子可以看出，在调用数组时，数组名后面括号里的数字是从 0 开始的，中括号里的 0 对应后面大括号里的第 1 个元素！大家一定要记得这个规则，不然就会出错。

下面看一下用这种编码方法如何编写数码管间隔 500ms 显示 0～F 的程序，示例程序如下：

```
#include<reg52.h>
#define uint unsigned int
#define uchar unsigned char
uchar num;
uchar code duan[]={                          //共阴数码管 0～F 编码数组
          0x3f,0x06,0x5b,0x4f,0x66,0x6d,0x7d,0x07,   0x7f,0x6f,0x77,0x7c,
0x39,0x5e,0x79,0x71};
void delay(uint x)                           //延时子函数延时 x 毫秒，写在调用函数前无须声明
{
    uint i,j;
    for (i=x;i>0;i--)
        for (j=123;j>0;j--);
}
void main()
{
    P2=0xfe;                                 //P2 为位选端，选中第一个数码管
    while(1)                                 //大循环
    {
        for(num=0;num<16;num++)              //执行 16 次完成 0～F 显示
        {
            P0=duan[num];                    //给 P0 口送段选值
            delay(500);                      //延时 500ms
        }
    }
}
```

在完成调用数组中 16 个数时，我们用的还是大家比较熟悉的 for 语句，注意 num 值要从 0 开始，只有这样才能正确调用。延时子函数因为大家还是初学者，要用到延时子函数时如果把它写在主函数后面容易忘记在主函数之前声明它，所以建议大家写在前面，等熟悉了再放到主函数之后。大家理解上面的示例程序后，自己再编写一下，然后下载到单片机中看一下第一位间隔 500ms 循环显示 0～F 的效果。

7.3.2 数码管动态显示

根据之前对数码管动态显示的介绍，我们知道它是指一位一位地轮流点亮各位数码管的显

示方式，但由于数码管内部发光二极管的余辉和我们眼睛的视觉暂留作用，我们会看到各位数码管是同时显示的。基于以上讲解，可以这样编写程序，在某一时段通过 P2 口低 4 位只选中一位数码管，并通过 P0 口送出相应的字符编码，在下一时段再用此方法按顺序选通另外一位数码管，再通过 P0 口送出相应的字符编码，依次类推按照这种方法点亮所有数码管，然后再进行所有操作的大循环即可实现动态显示。

如果大家感觉这么说比较笼统，让我们一起来看一个例子，让四位一体数码管同时显示“0123”，在本例子中我们练习一下 switch 语句，之前讲 C 语言时介绍过，此外，虽说大家已经会调用子程序了，但之前程序中也只是有一个 delay 子程序，这次我们把数码管显示部分也编成子程序，让大家练习一下。

示例程序如下：

```
/*在四位一体共阴数码管上同时显示 0123*/
#include<reg52.h>
#define uint unsigned int
#define uchar unsigned char
uint num;
void delay(uint x)                          //延时子程序，延时 x 毫秒
    {
        uint i,j;
        for (i=x;i>0;i--)
            for (j=123;j>0;j--);
    }
void shuma(uint s)                          //数码管显示子程序
    {
        switch(s)
        {
            case 0:P2=0xfe;P0=0x3f;break;   //P2 为位选信号，P0 为段选信号，第一位显示 0
            case 1:P2=0xfd;P0=0x06;break;   //第二位显示 1
            case 2:P2=0xfb;P0=0x5b;break;   //第三位显示 2
            case 3:P2=0xf7;P0=0x4f;break;   //第四位显示 3
        }
    }
void main()
    {
        while(1)
        {
            for(num=0;num<4;num++)
                {
                    shuma(num);             //调用数码管显示子程序
                    delay(5);               //延时 5ms
                }
        }
    }
```

下面来看一下本程序中 switch 语句的执行过程，首先计算 switch 后面圆括号中表达式的值 s，也就是主函数中的 num 值，然后，用此值依次与各个 case 后的常量表达式比较，若 switch 后面圆括号中表达式的值与某个 case 后面的常量表达式的值相等，如 s=num=0，就执行第一个 case 语句“case 0:P2=0xfe;P0=0x3f;break;”，这时第一数码管就会显示 0，当执行遇到 break 语句就退出 switch 语句。明白了 switch 语句如何执行，再看本程序就很容易理解，现在把程序下载到单片机中看一下结果，如图 7-16 所示。

图 7-16　四位一体数码管显示“0123”

“0123”定格在四位数码管上，大家看到了我们的程序是采用动态显示方式分时送各个位选及段选值的，但看到数码管的显示却是静态的，大家可以把 for 语句里的延时语句“delay(5);”改成“delay(500);”或者“delay(100);”，会发现四位数码管从左到右依次点亮显示然后熄灭，下一位点亮显示并熄灭，如此循环，通过此时的显示效果也能看出程序的具体执行过程。

第 8 章

键盘扫描模块

键盘分为编码键盘和非编码键盘两种。例如，计算机的键盘，闭合键的识别由专门的硬件编码器实现，并产生键编码号或键值的叫做编码键盘，根据编码键盘的定义大家可以猜到我们要做的肯定不是这种，因为我们是要用软件编程来识别键值而不是用专门的编码器。本章是通过软件编程来识别的键盘（称为非编码键盘），在单片机组成的各种系统中，非编码键盘使用较多。非编码键盘又分为独立键盘和矩阵键盘，在本章中两种键盘都会讲到，不过重点放在矩阵键盘上。（注：本章与第 8 个教学视频《键盘扫描》对应，大家可以将本章理论知识和视频教程结合起来学习）

8.1 电路图解析及模块制作

本章将带领大家制作一个 4×4 矩阵键盘，至于独立键盘和矩阵键盘有什么区别以及键盘检测原理，在编程时我们将给大家进行详细区分，本节我们把主要精力放在模块制作上。

图 8-1 所示为 4×4 矩阵键盘电路图。

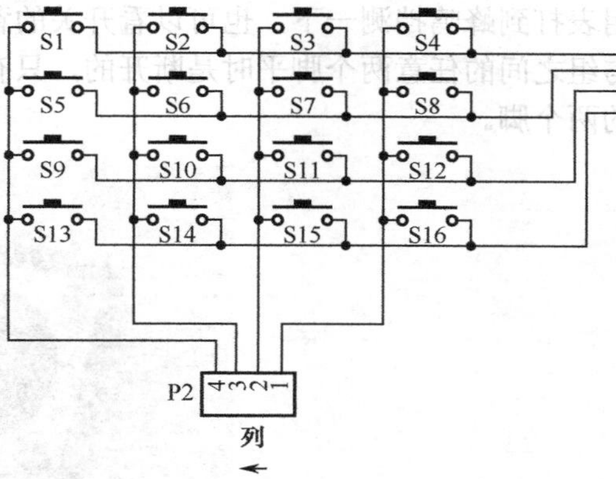

图 8-1　4×4 矩阵键盘电路图

这个电路看起来比较简洁，但焊接起来却比较烦琐，因为引脚太多。这里详细讲解一下如何利用轻触开关的自身结构，因为轻触式按键有 4 个脚，其中两两相通，我们就用电气相通的两个脚充当导线，例如我们用导通的两只脚来充当列线，这时导通的两只脚间的黑色连线要与列线平行，如图 8-2 所示，导通的两只脚用红色线相连，注意这 16 个开关的摆放姿势要一样，我们选用的万能板较大，但大家不要摆放的过于稀疏，不然走起线来比较浪费。按照这个布局摆放好之后参考图 8-1 开始焊接就可以了，焊接好的模块如图 8-2 所示。在图 8-2 中行线引到 4 个插针上之后做了标识，箭头指向为第一行第四行，列线引出后同样也做了标识，箭头指向同原理图一致即第一列第四列，注意列的标号从左边算起即最左边那一列才是第一个列。图 8-3 矩阵键盘模块背部走线图。

图 8-2　矩阵键盘模块

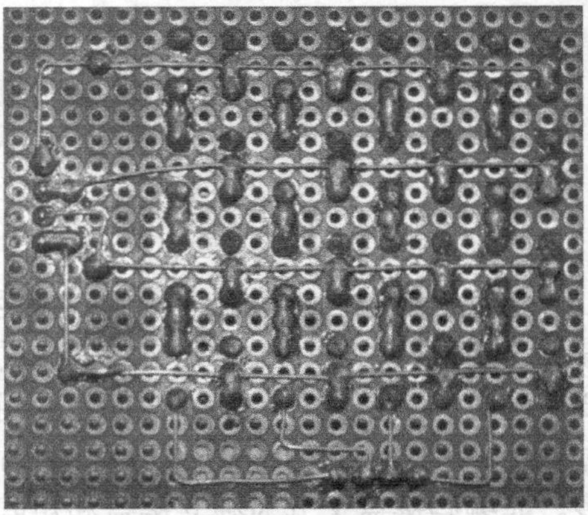

图 8-3　矩阵键盘模块背部走线

焊好之后用万用表检测一下，看看连接是否正常，这个模块检测起来还是比较快的。

8.2　矩阵键盘制作所需器件

本节我们制作的 4×4 矩阵键盘模块，用到轻触开关、插针和万能板，本模块使用的是图 8-4 中所示的 6mm×6mm×5mm 规格的微动开关，这个规格偏小大家也可以选用图 8-5 所示大小的开关，这里我们可以看到微动开关有四个脚，这四个引脚两两一组，每组中的两个是导通的，至于哪两个一组，可以拿起万用表打到蜂鸣挡测一下，也可以看开关的背面，连通的两个脚之间有黑色塑料条连接着，而组与组之间的任意两个脚平时是断开的，只有当大家按下开关按钮才连通，我们使用的是不同组的两个脚。

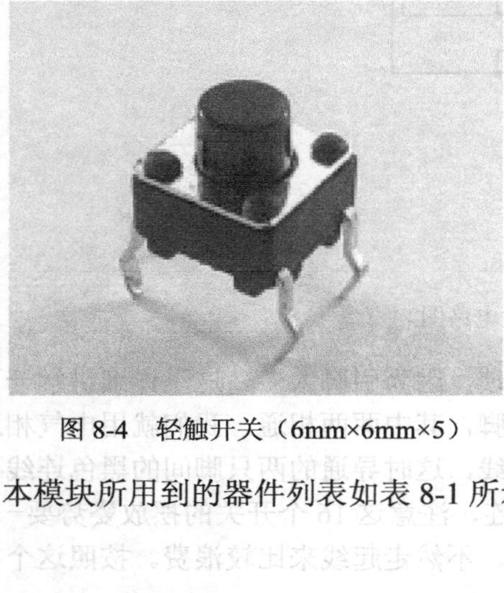

图 8-4　轻触开关（6mm×6mm×5）

图 8-5　轻触开关（12mm×12mm×8.5）

本模块所用到的器件列表如表 8-1 所示。

表 8-1　所需器件列表

器件	型号	个数
按键	轻触开关 6mm×6mm×5mm	16
插针	单排	8 针
万能板	7cm×9cm	1

8.3　编程完成键盘检测及显示

大家知道，非编码键盘分为独立键盘和矩阵键盘，视频教程中主要讲解了矩阵键盘，一次性把复杂的矩阵键盘讲完理解可能会有困难，所以这里还是先讲解一下独立键盘，有了独立键盘做基础，矩阵键盘会好理解一些。

8.3.1　独立键盘检测及显示

首先来看什么是独立键盘，独立键盘，顾名思义就是由单个的按键组成的键盘，为什么这么说呢，因为独立键盘各按键之间毫无干系，不像矩阵键盘那样的变化都要照顾到，其实一个独立键盘的按键连接方法非常简单，如图 8-6 所示。所以，我们可以把刚才做的矩阵键盘模块中的某一列接 GND，那么这一列就成了独立键盘，如果把 4 个列端全接地，那么我们的矩阵键盘模块就成了 16 个独立按键组成的独立键盘。

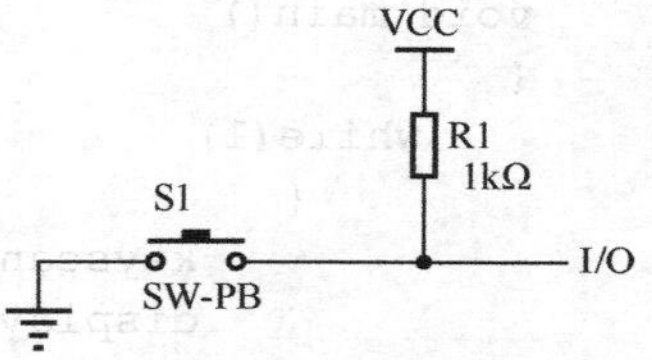

图 8-6　单个独立键盘

大家知道单片机的 I/O 口可以作为输出使用，也可以作为输入使用，例如，本章检测按键时用的就是它的输入功能，单片机 I/O 口上电后默认输出高电平，而独立按键一端与 I/O 口相连另一端接地的，当按键被按下时，与该按键连接的 I/O 口则被接地变成低电平。所以，我们检测按键就有了办法，可以让单片机不断地去检测与独立键盘连接的 I/O 口是否变为低电平，当程序检测到 I/O 口变为低电平也就说明按键被按下了，然后程序就可以去执行相应的指令，例如，让数码管显示对应键值。

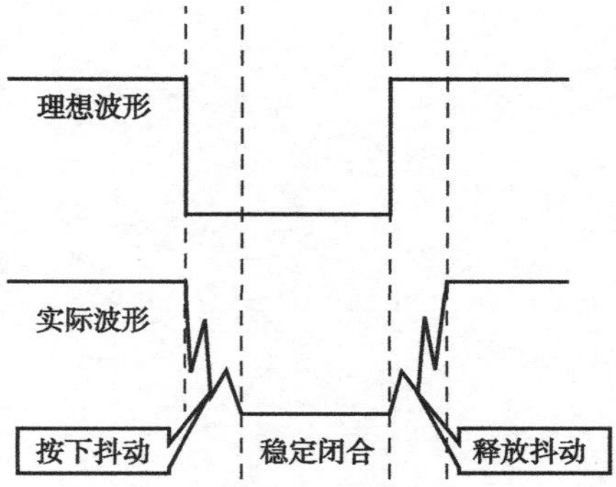

图 8-7　按键按下时触点电压变化

下面来看一下当按键被按下时，触点电压的变化过程，如图 8-7 所示。

由按键按下时触点电压变化（图 8-7）可知，理想电压波形与实际电压波形之间还是有区别的，在实际应用中我们按下和释放按键的瞬间电压波形都有抖动现象，这个抖动时间的长短和按键的机械特性有关，一般为 5～10ms。粗略计算，我们手动按下按键之后立即释放，这个动作中按键稳定闭合的时间通常要超过 20ms，根据这个时间分析，可以在单片机检测键盘是否按下时加上去抖动操作，即去抖延时，一般可以延时 5～10ms，这样可以增加检测的准确性。在图 8-7 中，按键被按下和释放时都有抖动，不过在编写单片机的键盘检测程序时，一般只在检测按下时加入去抖延时即可以，检测按键释放时可根据具体需求加上抖动延时。

这里把第7章制作完成的数码管显示模块也利用起来，用它来显示键值。例如，把矩阵键盘模块接成独立键盘，不用全部接成独立按键，可以把图8-2标号的第4列（即最右边一列）接地，这样第4列的4个按键就组成了独立键盘。编程实现按下4个独立按键中的一个，在数码管第一位显示对应的键值，键值根据图8-2标识来显示，即4个键从上到下依次为“1、5、9、d”（单个数码管无法显示13所以用十六进制d表示），大家可以思考一下如何编程，尝试着编写一下。下面给出一个示例程序，用P3口低四位做独立键盘的I/O口，用if语句编程实现。

示例程序如下：

```
/*独立键盘扫描显示程序*/
#include<reg52.h>
#define uint unsigned int
#define uchar unsigned char
uchar num;
sbit key1=P3^0;                 //第一个独立按键连至P3口第一位
sbit key2=P3^1;                 //第二个独立按键连至P3口第二位
sbit key3=P3^2;                 //第三个独立按键连至P3口第三位
sbit key4=P3^3;                 //第四个独立按键连至P3口第四位
void delay(uint);               //延时子函数声明
void keyscan();                 //键盘扫描子函数声明
void display(uchar);            //显示子函数声明
void main()                     //主函数
{
  while(1)
     {
        keyscan();              //调用键盘扫描子程序
        display(num);           //调用显示子程序
     }
}
void delay(uint x)              //延时子函数，延时x毫秒
{
  uint i,j;
  for (i=x;i>0;i--)
     for(j=123;j>0;j--);
}
void keyscan()                  //键盘扫描子函数
{
  if(key1==0)                   //检测第一个键是否按下
  {
     delay(10);                 //去抖延时
     if(key1==0)
     {
        num=1;
        while(!key1);           //等待释放按键
     }
  }
  if(key2==0)                   //检测第二个键是否按下
  {
     delay(10);                 //去抖延时
     if(key2==0)
     {
```

```
            num=2;
            while(!key2);           //等待释放按键
        }
    }
    if(key3==0)                     //检测第三个键是否按下
    {
        delay(10);                  //去抖延时
        if(key3==0)
        {
            num=3;
            while(!key3);           //等待释放按键
        }
    }
    if(key4==0)                     //检测第四个键是否按下
    {
        delay(10);                  //去抖延时
        if(key4==0)
        {
            num=4;
            while(!key4);           //等待释放按键
        }
    }
}
void display(uchar num)             //数码管显示子函数
{
    P2=0xfe;                        //P2 为位选信号，选中第一位数码管
    switch(num)
    {
        case 1:P0=0x06;break;       //显示 1
        case 2:P0=0x6d;break;       //显示 5
        case 3:P0=0x6f;break;       //显示 9
        case 4:P0=0x5e;break;       //显示 d
        default:P0=0x00;            //无按键按下则无显示
    }
}
```

讲解一下这个程序的执行过程，程序从 main 函数开始又从 main 函数结束，我们看 main 函数：

```
void main()                         //主函数
{
    while(1)
        {
            keyscan();              //调用键盘扫描子程序
            display(num);           //调用显示子程序
        }
}
```

主函数内部只是循环调用两个子函数，所以大家平时也要善用子函数，这样查起错来也很方便。while 大循环首先调用 keyscan 键盘扫描子程序，那么就看一下这个子程序。我们看到 keyscan 子函数里有 4 个相似的 if 语句，它们对应 4 个独立按键的检测，我们只拿出一个来看就可以，其他原理相同。

```
if(key1==0)                         //检测第一个键是否按下
```

```
{
    delay(10);                         //去抖延时
    if(key1==0)
    {
        num=1;
        while(!key1);                  //等待释放按键
    }
}
```

大家知道 if 语句是如何执行的，首先判断 if 后面括号里的表达式是否为真，若为真的话就进入语句开始执行。if 的表达式为“key1= =0”又因为“sbit key1=P3^0;”，所以这一语句就是判断 P3.0 口是否为 0 也就是说与 P3.0 口相连的第一个键是否按下，如果按下，表达式“key1==0”为真进入该 if 语句。当第一个键被按下时进入 if 语句，语句中第一个就是延时语句“delay(10);”，这就是去抖延时了，延时之后我们再次进行确认，即再来一个“if(key1==0)”，当确认按键被按下后进入 if 语句，第一句是 num=1，即给 num 赋值 1，这个待会用在显示子函数里，意思是向显示子函数说明是哪个键按下，而且这个 num 值只有当再去按别的按键时它才会变，也就是说如果我按下第一个键，数码管会一直显示“1”直到去按别的键显示数值才会变。之后是“while(!key1);”，它的意思是等待按键释放，如果按键没有释放那么毫无疑问 key1 始终为 0，则“!key1”始终为 1，那么程序就一直停止在这个 while 语句处，直到按键被释放，按键释放之后 key1 就变成了 1，这时才跳出这个 while 语句。我们为什么要加这么一个语句呢？大家知道单片机执行代码的速度非常快，而且键盘扫描是循环检测的，所以当按下一个键而不加按键释放检测时，单片机会在程序循环中多次检测到键被按下。这就是说当我们按了一次，程序有可能检测到我们按了很多次，那么与按键对应的执行程序就会被执行多次，而且这个次数谁也说不准，这势必会造成错误。所以在编写带有按键检测的程序时，要加上等待释放语句，等按键确认被释放后才去执行相应的代码，这样就不会出现多次执行的错误。

根据主函数，执行完键盘扫描子程序之后就要调用显示子函数了，我们再看显示子函数：

```
void display(uchar num)                //数码管显示子函数
{
    P2=0xfe;                           //P2 为位选信号，选中第一位数码管
    switch(num)
    {
        case 1:P0=0x06;break;          //显示 1
        case 2:P0=0x6d;break;          //显示 5
        case 3:P0=0x6f;break;          //显示 9
        case 4:P0=0x5e;break;          //显示 d
        default:P0=0x00;               //无按键按下则无显示
    }
}
```

子程序首先给 P2 口送位选信号，选中第一个数码管，然后就是利用 switch 语句去分辨要送的段选值。switch 语句的执行过程就是首先计算 switch 后面圆括号中表达式，也就是 num 的值，然后用此值依次与各个 case 后的常量表达式比较，当 switch 后面圆括号中的 num 值与某个 case 后面的常量表达式的值相等，就执行此 case 后面的语句，例如第一个键按下就执行“P0=0x06;”，然后就遇到 break 语句（退出 switch 语句）。但本程序与上一章的数码管显示不同，这次有圆括号中 num 的值与所有 case 后面的常量都不相等的情况，也就是我们刚给单片机上电而没有去按任何键，这时程序应该如何执行呢？我们看 switch 语句里的最后一句“default:P0=0x00;”，这一句就是为应对这种情况而专门编写的，即 num 的值与所有 case 后面的

常量都不相等时执行 default 后面的语句“P0=0x00;”即给共阴极数码管所有段送低电平，此时数码管上不显示任何数字的。执行完“default:P0=0x00;”就退出了 switch 语句。当然也可以不加这一句看看是什么现象，这时数码管会显示“8.”，因为我们的单片机 I/O 口在不操作时默认为高电平即 P0=0xff，这样就点亮了数码管所有的段。所以建议大家还是加上语句“default:P0=0x00;”，这样只有当我们实际按下某个按键时数码管才有显示，符合我们的操作习惯。

根据上面的分析，程序如何执行大家都明白了，下面根据程序 I/O 口分配，实际连接一下单片机系统板、数码管、矩阵键盘三个模块，如图 8-8 所示，从图中可以看到最左边那一列接地，而且我们把程序下载进去不进行操作时数码管不显示任何数。

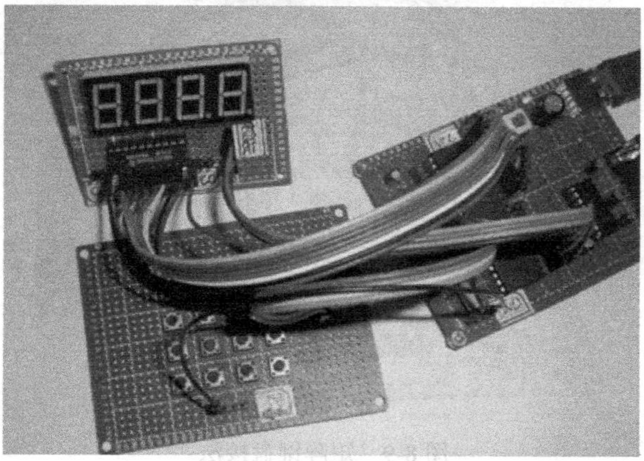

图 8-8　模块连接图

有人或许会问，数码管显示模块的程序中 case 后的常量从 0 开始，这次怎么从 1 开始了呢？其实 case 后的常量并一定非得是相差 1 的整数更不一定非要从 0 开始，可以是任何数，不过我们习惯用有规律的整数，但此处唯独不能用“0”！因为当定义一个变量时，无论它是什么数据类型，当不对它进行任何操作或赋值时，它都会默认为 0，例如，本模块中我们定义的无符号字符型变量 num，当我们不对它进行赋值操作时，它就是等于 0，不信的话待会你把第一个 case 语句“case 1:P0=0x06;break;”改成“case 0:P0=0x06;break;”，然后重新编译下载到单片机中，看一下现象，结论单片机一上电，虽然没有按下第一个按键但数码管却会显示“1”，所以平时编程时要注意一下。

8.3.2　矩阵键盘扫描及显示

在学习独立键盘后我们发现独立键盘每个按键都需要一个 I/O 口，如果系统需要多个按键，而 I/O 口也就那么些，其他的一些操作也可能会用到 I/O 口，此时为了节约 I/O 口资源我们就可以选用矩阵键盘。例如，本章制作的矩阵键盘模块，如图 8-9 所示，可以看到 16 个按键接成矩阵键盘只占用了 8 个 I/O 口，比独立键盘节省了一半。矩阵键盘接线：行线连接方式不变即第一行至第四行连接到 P3.0 至 P3.3，列线连接方式为第一列至第四列连接到 P3.4 至 P3.7（注意最右边那一列为第一列）。

其实无论独立键盘还是矩阵键盘，单片机检测原理都是一样的，都是检测与该键对应的 I/O 口是否为低电平，大家知道独立键盘有一端固定为低电平，所以，在检测时比较方便。而我们的矩阵键盘两端都与单片机 I/O 口相连，这里可以模仿独立键盘的方式，即在检测时人为通过单片机 I/O 口送出低电平，例如在检测时，先给其中一列送低电平（相当于确定列数），其余几列全为高电平，然后依次轮流检测各行是否为低电平，若检测到某一行为低电平就确定了行数，这样就知道了当前被按下的键是哪一行哪一列，当然也就确定是哪一个键被按下了。那么我们可以用同样的方法依次轮流送各列为低电平，再依次轮流检测各行是否变为低电平，进而完成所有按键的检测，只要哪个键被按下我们立即可以确定。当然，也可以将行线置为低电平，然后去扫描列是否有低电平。

矩阵键盘扫描的原理理解后，根据图 8-9 所示的连线和图 8-1 原理图标号，编程实现键盘检测与显示（注：由于数码管只能显示 0～F，因此让图 8-1 中的按键 S1～S16 对应显示 0～F）。

图 8-9 矩阵键盘接法

示例程序如下：

```
/*4*4 矩阵键盘扫描程序*/
#include<reg52.h>
#define uint unsigned int
#define uchar unsigned char
uchar code duan []={0x3f,0x06,0x5b,0x4f,0x66,0x6d,0x7d,0x07,0x7f,0x6f,0x77,
0x7c,0x39,0x5e,0x79,0x71};
uchar num,temp;
void delay(uint);                    //延时子函数声明
void display(uchar);                 //显示子函数声明
void keyscan();                      //键盘扫描子函数声明
void main()
{
    while(1)
      {
          keyscan();
      }
}
void delay(uint x)                   //延时函数
{
    uint i,j;
    for (i=x;i>0;i--)
        for(j=123;j>0;j--);
}
void display(uchar num)              //显示子函数
{
```

```
        P2=0xfe;                      //位选信号，选中第一个数码管
        P0=duan[num];                 //段选信号
    }
    void keyscan()                    //键盘扫描子函数
    {
        P3=0xfe;                      //将第一行线置低电平，其余行线为高电平
        temp=P3;                      //读取 P3 口当前状态赋给 temp
        temp=temp&0xf0;               //temp 和 0xf0 相与后赋给 temp，检测 P3 口高四位状态
        while(temp!=0xf0)             //检测是否有键按下
        {
            delay(5);                 //去抖延时
            temp=P3;                  //重新读 P3 口状态
            temp=temp&0xf0;           //重新与操作
            while(temp!=0xf0)         //重新判断是否有键按下
            {
                temp=P3;              //读取 P3 口当前状态赋给 temp
                switch(temp)          //利用 switch 判断哪个键被按下
                {
                    case 0x7e:num=0;break;
                    case 0xbe:num=1;break;
                    case 0xde:num=2;break;
                    case 0xee:num=3;break;
                }
                while(temp!=0xf0)     //等待按键释放
                {
                    temp=P3;
                    temp=temp&0xf0;
                }
                display(num);         //调用显示子函数显示
            }
        }
        P3=0xfd;                      //将第二行线置低电平
        temp=P3;
        temp=temp&0xf0;
        while(temp!=0xf0)
        {
            delay(5);
            temp=P3;
            temp=temp&0xf0;
            while(temp!=0xf0)
            {
                temp=P3;
                switch(temp)
                {
                    case 0x7d:num=4;break;
                    case 0xbd:num=5;break;
                    case 0xdd:num=6;break;
                    case 0xed:num=7;break;
                }
                while(temp!=0xf0)
                {
                    temp=P3;
```

```
                temp=temp&0xf0;
            }
            display(num);
        }
    }
    P3=0xfb;                              //将第三行线置低电平
    temp=P3;
    temp=temp&0xf0;
    while(temp!=0xf0)
    {
        delay(5);
        temp=P3;
        temp=temp&0xf0;
        while(temp!=0xf0)
        {
            temp=P3;
            switch(temp)
            {
                case 0x7b:num=8;break;
                case 0xbb:num=9;break;
                case 0xdb:num=10;break;
                case 0xeb:num=11;break;
            }
            while(temp!=0xf0)
            {
                temp=P3;
                temp=temp&0xf0;
            }
            display(num);
        }
    }
    P3=0xf7;                              //将第四行线置低电平
    temp=P3;
    temp=temp&0xf0;
    while(temp!=0xf0)
    {
        delay(5);
        temp=P3;
        temp=temp&0xf0;
        while(temp!=0xf0)
        {
            temp=P3;
            switch(temp)
            {
                case 0x77:num=12;break;
                case 0xb7:num=13;break;
                case 0xd7:num=14;break;
                case 0xe7:num=15;break;
            }
            while(temp!=0xf0)
            {
                temp=P3;
```

```
                temp=temp&0xf0;
            }
            display(num);
        }
    }
}
```

首先看主函数 main，只有一个大循环，循环里只有一条语句“keyscan();”。那么我们就找到 keyscan 键盘扫描子程序，它有 4 个相似的语句块组成，对应模块中 4 个行分别送低电平时的执行情况，我们只拿出第一个来分析一下，理解之后其他三个也就明白了。语句如下：

```
P3=0xfe;                         //将第一行线置低电平，其余行线为高电平
temp=P3;                         //读取 P3 口当前状态赋给 temp
temp=temp&0xf0;                  //temp 和 0xf0 相与后赋给 temp，检测 P3 口高四位状态
while(temp!=0xf0)                //检测是否有键按下
{
    delay(5);                    //去抖延时
    temp=P3;                     //重新读 P3 口状态
    temp=temp&0xf0;              //重新与操作
    while(temp!=0xf0)            //重新判断是否有键按下
    {
        temp=P3;                 //读取 P3 口当前状态赋给 temp
        switch(temp)             //利用 switch 判断哪个键被按下
        {
            case 0x7e:num=0;break;
            case 0xbe:num=1;break;
            case 0xde:num=2;break;
            case 0xee:num=3;break;
        }
        while(temp!=0xf0)        //等待按键释放
        {
            temp=P3;
            temp=temp&0xf0;
        }
        display(num);            //调用显示子函数显示
    }
}
```

其中“P3=0xfe;”即给 P3 赋 11111110，也就是给 P3.0 赋低电平，而其他三个引脚都赋高电平，根据模块中的连线，P3.0 对应第一行，即给第一行送了低电平，这与之前讲解的矩阵键盘扫描原理一致。“temp=P3;”意思是实时读取 P3 口当前状态赋给 temp，以便下一条语句使用。

“temp=temp&0xf0;” 将 temp 和 0xf0 与运算之后的值赋给 temp，为什么是和 0xf0 相“与”呢？主要目的是判断 temp 的高 4 位是否有 0，大家知道 temp 此时的值是 P3 口的电平状态，而 P3 口的高四位对应的是各列的值，可以通过判断 temp 和 0xf0 与运算后的结果是否为 0xf0 来判断出第一列按键是否有键被按下。因为如果有键按下 temp 的高 4 位就会有 0，那么和 0xf0 与运算后的结果肯定不等于 0xf0，而如果没有键被按下那么 temp 的高 4 位就不会有 0，则它和 0xf0 与运算后的结果仍然会等于 0xf0。

“while(temp!=0xf0)”就是上面 P3 口数据和 0xf0 与运算后结果的判断，如果 temp 不等于 0xf0，说明有键被按下，表达式“temp!=0xf0”为真，进入 while 循环；“delay(5);”作用大家都很熟悉了，去抖延时；去抖延时之后我们要重新做一下前面的那些判断，即“temp=P3;”去抖延时之后重新读一下 P3 口当前状态，“temp=temp&0xf0;”重新进行与操作，“while(temp!=0xf0)”

重新判断是否有键按下，如果 temp 仍然不等于 0xf0，这次就确定第一列确实有键被按下了，程序进入 while 内部语句；“temp=P3;” 读取 P3 口当前状态赋给 temp，然后用 switch 语句根据现在 temp 的值判断是哪一个键被按下。

在 switch 的内部语句第一句“case 0x7e:num=0;break;”，即如果当前 P3 口的值是 0x7e（即二进制的 01111110）执行此句给 num 赋 0，它代表的意思根据矩阵键盘接线可知是行线 1 和列线 4 都为低电平，而二者的交点就是第一个按键。同样的分析方法“case 0xbe:num=1;break;”中 0xbe 就是行线 1 和列线 3 都为低电平，二者交点就是第二个按键，下面两句意思你也就明白了，这样四个语句下来第一行的所有按键都被检测到了，每当检测有按键被按下之后，switch 语句会给变量 num 赋值，这个 num 值就对应我们所按键的键值，供显示子函数使用。

根据在独立键盘程序中的分析，switch 语句判断哪个按键被按下之后，要加上等待按键释放语句，在矩阵键盘扫描程序里这个等待按键释放语句是：

```
while(temp!=0xf0)
        {
            temp=P3;
            temp=temp&0xf0;
        }
```

即不断地读取 P3 口的数据，然后将此数据和 0xf0 进行与运算，只要结果不等于 0xf0 就说明按键没有被释放，表达式“temp!=0xf0”也一直为真，while 语句也就一直循环执行，直到按键被释放，程序才会跳出 while 语句。

等待按键释放之后，调用显示子函数进行键值的显示，再来一起看显示子函数：

```
void display(uchar num)       //显示子函数
{
    P2=0xfe;                  //位选信号，选中第一个数码管
    P0=duan[num];             //段选信号
}
```

这样第一行所有按键都被检测了一遍，之后的三行也是采用了同样的原理检测，从而使所有的按键都被检测了一遍，只要有键被按下，就能被检测到。当我们充分理解程序执行过程之后，把它下载到单片机中看一下结果，例如，按下 S5 按键，数码管对应显示键值 4，如图 8-10 所示，这与之前讲的“S1～S16 对应显示 0～F”符合。

注意：只有当松开按键时数码管才会显示对应的键值，这也与程序等待按键释放部分对应。

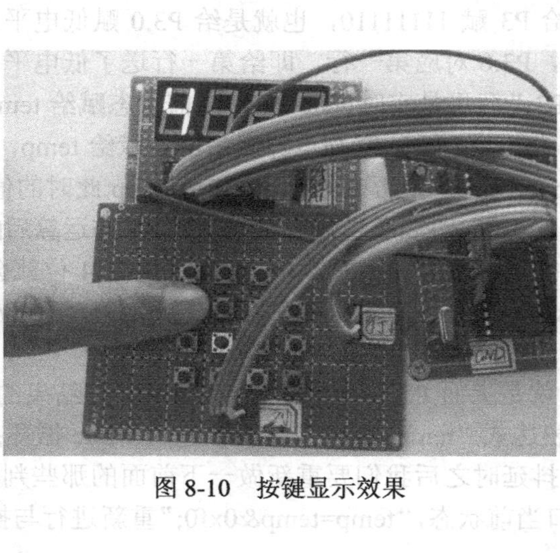

图 8-10 按键显示效果

第 9 章 单片机中断

单片机的中断是为了使单片机具有对外部或内部随机发生的事件进行实时处理而设置的，正因为中断功能的存在，单片机处理外部或内部事件的能力才得以很大程度的提高。中断是单片机最重要的功能之一，也是我们学习单片机必须要掌握的，本章主要学习单片机中断中常用的定时中断和外部中断。（注：本章与教学视频中的第 9 个《定时器中断》和第 10 个《外部中断》对应，大家可以将本章理论知识和视频教程结合起来学习）

9.1 中断概述

引起 CPU 中断的根源，称为中断源，也就是它向 CPU 提出了中断请求。普通的 51 单片机有 5 个中断源，而我们使用的 52 单片机中有 6 个中断源，比 51 单片机多了一个定时器/计数器 2 中断。52 单片机的这 6 个中断源可以分为两类，外部中断源和内部中断源，分类如下。

（1）外部中断源

$\overline{\text{INT0}}$：外部中断 0，来自 P3.2 引脚，采集到低电平或者下降沿时，产生中断请求。

$\overline{\text{INT1}}$：外部中断 1，来自 P3.3 引脚，采集到低电平或者下降沿时，产生中断请求。

（2）内部中断源

T0：定时器/计数器 0 中断，定时功能时，计数脉冲来自片内；计数功能时，计数脉冲来自片外由 P3.4 引脚引入。发生溢出回零时，产生中断请求。

T1：定时器/计数器 1 中断，定时功能时，计数脉冲来自片内；计数功能时，计数脉冲来自片外由 P3.5 引脚引入。发生溢出回零时，产生中断请求。

T2：定时器/计数器 2 中断，定时功能时，计数脉冲来自片内；计数功能时，计数脉冲可来自片内也可来自片外 P1.0 引脚引入。发生溢出回零时，产生中断请求。

TI/RI：串行口中断，为完成串行数据传送而设置，单片机完成接收或发送数据时，产生中断请求。

中断必须要有优先级，有了中断优先级，单片机遇到多个中断时就不用迟疑了，直接按照它们的优先级依次执行就可以了。在单片机中，优先级取决于它内部的一个特殊功能寄存器即中断优先级寄存器的设置情况，通过设置中断优先级寄存器，单片机就知道了它先执行哪个中断程序，另外，单片机中有一套默认的优先级，如表 9-1 所示。

中断序号大家一定要记牢，因为这个序号是编辑器识别不同中断的唯一符号！按照中断优先级别，高优先级中断可以打断低优先级中断形成中断嵌套，但低级中断对高级中断则不能形成中断嵌套。

表 9-1 52 单片机中断优先级别

中断源	默认优先级别	序号
$\overline{INT0}$（外部中断 0）	最高	0
T0（定时器/计数器 0 中断）	2	1
$\overline{INT1}$（外部中断 1）	3	2
T1（定时器/计数器 1 中断）	4	3
TI/RI（串行口中断）	5	4
T2（定时器/计数器 2 中断）	最低	5

快速充电站：中断相关寄存器

1. 中断允许寄存器 IE（表 9-2）

中断允许寄存器主要作用是设定各个中断源的打开和关闭，可以对它进行位寻址，也就是说可以对它的每一位单独进行操作，当单片机复位时 IE 会被全部清 0。它的各位定义如下：

表 9-2 中断允许寄存器 IE

位序号	D7	D6	D5	D4	D3	D2	D1	D0
位符号	EA	…	ET2	ES	ET1	EX1	ET0	EX0

（1）EA——全局中断允许位。

EA=1，打开全局中断控制，此时各个中断控制位可以控制相应中断的打开或关闭；EA=0，关闭全部中断，此时各个中断控制位控制无效。

（2）…——无效位

（3）ET2——定时器/计数器 2 中断允许位。

ET2=1，打开 T2 中断；T2=0，关闭 T2 中断。

（4）ES——串行口中断允许位。

ES=1，打开串行口中断；ES=0，关闭串行口中断。

（5）ET1——定时器/计数器 1 中断允许位。

ET1=1，打开 T1 中断；ET1=0，关闭 T1 中断。

（6）EX1——外部中断 1 中断允许位。

EX1=1，打开外部中断 1 中断；EX1=0，关闭外部中断 1 中断。

（7）ET0——定时器/计数器 0 中断允许位。

ET0=1，打开 T0 中断；ET0=0，关闭 T0 中断。

（8）EX0——外部中断 0 中断允许位。

EX0=1，打开外部中断 0 中断；EX0=0，关闭外部中断 0 中断。

通过上面的介绍，我们看出，全局中断允许位和各个中断控制位同时都赋 1 则打开相应中断，有一个赋为 0 则中断都不能打开，即若想通过某个中断控制位控制相应的中断打开或关闭，一定要打开全局中断控制即 EA=1，不然各个中断控制位的任何操作都是无效的。

2. 中断优先级寄存器 IP（表 9-3）

中断优先级可以由用户进行设置，我们上面讲的那个优先级别是单片机默认的，当用户没有重新设置中断优先级寄存器时单片机执行默认中断优先级别。中断优先级寄存器在特殊功能寄存器中，它的作用当然是设定各个中断源属于哪一级了。IP 和 IE 类似，也是可以进行位寻址的，即我们可以对它的每一位进行单独操作。同样，单片机复位时 IP 全部被清 0。IP 各位定义如下：

表 9-3　中断优先级寄存器 IP

位序号	D7	D6	D5	D4	D3	D2	D1	D0
位符号	…	…	…	PS	PT1	PX1	PT0	PX0

（1）…——无效位。

（2）PS——串行口中断优先级控制位。

PS=1，定义串行口中断为高优先级中断；PS=0，定义串行口中断为低优先级中断。

（3）PT1——定时器/计数器 1 中断优先级控制位。

PT1=1，定义定时器/计数器 1 中断为高优先级中断；PT1=0，定义定时器/计数器 1 中断为低优先级中断。

（4）PX1——外部中断 1 中断优先级控制位。

PX1=1，定义外部中断 1 为高优先级中断；PX1=0，定义外部中断 1 为低优先级中断。

（5）PT0——定时器/计数器 0 中断优先级控制住。

PT0=1，定义定时器/计数器 0 中断为高优先级中断；PT0=0，定义定时器/计数器 0 中断为低优先级中断。

（6）PX0——外部中断 0 中断优先级控制位。

PX0=1，定义外部中断 0 为高优先级中断；PX0=0，定义外部中断 0 为低优先级中断。

总之，以上各中断优先级控制位设置为 1 时表示高优先级，设置为 0 时表示低优先级。

9.2 定时器中断

我们之前用的延时语句其实就是实现定时的功能，这种靠执行一段循环程序来实现定时的方法称为软件定时法，不过这种方法占用 CPU，而且定时时间不宜太长。本节来学习另一种定时方法即硬件定时法，也就是采用定时器，通过系统时钟脉冲的计数来实现定时，其中计数值可由程序设定，改变计数值即可以改变定时时间。

对于使用的 52 单片机来说，它有三个定时器，分别为定时器 T0、定时器 T1、定时器 T2。它们不只有定时功能还有计数功能，可以通过设置与它们相关的特殊功能寄存器即定时器/计数器工作方式寄存器来选择启用定时功能还是计数功能。需要注意的是，这些定时器是单片机内部一个独立的硬件部分，它们与 CPU 和晶振通过内部某些控制线连接并相互作用，CPU 一旦设置开启定时功能后，定时器便在晶振的作用下自动开始计时，计满后，会自动产生中断并通知 CPU。

通过定时器/计数器工作方式寄存器 TMOD 来设置系统工作在定时状态还是计数状态，两种状态的区别是：定时功能时，计数脉冲来自片内；计数功能时，计数脉冲来自片外，是由引脚从外部引入的。简单来说，定时器/计数器工作在计数功能时主要是计算相应引脚送来多少个外部脉冲，由此可见，计数功能时外部脉冲来多少计数器就记多少。而定时功能就不同了，由于系统送来的脉冲是时钟振荡器输出脉冲 12 分频后的值，例如我们用的是 12MHz 的晶振，给定时器送来的脉冲频率为 1MHz，因此，单片机计数器的脉冲来自片内，它是对内部机器周期进行计数，因为 1 个机器周期等于 12 个振荡周期，即计数频率为晶振频率的 1/12，对于 12MHz 的晶振来说也正是 1MHz。

定时器/计数器的实质是加 1 计数器，这些计数器分别是由两个 8 位的寄存器 TLX 和 THX 组成的，每个计数器都是 16 位的计数器，最大的计数量也就是 2^{16}=65536。根据之前的分析，对于采用 12MHz 晶振的系统来说，它工作在定时状态时计数值 1 代表的时间就是 1/1MHz=1μs，由于 16 位计数器最大计数值为 65536，因此当计数值达到 65536 的时候再输入一个脉冲就会产生溢出，当计数器溢出时，就会使定时器/计数器控制寄存器 TCON 的相关溢出标志位产生变化，根据这个原理，单片机产生中断，然后在中断服务程序中处理需要完成的任务。

定时器/计数器工作的初始化设置步骤如下：

（1）对 TMOD 进行设置，以确定 T0 和 T1 的工作方式。

（2）装载初值，将初值写入 TH0、TL0 或 TH1、TL1 中。

（3）中断方式设置，即对中断允许寄存器 IE 进行设置，开启中断。

（4）对 TCON 进行设置，给 TR0 或 TR1 赋 1，启动定时器/计数器。

快速充电站：定时器/计数器相关寄存器

在使用单片机的定时器或计数器时，需要设置两个与定时器/计数器有关的寄存器即定时器/计数器工作方式寄存器 TMOD 和定时器/计数器控制寄存器 TCON，来确定工作方式、功能，控制 T0/T1 的启动、停止以及设置溢出标志。

1．定时器/计数器工作方式寄存器 TMOD（表 9-4）

TMOD 在特殊功能寄存器中，不能进行位寻址，不过可以用字节传送指令设置它的内容。TMOD 主要功能是确定定时器的工作方式和主要功能。TMOD 一共有 8 位，高 4 位用于设置定时器 1，低 4 位用于设置定时器 0。单片机复位时，TMOD 与其他寄存器一样会被全部清 0。它各位的定义如下：

表 9-4　定时器/计数器工作方式寄存器 TMOD

位序号	D7	D6	D5	D4	D3	D2	D1	D0
位符号	GATE	$C/\overline{T}$	M1	M0	GATE	$C/\overline{T}$	M1	M0
	定时器 1				定时器 2			

（1）GATE——门控制位。

GATE=0，定时器/计数器启动与停止仅受 TCON 寄存器中 TR0 和 TR1 来控制，只要 TR0 或 TR1 置 1，定时器/计数器就被选通。

GATE=1，定时器/计数器启动与停止由 TCON 寄存器中 TR0 或 TR1 以及外部中断引脚 $\overline{INT0}$ 或 $\overline{INT1}$ 上的电平状态来共同控制，只有 $\overline{INT0}$ 或 $\overline{INT1}$ 引脚为高电平且 TR0 或 TR1 置 1 时，相应的定时器/计数器才会启动。

（2）$C/\overline{T}$——定时器/计数器模式选择位。

$C/\overline{T}$=1，定义为计数器模式，计数脉冲来自外部。

$C/\overline{T}$=0，定义为定时器模式，输入脉冲来自内部，周期等于机器周期。

（3）M1M0——工作方式选择位。

M1M0 这两位可形成 4 种编码顺序，对应于定时器/计数器 4 种工作方式，如表 9-5 所示。

表 9-5　定时器/计数器 4 种工作方式

M1	M0	功能简介
0	0	方式 0：TLX 低 5 位与 THX 的 8 位构成 13 位计数器，计满溢出回零
0	1	方式 1：TLX 和 THX 构成 16 位计数器，计满溢出回零
1	0	方式 2:8 位自动重装载定时/计数器，TLX 溢出时，THX 的内容重新装载到 TLX
1	1	方式 3：对于 T0，分成 2 个 8 位计数器；对于 T1，停止计数

对于这 4 种工作方式，本章大家先掌握工作方式 1 即 16 位计数器即可，其他的我们以后再做应用。

2. 定时器/计数器控制寄存器 TCON

TCON 也是特殊功能寄存器并且可以进行位寻址，TCON 寄存器主要作用是控制定时器的启动、停止，并标志定时器溢出和中断情况。在单片机复位时，TCON 也会被全部清 0，它的各位定义如表 9-6 所示。

表 9-6　定时器/计数器控制寄存器 TCON

位序号	D7	D6	D5	D4	D3	D2	D1	D0
位符号	TF1	TR1	TF0	TR0	IE1	IT1	IE0	IT0

其中，TF1、TR1、TF0 和 TR0 位用于定时器/计数器；IE1、IT1、IE0 和 IT0 位用于外部中断。

（1）TF1——定时器 1 溢出标志位。

当定时器 1 计满溢出时，由硬件使 TF1 置 1，并且可申请中断，进入中断服务程序后，由硬件自动清 0。需要注意的是，如果使用中断方式，此位做中断申请标志位，进入中断服务后该位自动被硬件清零，不用人为去操作；如果使用软件查询方式，此位做状态位可供查询，当查询到该位置 1 后需要用软件清 0。

（2）TR1——定时器 1 运行控制位。

该位靠软件置位或清零。当 GATE=0 时，TR1 置 1 启动定时器 1，置 0 关闭定时器 1；当 GATE=1 且 $\overline{\text{INT1}}$ 为高电平时，TR1 置 1 启动定时器 1，置 0 关闭定时器 1。

（3）TF0——定时器 0 溢出标志，其功能及操作方法同 TF1。

（4）TR0——定时器 0 运行控制位，其功能及操作方法同 TR1。

（5）IE1——外部中断 1 请求标志位。

当 IT1=0 时，为电平触发方式，每个机器周期的 S5P2 采样 $\overline{\text{INT1}}$ 引脚，若 $\overline{\text{INT1}}$ 脚为低电平，则置 1，否则 IE1 清 0；当 IT1=1 时，$\overline{\text{INT1}}$ 为跳变沿触发方式，当第一个机器周期采样到 $\overline{\text{INT1}}$ 为低电平时，则 IE1 置 1，IE1=1，表示外部中断 1 正在向 CPU 申请中断，当 CPU 响应中断后，转向中断服务程序时，该位由硬件清 0。

（6）IT1——外部中断 1 触发方式选择位。

IT1=0，为电平触发方式，引脚 $\overline{\text{INT1}}$ 上低电平有效。IT1=1，为跳变沿触发方式，引脚 $\overline{\text{INT1}}$ 上的电平从高到低的负跳变有效。

（7）IE0——外部中断 0 请求标志，其功能及操作方法同 IE1。

（8）IT0——外部中断 0 触发方式选择位，其功能及操作方法同 IT1。

下面以定时/计数器 T0 工作在方式 1 为例讲解一下定时器/计数器的使用。根据工作方式的介绍，T0 工作在方式 1 时的计数器为 16 位，TL0 寄存器作为计数器的低 8 位，TH0 寄存器作为高 8 位。当 GATE=0、TR0=1 时，TL0 便在机器周期的作用下开始加 1 计数，当 TL0 计满后向 TH0 进一位本身清零继续计数，直到进位把 TH0 也计满，此时计数器溢出，置 TF0 为 1，接着向 CPU 申请中断，然后 CPU 接受中断并进行中断处理。在这种情况下，只要 TR0 为 1，那么计数就不会停止，这就是定时器 T0 的工作方式 1 的工作过程，其他 8 位定时器、13 位定时器的工作方式执行过程类似。

我们在使用定时器时要根据定时时间给两个寄存器 TL0 和 TH0 装入初值，接下来我们看一下如何计算定时器的初值。根据计数器工作过程，它一旦启动，便在原来的数值上开始加 1 计数，若在程序开始时，没有设置 TH0 和 TL0，它们的默认值都是 0，如时钟频率为 12MHz，12 个时钟周期为一个机器周期，那么此时机器周期就是 1μs，计满 TH0 和 TL0 就需要 $2^{16}-1$ 个数，再来一个脉冲计数器溢出，随即向 CPU 申请中断。因此，溢出一次共需 65536μs，约等于 65.5ms，如果我们要定时 50ms，那么就需要先给 TH0 和 TL0 装一个初值，在这个初值的基础上计 50000 个数后到 65536，定时器溢出，此时刚好就是 50ms 中断一次。而如果不装入初值，计数器就从默认初值 0 开始往上加，加到 50000，本该申请中断，可计数器没有溢出无法申请，所以，不能从 0 开始计数而必须装入初值。要计 50000 个数时，TH0 和 TL0 中应该装入的总数是 65536-50000=15536，把 15536 对 256 求模：15536/256=60 装入 TH0 中，把 15536 对 256 求余：15536%256=176 装入 TL0 中，这样就完成了初值的装载。

所以，当用定时器的工作方式 1 时，设机器周期为 Tcy，定时器产生一次中断的时间为 t，那么需要计数的个数 N=t/Tcy，装入 THX 和 TLX 中的数分别为：

```
THX=(65536-N)/256
TLX=(65536-N)%256
```

对于系统板使用的 12MHz 晶振来说，机器周期为 12×(1/12)=1μs，定时多少 μs，那么 N 就等于多少，例如，定时 20ms，又 20ms=20000μs，所以初值 N 就等于 20000，采用 12MHz 晶振的好处就在于此，不过大家使用时要注意时间单位。

下面来讲解一下中断服务程序的编写方式。中断服务程序格式如下：

```
void 函数名 () interrupt 中断序号 using 工作组
   {
   中断服务程序内容
   }
```

程序最前面为 void，也就是说中断函数不返回任何值，紧随其后为函数名，只要不与 C 语言中的关键字相同，这个名字可以随便起。由于中断函数不带任何参数，因此函数名后面的小括号内为空，然后是 interrupt，中断的意思，之后的中断序号指单片机中几个中断源的序号，这个序号是编辑器识别不同中断的唯一符号，因此在写中断服务程序时务必要写正确，中断序号如表 9-7 所示。

最后面的“using 工作组”是指这个中断函数使用单片机内存中 4 组工作寄存器中的哪一组，而编译器在编译程序时会自动分配工作组，因此最后这句话可以省略不写。

表 9-7 中断序号

中断源	序号
$\overline{\text{INT0}}$（外部中断 0）	0
T0（定时器/计数器 0 中断）	1

续表

中断源	序号
$\overline{INT1}$（外部中断 1）	2
T1（定时器/计数器 1 中断）	3
TI/RI（串行口中断）	4
T2（定时器/计数器 2 中断）	5

下面就把上面所学的知识实际应用一下，揭开单片机中断的神秘面纱。要求：利用定时器 T0 的工作方式 1，让 P1 口亮灯模块 8 个灯以 1s 间隔闪烁。

示例程序如下：

```
#include<reg52.h>
unsigned int num;
void main()
    {
        TMOD=0x01;                  //设置定时器 0 工作方式 1
        TH0=(65536-50000)/256;  //赋初值,在初值基础上计 50000 个数后定时器溢出,用时 50ms
        TL0=(65536-50000)%256;
        EA=1;                       //开总中断
        ET0=1;                      //开定时器 0 中断
        TR0=1;                      //启动定时器 0
        while(1)
        {
            if(num==20)             //判断 num 是否计到 20 次，20 个 50ms 即为 1s
            {
                num=0;              //num 归零
                P1=~P1;             //对 P1 取反
            }
        }
    }
void time0()interrupt 1             //定时器 0 中断序号 1
    {
        TH0=(65536-50000)/256;      //重新装入初值，保证每次中断都是 50ms
        TL0=(65536-50000)%256;
        num++;                      //每次进入中断 num 自加 1
    }
```

我们来看一下程序的执行情况，进入主函数后，首先是对定时器和中断有关的寄存器初始化，这个大家应该都会了，初始化后，程序进入“while(1)”执行大循环，中断服务程序不同于子程序，中断服务程序是独立于主函数之外的，可以说与主函数齐头并进，一起运行着。定时器一旦开启，就开始计数，当计数溢出时，自动进入中断服务程序执行内部语句，也就是 num 自加 1，而 while 循环里的 if 语句也在一直检测着 num 的值等待它变成 20 执行相应操作，所以说中断服务程序和主函数之间存在着配合的关系，二者同时运行着。另外，由于定时器只有 16 位，对于 12MHz 的晶振计满也就 65.536ms，无法一次性计 1s，所以就采用了分 20 次计，每次计 50ms 的方法。

理解程序的执行过程后，根据 I/O 口分配连接一下电路，把它下载到系统板上看看运行结果吧，如图 9-1 所示。

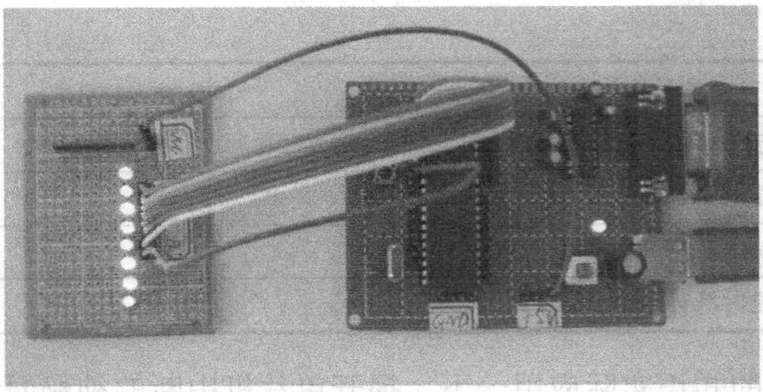

图 9-1 P1 口亮灯模块 8 个灯 1s 间隔闪烁实验抓拍图

我们之所以使用定时器，很大程度上是因为它计时准确，上面的例子没有很好地体现出来，我们完全可以用定时器做一个时钟出来，不过现在所做的显示模块只有一个四位一体的数码管，而显示时分秒及两者之间的间隔符总共需要 8 位数码管，根据现状我们还是做一个 10 分钟循环计数器吧。例如 2 分 55 秒显示效果为“2-55”，数码管四位都用到了，当记到“9-59”时再返回到“0-00”重新计时，尝试着编写一下程序。视频教程中做的是 60 秒循环计数器，大家也可以先看看那个程序是如何编写的。

示例程序如下：

```
/*利用定时器 T0 的工作方式 1 实现四位数码管 10 分钟循环计时*/
#include<reg52.h>
#define uchar unsigned char
#define uint unsigned int
uchar code duan[]={0x3f,0x06,0x5b,0x4f,0x66,0x6d,0x7d,0x07,0x7f,0x6f};
uchar shi,ge;
uint num1,num2,num3;
void display();                      //显示子函数声明
void delay(uint);                    //延时子函数声明
void main()
{
    TMOD=0x01;                       //设置定时器 0 工作方式 1
    TH0=(65536-50000)/256;           //赋初值,在初值基础上计 50000 个数后定时器溢出,用时 50ms
    TL0=(65536-50000)%256;
    EA=1;                            //开总中断
    ET0=1;                           //开定时器 0 中断
    TR0=1;                           //启动定时器 0
    while(1)
    {
        display();                   //调用显示子函数
    }
}
void delay(uint x)                   //延时子函数
{
  uint i,j;
  for (i=x;i>0;i--)
    for (j=123;j>0;j--);
}
void display()                       //显示子函数
  {
```

```
        P2=0xfe;                          //数码管第一位
        P0=duan[num3];                    //给第一位送分值段码
        delay(2);
        P2=0xfd;                          //数码管第二位
        P0=0x40;                          //第二位显示"-"
        delay(2);
        P2=0xfb;                          //数码管第三位
        P0=duan[shi];                     //给第三位送秒值十位数段码
        delay(2);
        P2=0xf7;                          //数码管第四位
        P0=duan[ge];                      //给第四位送秒值个位数段码
        delay(2);
    }
  void T0_time()interrupt 1               //定时器 0 中断
  {
     TH0=(65536-50000)/256;               //重新装入初值保证每次中断都为 50ms
     TL0=(65536-50000)%256;
     num1++;
     if(num1==20)                         //1s 时间到
     {
       num1=0;
       num2++;
       if(num2==60)                       //1 分钟时间到
       {
           num2=0;
           num3++;
           if(num3==10)                   //10 分钟时间到
               num3=0;
         }
     }
     shi=num2/10;                         //求模运算，即求出 num2 中有多少个整数倍 10
     ge=num2%10;                          //求余运算，即求出 num2 中除去整数倍 10 后的余数
  }
```

其实无论是 1 秒还是 1 分、10 分、1 小时时间到时 if 语句判断都差不多，不过要注意 if 语句的嵌套和逻辑关系。在中断服务程序中，最后有这么两句：

```
shi=num2/10;        //求模运算，即求出 num2 中有多少个整数倍 10
ge=num2%10;         //求余运算，即求出 num2 中除去整数倍 10 后的余数
```

根据程序注释，这两句的作用是把一个两位数分离成两个一位数。我们知道数码管只能一位一位地显示，不可能在一个数码管上同时显示两位数，因此这个操作是必需的。如果我们要把一个 3 位数分离成 3 个一位数，同样可用这样的方法：

```
bai=num/100;
shi=num%100/10;
ge=num%10;
```

连接电路（数码管模块与系统板接法与第 7 章相同），然后把程序下载到单片机中看一下运行结果，如图 9-2 所示。

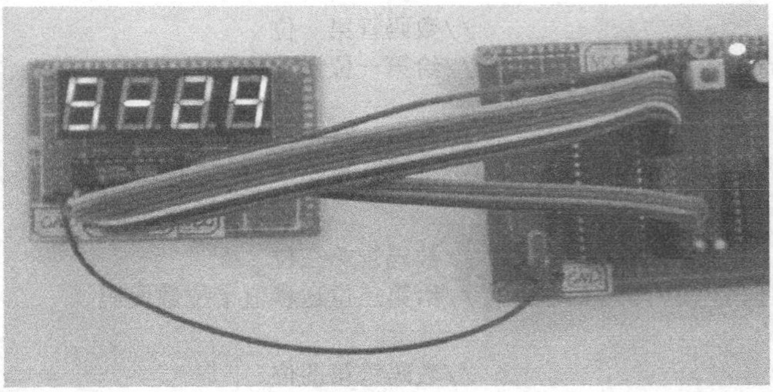

图 9-2 10 分计时器图

9.3 外部中断

通过前面对中断知识的学习，我们知道根据中断的来源可以把中断分为内部中断和外部中断两类。上一节的定时器中断属于内部中断，这一节来看一下外部中断如何实现。

首先，来重新认识一下外部中断的两个中断源：外部中断 0——中断信号来自 $\overline{INT0}$（P3.2 引脚），采集到低电平（电平触发）或者下降沿（边沿触发）时，产生中断请求；外部中断 1——中断信号来自 $\overline{INT1}$（P3.3 引脚），采集到低电平或者下降沿时，产生中断请求。

这里外部中断有两种触发方式：电平触发和边沿触发。选择电平触发时，单片机在每个机器周期检查中断源引脚，检测到低电平，即置位中断请求标志，向 CPU 请求中断；选择边沿触发方式时，单片机在上一个机器周期检测到中断源引脚为高电平，下一个机器周期检测到低电平，即检测到下降沿时置位中断标志，请求中断。两种触发方式原理很好理解，但应用时需要特别注意如下几点：

（1）电平触发方式时，中断标志寄存器不锁存中断请求信号，也就是说，单片机把每个机器周期的 S5P2 采样到的外部中断源引脚的电平逻辑直接赋值到中断标志寄存器，标志寄存器对于请求信号来说是透明即实时传输的，这样当中断请求被阻塞而没有得到及时响应时，将被丢失。换句话说，要使电平触发的中断被 CPU 响应并执行，必须保证外部中断源引脚的低电平维持到中断被执行为止，因此当 CPU 正在执行同级中断或更高级中断期间，产生的外部中断源（产生低电平）如果在该中断执行完毕之前被撤销（变为高电平）了，那么将得不到响应，就如同没发生一样，同样，当 CPU 在执行不可被中断的指令时，产生的电平触发中断如果时间太短，也得不到执行。

（2）边沿触发方式时，中断标志寄存器锁存了中断请求，中断源引脚上一个从高到低的跳变将记录在标志寄存器中，直到 CPU 响应并转向该中断服务程序时，由硬件自动清除，因此当 CPU 正在执行同级中断（甚至是外部中断本身）或高级中断时，产生的外部中断即负跳变同样将被记录在中断标志寄存器中，在同级或上级中断退出后，将被响应执行，如果不希望这样，必须在中断退出之前，手工清除外部中断标志。

（3）中断标志可以手工清除，一个中断如果在没有得到响应之前就已经被手工清除，则该中断将被 CPU 忽略，就如同没有发生一样。

（4）选择电平触发还是边沿触发方式应从系统使用外部中断的目的上去考虑，而不是如许多资料上说的根据中断源信号的特性来取舍。

如同定时器中断，在程序开始时我们也要对外部中断相关寄存器进行设置。

（1）设置中断允许寄存器 IE，开放总中断 EA=1，开放外部中断 1 或外部中断 0 即设置 EX1=1 或 EX0=1。

（2）设置定时器/计数器控制寄存器 TCON，我们知道 TCON 的高四位用于定时器/计数器，低四位用于外部中断，分别为外部中断 1 请求标志位 IE1、外部中断 1 触发方式选择位 IT1、外部中断 0 请求标志位 IE0 和外部中断 0 触发方式选择位 IT0。IE1、IE0 由硬件操作，不用设置。我们主要通过中断触发方式选择位来设置触发方式即可，IT1=1、IT0=1 时为边沿触发，IT1=0、IT0=0 时为电平触发，因为边沿触发方式时，中断标志寄存器锁存了中断请求，所以用边沿触发方式设置 IT1=1 或 IT0=1。

下面就实际练习一下外部中断：尝试编程实现流水灯左右循环移动，当有外部中断信号时，正在发亮的 LED 灯灭，其他灯全亮。

下面给出示例程序：

```
/*流水灯左右循环移动，当有外部中断信号时,正在发亮的 LED 灯灭，其他灯全亮*/
#include<reg51.h>               //头文件
#include<intrins.h>             //移位函数库头文件
#define uint unsigned int
#define uchar unsigned char
uint num;
uchar aa;
void delay(uint);               //延时子函数声明
void main()
{
    EA=1;                       //开总中断
    EX0=1;                      //开外部中断 0
    IT0=1;                      //外部中断 0 边沿触发，引脚 INT0 上的电平从高到低的负跳变有效
  while(1)
   {
        aa=0xfe;
        for (num=0;num<8;num++)      //执行八次
        {
            P1=aa;                   //P1 口作为数据口
            delay(200);
            aa=_crol_(aa,1);         //aa 循环左移
        }
      aa=0x7f;
      for (num=0;num<8;num++)
      {
            P1=aa;
            delay(200);
            aa=_cror_(aa,1);         //aa 循环右移
      }
    }
}
void delay(uint x)                   //延时子函数，延时 x 毫秒
{
    uint i,j;
    for(i=x;i>0;i--)
        for(j=123;j>0;j--);
}
```

```
void waibu0() interrupt 0                //外部中断 0，中断序号 0
{
    P1=～P1 ;                            //取反实现正在发亮的 LED 灯灭，其他灯全亮要求
    while (1);                           //程序停在此处，方便观察现象
}
```

大家看到在本程序中，使用的是外部中断 0，触发方式为边沿触发，流水灯程序大家也都会编写。程序根据 I/O 口分配关系把 P1 口亮灯模块与单片机系统板连接起来，但外部中断信号怎么给呢？我们只要一个信号，而且需要的是下降沿，所以用一个独立按键就能满足要求，把第一个按键的行线接外部中断 0 中断信号来源引脚 P3.2，列线接 GND 就可以了，把程序下载到单片机中观察一下运行结果。连接方式及结果如图 9-3 所示，有外部中断时刚好执行到最后一个绿色灯，所以绿色灯灭，其余灯全亮。

图 9-3　单片机外部中断实验图

第 10 章

A/D 转换模块

模拟量（Analog Quantity）是指在时间上和数值上都连续的物理量，它可以是电压、电流等电信号，也可以是压力、温度、湿度、位移、声音等非电信号。由于模拟量在一定范围内连续变化，因此它在一定范围内可以取任意值。而数字量（Digital Quantity）就不同了，它属于分立量不是连续变化量，即它在时间上和数量上都是离散的，只能取几个分立值，在二进制中数字变量也只能取两个值 0、1。在单片机中常用的模拟量有模拟电压和模拟电流等，而单片机系统内部运算时采用的全部是二进制数字量 0 和 1，以此来看，要想用单片机处理模拟量，必须将模拟量转换成数字量，这就用到了 A/D 转换。本章以模/数转换芯片 ADC0809 为例，讲解一下 A/D 转换的原理。（注：本章与教学视频中的第 11 个《A/D 转换》对应，大家可以将本章理论知识和视频教程结合起来学习）

10.1 A/D 转换原理及电路图解析

要把模拟量转化为数字量一般要经过四个步骤，分别称为采样、保持、量化、编码，如图 10-1 所示。大家知道模拟量可以是电压、电流等电信号，也可以是压力、温度、湿度、位移、声音等非电信号，但有一点需要强调，在 A/D 转换前，输入到 A/D 转换器的输入信号必须经各种传感器把各种物理量转换成电压信号，再看图 10-1 所示的 A/D 转换过程，首先对输入的模拟电压信号进行采样，然后把所采样本保持，在样本保持时间内将所采电压量转化为数字量，并按一定的编码形式给出转换结果，即数字信号。

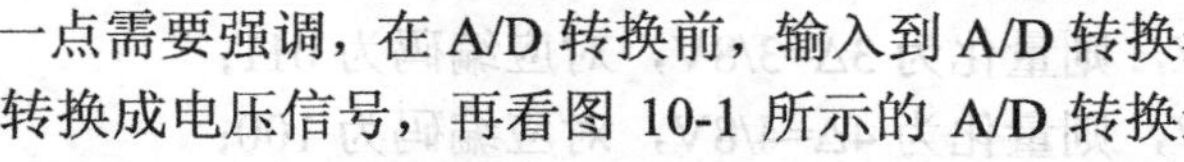

图 10-1 A/D 转换过程

10.1.1 采样和保持

A/D 转换是将连续的模拟量转变成离散的数字量，为了获得离散的数字量，我们要在模拟量中选择一系列的瞬间，然后对信号进行采样，但这些瞬间不是随便选的，为了准确地用采样信号反应模拟信号的整体情况要遵循一定的规律即采样定理，即为了不失真地恢复原始信号，采样频率至少应是原始信号最高有效频率的两倍，表达式如下：

$f_s \geqslant 2f_{imax}$（f_s 为采样频率，f_{imax} 为输入模拟信号的最高频率分量的频率）

但采样频率也不可以无限制地提高，因为采样频率提高以后，留给 A/D 转换器每次进行转换的时间就会缩短，这就要求转换电路必须具备更快的工作速度，通常取 $f_s=(3\sim5)f_{imax}$ 就可以满足要求。

采样电压转换为相应的数字量需要一定的时间，所以在每次采样以后，我们必须把采样电压保持一段时间。如图 10-2 所示，在 $t_0\sim t_1$ 阶段，电路处于采样阶段；在 $t_1\sim t_2$ 阶段，电路处于保持阶段。

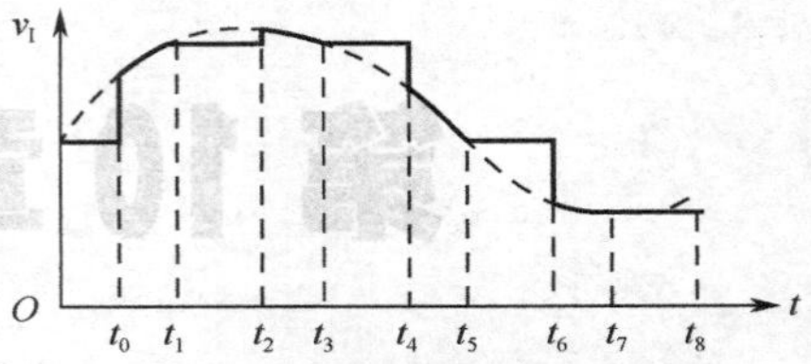

图 10-2 采样保持示意图

10.1.2 量化和编码

量化是将采样、保持后的信号幅值转化成某个最小数量单位（量化间隔）的整数倍的过程；编码就是把量化的数值用二进制代码表示，这个二进制代码就是 A/D 转换的输出信号。

例如，有一模拟信号，幅值范围为 0～1V，要转化为 3 位二进制代码，量化、编码的过程如下。

（1）确定量化间隔。

量化间隔计算公式如下：

$$1\,\text{LSB}=\frac{\text{模拟输入电压范围}}{\text{分割数}}=\frac{V_{\text{FSV}}}{2^n}$$

LSB 表示最小数量单位Δ。根据已知 $V_{\text{FSV}}=1\text{V}$，$n=3$，带入公式得量化间隔为 1LSB=1/8V，得到 8 个量化电平分别为 0V、1/8V、2/8V、3/8V、4/8V、5/8V、6/8V、7/8V。

（2）将连续的模拟电压近似成分散的量化电平。

① 只舍不入量化方式（截断量化方式）

如果 0V≤v_I<1/8V，则量化为 0Δ=0V，对应编码为 000；

如果 1/8V≤v_I<2/8V，则量化为 1Δ=1/8V，对应编码为 001；

如果 2/8V≤v_I<3/8V，则量化为 2Δ=2/8V，对应编码为 010；

如果 2/8V≤v_I<3/8V，则量化为 3Δ=3/8V，对应编码为 011；

如果 3/8V≤v_I<4/8V，则量化为 4Δ=4/8V，对应编码为 100；

如果 4/8V≤v_I<5/8V，则量化为 5Δ=5/8V，对应编码为 101；

如果 5/8V≤v_I<6/8V，则量化为 6Δ=6/8V，对应编码为 110；

如果 6/8V≤v_I<7/8V，则量化为 7Δ=7/8V，对应编码为 111。

经量化后的信号幅值均为量代间隔的整数倍，在量化过程中会产生误差，称为量化误差。最大量化误差Δ=1/8V。

② 四舍五入量化方式（舍入量化方式）

取两个离散电平中的相近值作为量化电平：

如果 0V≤v_I<1/16V，则量化为 0Δ=0V，对应编码为 000；

如果 1/16V≤v_I<3/16V，则量化为 1Δ=1/8V，对应编码为 001；

如果 3/16V≤v_I<5/16V，则量化为 2Δ=2/8V，对应编码为 010；

……

如果 13/16V≤v_I<15/16V，则量化为 7Δ=7/8V，对应编码为 111。

我们看到这种方法把每个二进制代码所代表的模拟电压值规定为它所对应的模拟电压范

围的中点，所以，其量化误差为 1/2Δ=1/16V，与截断量化方式相比量化误差缩小了一半。在实际的模/数转化器 ADC 中，大多采用四舍五入量化方式，这种方式量化误差随着 ADC 的位数增加而减小。

A/D 转换器的类型：积分型、逐次逼近型、并行比较型/串并行型、Σ-Δ 调制型、电容阵列逐次比较型及压频变换型等。逐次逼近式 A/D 是比较常见的一种 A/D 转换电路，转换时间为微秒级，这里主要介绍逐次逼近型 A/D 转换器。逐次逼近型 A/D 转换器是由一个比较器、D/A 转换器、缓冲寄存器及控制逻辑电路组成，基本原理是从高位到低位逐位试探比较，好像用天平秤称物体，从重到轻逐级增减砝码进行试探，例如有 4 个砝码共重 15g，每个重量分别为 8g、4g、2g、1g，设待称重量为 13g，采用逐次逼近法称重的方法如表 10-1 所示。

表 10-1　逐次逼近称重方法

顺序	砝码重	比较判断	暂时结果
1	8g	8g<13g 保留	8g
2	8+4g	12g<13g 保留	12g
3	8+4+2g	14g>13g 撤销	12g
4	8+4+1g	13g=13g 保留	13g

在 A/D 转换中逐次逼近法转换过程是：初始化时将逐次逼近寄存器各位清零，转换开始时，先将逐次逼近寄存器最高位置 1，送入 D/A 转换器，经 D/A 转换后生成的模拟量送入比较器称为 V_o，V_o 与送入比较器的待转换的模拟量 V_i 进行比较，若 $V_o<V_i$，该位 1 被保留，否则被清除；然后再置逐次逼近寄存器次高位为 1，将寄存器中新的数字量送 D/A 转换器，输出的 V_o 再与 V_i 比较，若 $V_o<V_i$，该位 1 被保留，否则被清除；重复此过程，直至逼近寄存器最低位。转换结束后，将逐次逼近寄存器中的数字量送入缓冲寄存器，得到数字量的输出，逐次逼近的操作过程是在一个控制电路的控制下进行的。其优点是速度较高、功耗低，在低分辨率（一般小于 12 位）时价格便宜，但高精度（大于 12 位）时价格很高，本模块选用的 ADC0809 就是逐次逼近型 A/D 转换器，8 位，价格相对比较便宜。

A/D 转换器的参数指标有以下几个。

（1）分辨率：A/D 转换器的分辨率以输出二进制数的位数表示，它说明 A/D 转换器对输入信号的分辨能力。从理论上讲，n 位输出的 A/D 转换器能区分 2^n 个不同等级的输入模拟电压，能区分输入电压的最小值为满量程输入的 $1/2^n$。在最大输入电压一定时，输出位数越多，量化单位越小，分辨率越高。常用的有 8、10、12、16、24、32 位等。例如，我们选用 ADC0809 输出为 8 位二进制数，假设输入信号最大值为 5V，那么这个转换器应能区分输入信号的最小电压为 19.53mV($5V\times 1/2^8$=19.53mV)。再如，某 A/D 转换器输入模拟电压的变化范围为−10～+10V，转换器为 8 位，若第一位用来表示正、负号，其余 7 位表示信号幅值，则最末一位数字可代表 80mV 模拟电压($10V\times 1/2^7$=80mV)，即转换器可以分辨的最小模拟电压为 80mV。而同样情况下，用一个 10 位转换器能分辨的最小模拟电压为 20mV($10V\times 1/2^9$=20mV)。

（2）转换误差：它表示 A/D 转换器实际输出的数字量与理论输出数字量之间的差别。在理想情况下，输入模拟信号所有转换点应当在一条直线上，但实际的特性不能做到输入模拟信号所有转换点在一条直线上，转换误差是指实际的转换点偏离理想特性的误差，一般用最低有效位来表示。例如，给出相对误差≤±LSB/2，这就表明实际输出的数字量和理论上应得到的输出数字量之间的误差小于最低位的一半。注意，在实际使用中当使用环境发生变化时，转换误差也将发生变化。

（3）转换精度：它是 A/D 转换器的最大量化误差和模拟部分精度的共同体现。根据前面量化、编码部分的分析，具有某种分辨率的转换器在量化过程中如果采用了四舍五入的方法，那么其最大量化误差应为分辨率数值的一半。如上例中 8 位转换器最大量化误差应为 40mV(80mV×0.5=40mV)，全量程的相对误差则为 0.4%(40mV/10V×100%)。可见，A/D 转换器数字转换的精度由最大量化误差决定。实际上，许多转换器末位数字并不可靠，实际精度还要低一些。

由于含有 A/D 转换器的模/数转换模块，通常包括有模拟处理和数字转换两部分，因此整个转换器的精度还应考虑模拟处理部分(如积分器、比较器等)的误差。一般转换器的模拟处理误差与数字转换误差应尽量处在同一数量级，总误差则是这些误差的累加和。例如，一个 10 位 A/D 转换器用其中 9 位计数时的最大相对量化误差为 29×0.5≈0.1%，若模拟部分精度也能达到 0.1%，则转换器总精度可接近 0.2%。

（4）转换时间：它指 A/D 转换器从转换控制信号到来开始，到输出端得到稳定的数字信号所经过的时间。不同类型的转换器转换速度相差甚远，其中并行比较 A/D 转换器转换速度最高，8 位二进制输出的单片集成 A/D 转换器转换时间可达 50ns 以内。逐次比较型 A/D 转换器次之，它们多数转换时间在 10～50μs 之间，也有达几百纳秒的。间接 A/D 转换器的速度最慢，如双积分 A/D 转换器的转换时间大都在几十毫秒至几百毫秒之间。在实际应用中，应从系统数据总的位数、精度要求、输入模拟信号的范围及输入信号极性等方面综合考虑 A/D 转换器的选用。

10.1.3 电路图原理解析

A/D 转换模块电路图如图 10-3 所示。

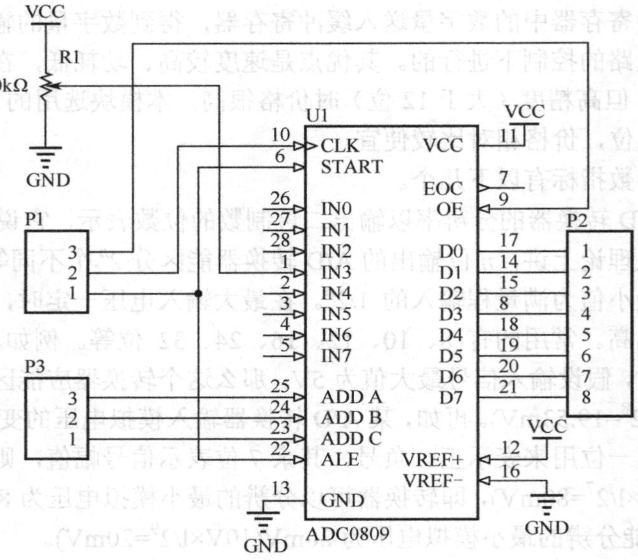

图 10-3 A/D 转换模块电路图

首先，看电路图左上角，R1 表示 10kΩ滑动变阻器 103，两端引脚分别接至 VCC 和 GND，然后将中间引脚接至 ADC0809 模拟信号输入第 3 通道 IN3，这种接法就是分压式。当然也可以将滑动变阻器中间引脚接至其他通道，然后，通过程序设定所连接的通道，我们连接通道 3 是因为它是 ADC0809 的第一引脚，在电路焊接时比较方便，图中 P1、P2、P3 是各引脚连接的单排插针，把这些引脚连接插针集中起来方便以后的线路连接，11 脚 VCC、12 脚 VREF+一起接至+5V 电源 VCC，13 脚 GND、16 脚 VREF-一起连接至电源地 GND。

了解了 ADC0809 和滑动变阻器之后，按照电路图先在万能板上摆放一下器件，确定了布局之后就可以开始焊接电路，A/D 转换模块焊好之后如图 10-4 和图 10-5 所示，电路焊好之后还是要例行检查一下，检测通断、短路情况，保证焊接质量。

图 10-4　A/D 转换模块

图 10-5　A/D 转换模块背部走线

10.2　所需器件

10.2.1　滑动变阻器

滑动变阻器（也称为电位器）是电学中常用器件之一，它的工作原理是通过改变接入电路部分电阻线的长度来改变电阻，其电阻丝一般是熔点高，电阻大的镍铬合金。在电路设计中，滑动变阻器按照不同接法既可以作为一个定值电阻，也可以作为一个变值电阻。

提起滑动变阻器或许我们会想到如图 10-6 所示的模样，它由接线柱、滑片、电阻丝、金属杆和瓷筒等五部分组成。它就是典型的滑动变阻器，也是我们在初、高中学习的第一款滑动变阻器，其实，滑动变阻器在我们日常生活中十分常见，例如音响上调节音量大小的旋钮，台灯上调节灯光亮度的旋钮，调节电烫斗的温度的旋钮等，此外，汽车上的油量表、过磅称的称重仪等也都利用了滑动变阻器。

图 10-6　滑动变阻器

滑动变阻器在电路中的作用主要有以下三点：

（1）保护电路：即连接好电路，开关闭合前，应调节滑动变阻器的中间滑片，使滑动变阻器接入电路部分的电阻最大。

（2）限制电流：通过改变接入电路部分的电阻来改变电路中的电流，从而改变与之串联的导体即用电器两端的电压，在连接滑动变阻器时，要求“一上一下”，各用一个接线柱，这样才能起到“变阻”的作用。

（3）分压：探究欧姆定律时，起到改变与其串联的用电器两端电压同时也改变自身电压的

图 10-7 滑动变阻器 103

作用，本模块中就是采用了它的这种作用。

本模块使用的当然不是图 10-6 所示的笨重大变阻器，现在的滑动变阻器都做得很小，如我们使用的 103 变阻器如图 10-7 所示。

图中黄色带缺口铜柱就是滑动变阻器电阻调节部分，我们通过旋转它来实现阻值的调节。铜柱旁边标注 103 即此滑动变阻器全部接入时的总电阻 10×103 即 10kΩ，同理阻值为 1kΩ的变阻器标注应该为 102，大家看到这种变阻器有三个引脚，中间引脚相当于图 10-6 中老式变阻器的中间滑片，两端的引脚相当于电阻丝的两端，在实际使用时可以根据要求选择不同接法，接法有以下两种：

（1）限流式：当待测器件电阻接近滑动变阻器电阻或者为节约能源、简化电路时可选用这种接法，如图 10-8 所示。

（2）分压式：当待测器件电阻远大于或远小于滑动变阻器电阻或者实验要求待测器件电流及其两端电压可变范围较大甚至可以由 0 开始连续变化时，可以采用分压式接法，如图 10-9 所示。本模块就是要求器件两端电压可变范围较大而且由 0 开始连续变化，所以采用分压式接法，将 103 滑动变阻器两端引脚一个接至 VCC，另一个接至 GND，然后将中间引脚作为模拟电压信号输入接至 A/D 转换器。

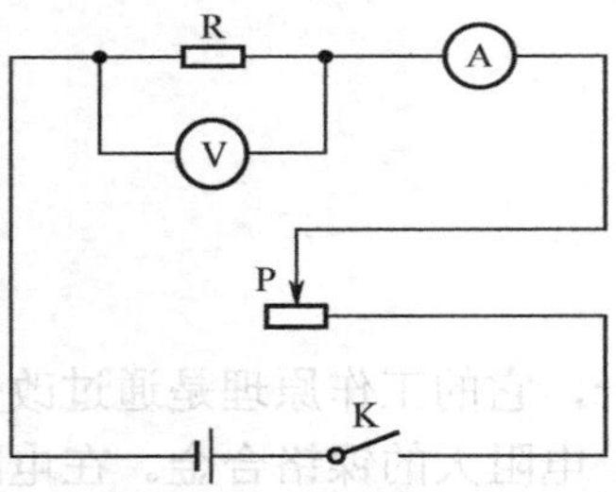

图 10-8 限流式接法

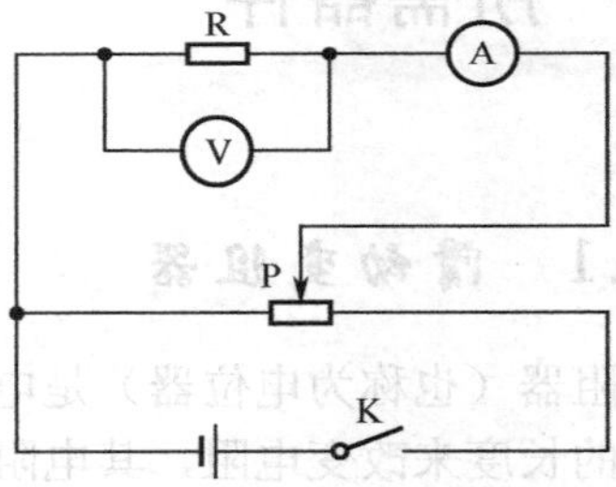

图 10-9 分压式接法

10.2.2 ADC0809

ADC0809 是采样分辨率为 8 位的、以逐次逼近原理进行模/数转换的 CMOS 电路集成芯片，其内部有一个 8 通道多路开关，它可以根据地址码锁存译码后的信号，只选通 8 路模拟输入信号中的一个进行 A/D 转换，根据其 datasheet 可以知道它有以下特性：

（1）8 路输入通道，8 位 A/D 转换器，即分辨率为 8 位；

（2）具有转换起停控制端；

（3）转换时间为 100μs；

（4）单个+5V 电源供电；

（5）模拟输入电压范围 0～+5V，不需零点和满刻度校准；

（6）工作温度范围为-40～+85℃；

（7）低功耗，约 15mW。

本模块采用的 ADC0809 为双列直插式封装，共 28 只引脚，其外观和引脚定义如图 10-10 和图 10-11 所示。

图 10-10 ADC0809 芯片

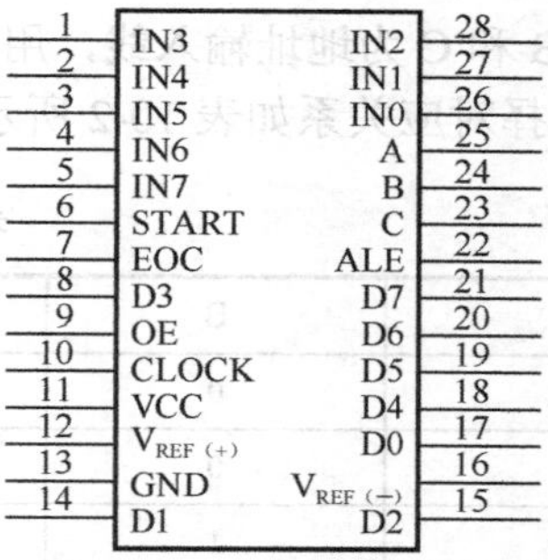

图 10-11 ADC0809 引脚图

各引脚功能如下：

（1）IN7～IN0：模拟量输入通道。

（2）START：转换启动信号，START 上升沿时，复位 ADC0809；START 下降沿时启动芯片，开始进行 A/D 转换。在 A/D 转换期间，START 应保持低电平。本信号有时简写为 ST。

（3）EOC：转换结束信号，EOC=0，正在进行转换；EOC=1，转换结束。使用中该状态信号即可作为查询的状态标志，又可作为中断请求信号使用。

（4）D7～D0：数据输出线，为三态缓冲输出形式，可以和单片机的数据线直接相连。D0 为最低位，D7 为最高位。

（5）OE：输出允许信号，用于控制三态输出锁存器向单片机输出转换得到的数据。OE=0，输出数据线呈高阻；OE=1，输出转换得到的数据。

（6）CLOCK：时钟信号，ADC0809 的内部没有时钟电路，所需时钟信号由外界提供，因此有时钟信号引脚。通常使用频率为 500kHz 的时钟信号。

（7）ALE：地址锁存允许信号，对应 ALE 上跳沿，A、B、C 地址状态送入地址锁存器中。

（8）A、B、C：地址线，通道端口选择线，A 为低地址，C 为高地址，通过这三根地址线的不同编码来选择对哪个模拟量进行测量转换。

（9）V_{REF}：参考电压。用来与输入的模拟信号进行比较，作为逐次逼近的基准。其典型值为+5V，即 $V_{REF(+)}$=+5V，$V_{REF(-)}$=0V。

（10）VCC：电源，接至+5V 。

（11）GND：地。

其内部结构如图 10-12 所示，由 8 路通道选择开关、地址锁存与译码器、比较器、8 位开关树形 D/A 转换器、逐次逼近寄存器、8 位三态锁存缓冲器等部分组成。

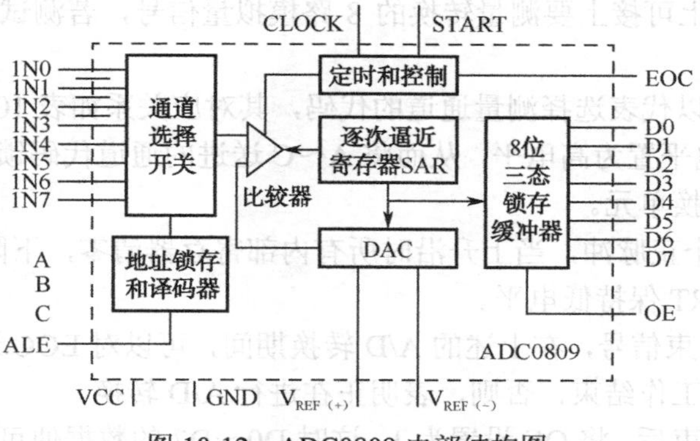

图 10-12 ADC0809 内部结构图

A、B和C为地址输入线，用于选通IN0～IN7中的任一路，然后再对这一路输入模拟量，其通道选择对应关系如表10-2所示。

表10-2 ADC0809通道选择表

C	B	A	选择的通道
0	0	0	IN0
0	0	1	IN1
0	1	0	IN2
0	1	1	IN3
1	0	0	IN4
1	0	1	IN5
1	1	0	IN6
1	1	1	IN7

下面结合ADC0809数据手册内的时序图（图10-13）说说它的工作过程。

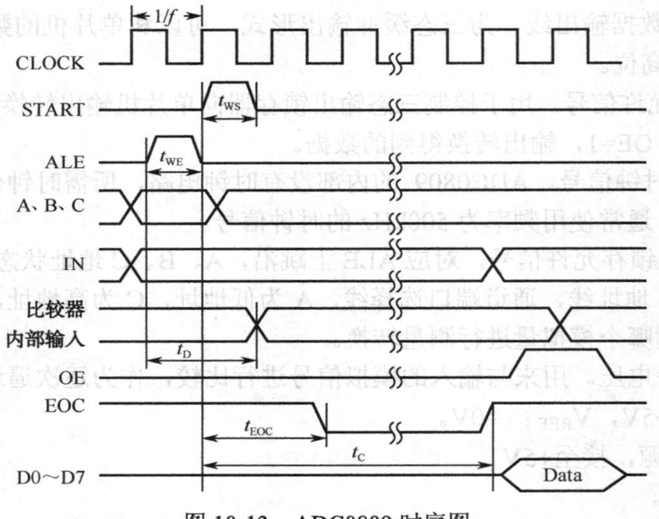

图10-13 ADC0809时序图

它的工作步骤是这样的：

（1）在IN0～IN7上可接上要测量转换的8路模拟量信号，若测试一路模拟信号也可以只接一路。

（2）将A～C端赋以代表选择测量通道的代码，其对应关系如表10-2所示。

（3）将ALE由低电平置为高电平，从而将A～C送进的通道代码锁存，经译码后被选中通道的模拟量送给内部转换单元。

（4）给START一个正脉冲，当上升沿时所有内部寄存器清零，下降沿时开始进行A/D转换，在转换期间，START保持低电平。

（5）EOC为转换结束信号，在上述的A/D转换期间，可以对EOC进行不断测量，当EOC为高电平时，表明转换工作结束，否则，表明正在进行A/D转换。

（6）当A/D转换结束后，将OE设置为1，这时D0～D7的数据便可以读取了，因为OE=0，

D0～D7 输出端为高阻态，而 OE=1，D0～D7 端输出转换的数据。

由于 ADC0809 的转换工作是在时钟脉冲的条件下完成的，因此，首先要在 CLOCK 端给它一个时钟信号，datasheet 上给出了可以接入的脉冲信号频率是在 10kHz～1280kHz，典型值是 640kHz，这就需要我们找一个外部脉冲源。大家还记得 ALE 引脚的特性吗？在系统没有进行扩展时，ALE 会以 1/6 振荡周期的固定频率输出，因此可以作为外部时钟或外部脉冲使用，在这里恰巧能用到它，我们使用的晶振是 12MHz 的，经 ALE 进行 6 分频之后出来的脉冲频率为 2MHz，通过 ALE 引脚的 2MHz 脉冲是可以使 ADC0809 正常工作。

时序图上的 t_{EOC} 时长为从 START 上升沿开始后的 8 个时钟周期再加 2μs，这一点值得注意，因为当 START 脉冲刚结束进入转换工作时，EOC 还没有立即变为低电平而是过了 8 个时钟周期后才进入低电平，所以，再给出 START 脉冲后最好延时一会再进行 EOC 的检测。

一个通道的转换时间一般为 64 个时钟周期，如时钟频率为 2MHz 时，时钟周期约为 0.167μs，一个通道的转换时间则为 0.167×64≈10.67μs，那么 1 秒钟就可以转换 1000000÷10.67≈93721 次。

A/D 转换模块器件列表如表 10-3 所示。

表 10-3　所需器件列表

器件	型号	个数
A/D 转换芯片	ADC0809	1
芯片底座	28 脚	1
电位器	10kΩ	1
插针	单排	16
万能板	5cm×7cm	1

10.3　编程实现 A/D 转换

根据电路中滑动变阻器的分压式接法，我们知道通过第 3 通道输入的模拟信号为 0～5V，对于 8 位模/数转化器 ADC0809 来说就是把 5V 电压分为 2^8=256 份，即 0～5V 电压对应 0～255。为了方便大家更好地查看结果，我们用之前的数码管显示模块来显示电压的变化，根据刚才的分析，电压在 0～5V 之间变化时，数码管上在 0～255 之间对应显示，思考一下，如何控制好 ADC0809 的时序完成模拟量电压的转换及显示，编写出对应的程序。

示例程序如下：

```
/*A/D 转换实验程序*/
#include<reg52.h>
#define uchar unsigned char
uchar code tab[]={0x3f,0x06,0x5b,0x4f,0x66,0x6d,0x7d,0x07,0x7f,0x6f};  //段
                                                          选数组，名字为 tab
sbit st=P3^0;                  //转换启动信号
sbit oe=P3^1;                  //输出允许信号
sbit a=P3^2;                   //通道选择信号 a
sbit b=P3^3;                   //通道选择信号 b
sbit c=P3^4;                   //通道选择信号 c
uchar num,ge,shi,bai;
void delay(int x)              //延时子程序
```

```
    {
        int i,j;
        for(i=x;i>0;i--)
            for(j=123;j>0;j--);
    }
void ad_init()                      //ad 初始化程序
    {
        a=1;                        //cba 为 011 选择三号通道
        b=1;
        c=0;
        st=0;                       //st 上升沿复位 ADC0809
        delay(1);
        st=1;                       //st 下降沿启动 ADC0809
        delay(1);
        st=0;                       //AD 转化期间 st 为低电平
        oe=1;                       //输出允许
        num=P1;                     //转换结果保存到 num
        delay(1);
        oe=0;                       //输出数据结束
    }
void read_0809()                    //读取数据程序
    {
        ad_init();                  //调用 ad 初始化子函数
        bai=num/100;                //百位
        shi=num%100/10;             //十位
        ge=num%10;                  //个位
    }
void display()                      //显示程序
    {

            P2=0xfd;                //位选选中第二个数码管
            P0=tab[bai];            //显示百位
            delay(1);               //延时
            P0=0x00;                //关断数码管各段实现消影,增强显示效果
            P2=0xfb;                //位选选中第三个数码管
            P0=tab[shi];            //显示十位
            delay(1);
            P0=0x00;
            P2=0xf7;                //位选选中第四个数码管
            P0=tab[ge];             //显示个位
            delay(1);
            P0=0x00;
    }
void main()
    {
        while(1)
        {
            read_0809();            //读数据
            display();              //显示数据
        }
    }
```

程序开头的定义部分大家都能看懂，根据 ADC0809 时序的要求，要控制 ST 转换启动信号

端和 OE 输出允许信号端，所以,将用两个 I/O 口来实现。此外，通道选择端 A、B、C 也分别用 I/O 口控制，以便选择第 3 个通道。

主函数内部是一个 while 大循环，循环调用 read_0809 和 display 两个子函数。先来看 read_0809 读取数据子函数，进入 read_0809 子程序后第一句就是调用 ADC0809 初始化子程序 ad_init，找到 ad_init，进入 ad 初始化子程序，首先选择模拟信号输入通道，我们看到 c、b、a 分别赋值 0、1、1，依据 ADC0809 通道选择表选中的是第 3 个通道。根据 ADC0809 时序我们知道，st 上升沿时芯片才能完成复位，所以先进行“st=0;”操作，再进行“st=1;”操作，这样 st 在由 0 变成 1 时就有了一个上升沿实现 ADC0809 的复位，然后启动 ADC0809，这时 st 需要有一个下降沿，所以再进行“st=0;”操作，A/D 转换芯片被启动，转换开始，而且转化期间 st 要保持为低电平。转换完成后 oe 为高电平时才能输出转换数据，所以我们进行“oe=1;”操作。ADC0809 输出端 D7～D0 与 P1.7～P1.0 连接，在“oe=1;”操作后 A/D 转换结果就会传送到 P1 口，这时再进行“num=P1;”操作，将 A/D 转换结果赋给变量 num，以便之后进行处理。数据传送完成之后要将 oe 置 0，使之呈现高阻态。ad_init 子函数分析完之后，再看 read_0809，其中三个语句：

```
bai=num/100;              //百位
shi=num%100/10;           //十位
ge=num%10;                //个位
```

根据主函数中的调用顺序，执行完 read_0809 后就要调用显示子函数 display 了，这个就是数码管显示子函数，大家都能熟练编写了。从程序可以看出，本例程选用了四位一体数码管的后三位分别显示三位数的个、十、百三位，P2 口做位选端，在线路连接时只将 A2、A3、A4 分别与 P2.1、P2.2、P2.3 接通即可。数码管段选信号是通过 P0 口送入，大家看到送入段选信号后有一句“P0=0x00;”，当 P0 被赋予 0x00 时，数码管各段被全部关闭，这主要是实现消影的作用，增强显示效果。

程序理解之后，根据 I/O 口分配将 A/D 转换模块、数码管显示模块和单片机系统板连接起来。注意 ADC0809 输出端 D7～D0 对应 P1.7～P1.0，高低位不要接反，如果接反数码管将做无规律显示。数码管显示模块与单片机系统板连接方式相似，只是少连一根 P2.0 线，线路接好之后如图 10-14 所示。将滑动变阻器阻值调到最大，即电源最大时对应显示“255”效果，如图 10-15 所示。

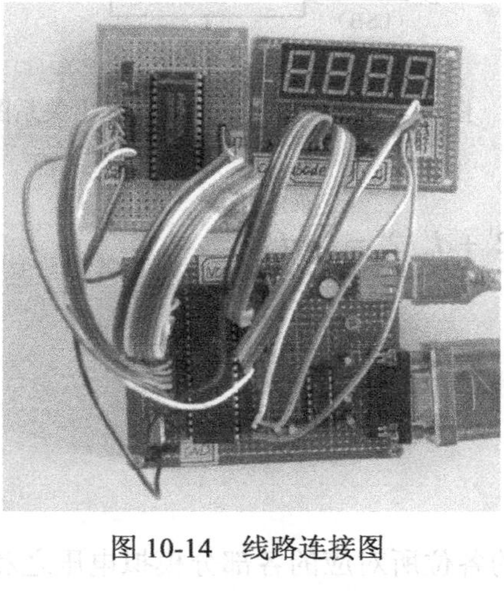

图 10-14　线路连接图

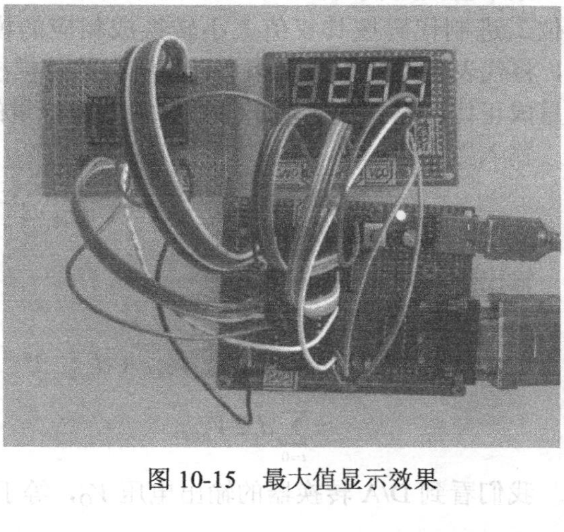

图 10-15　最大值显示效果

第 11 章

D/A 转换模块

D/A 转换即数/模转换，即将离散的数字量转换为连接变化的模拟量。在日常生活中，我们的数据信息常常也需要转换成模拟信号才能使用，例如，我们经常听的 MP3 音乐，一个 MP3 文件在计算机里存储时，只不过是一堆由 0 和 1 组成的数字信息，想变成我们可以听到的悦耳的音乐，那就需要一种将数字信号转换成模拟信号的器件，即 D/A 转换器。本章以数/模转换芯片 DAC0832 为例，讲解一下 D/A 转换的原理。（注：本章与教学视频中第 12 个视频《D/A 转换》对应，大家可以将本章理论知识和视频教程结合起来学习）

11.1 D/A 转换原理及电路图解析

11.1.1 D/A 转换原理分析

D/A 转换器将输入的二进制数字量转换成模拟量，以电压或电流的形式输出。D/A 转换器实质上是一个译码器（解码器），一般常用的线性 D/A 转换，其输出模拟电压 V_O 和输入数字量 D_n 之间成正比关系即 $V_O=D_nV_{REF}$，其中 V_{REF} 为参考电压，图 11-1 中 D_0～D_{n-1} 是输入的 n 位二进制数。

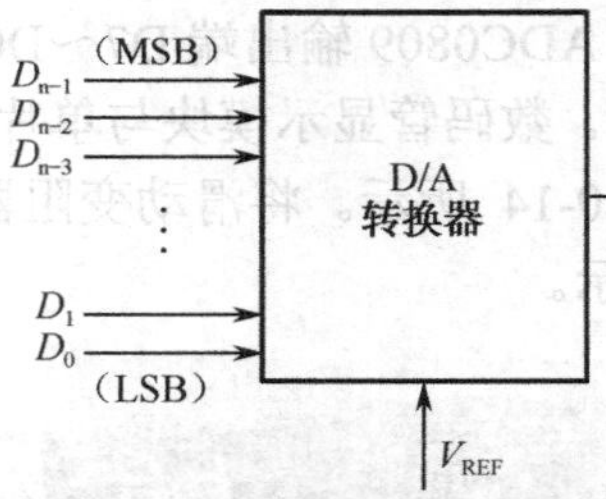

图 11-1 D/A 转换器输入、输出关系图

数字量是用代码按数位组合起来表示的，将输入的每一位二进制代码按其权值大小转换成相应的模拟量，然后，将代表各位的模拟量相加，则所得的总模拟量就与数字量成正比，这样便实现了从数字量到模拟量的转换。

输入数字量：

$$D_n = d_{n-1}\cdot 2^{n-1} + d_{n-2}\cdot 2^{n-2} + \cdots + d_1\cdot 2^1 + d_0\cdot 2^0 = \sum_{i=0}^{n-1} d_i 2^i$$

输出模拟量：

$$\begin{aligned} V_o &= D_n V_{REF} \\ &= d_{n-1}\cdot 2^{n-1}\cdot V_{REF} + d_{n-2}\cdot 2^{n-2}\cdot V_{REF} + \cdots + d_1\cdot 2^1\cdot V_{REF} + d_0\cdot 2^0\cdot V_{REF} \\ &= \sum_{i=0}^{n-1} d_i 2^i V_{REF} \end{aligned}$$

我们看到 D/A 转换器的输出电压 V_O，等于代码为 1 的各位所对应的各部分模拟电压之和。

D/A 转换器的内部电路构成无太大差异，一般由数码寄存器、模拟电子开关电路、解码网络、求和电路及基准电压几部分组成，如图 11-2 所示。数字量以串行或并行方式输入，然后存储于数码寄存器中，寄存器输出的各位数码，分别控制对应位的模拟电子开关，使数码为 1 的位在位权网络上产生与其权值成正比的电流值，再由求和电路将各种权值相加，即得到数字量对应的模拟量。

D/A 转换器一般按照输出是电流还是电压、能否作乘法运算等进行分类，大多数 D/A 转换器由电阻阵列和 *n* 个电流开关或电压开关构成。按数字输入值切换开关，产生比例于输入的电流或电压，此外，也有为了改善精度而把恒流源放入器件内部的。一般来说，由于电流开关的切换误差小，大多采用电流开关型电路，电流开关型电路如果直接输出生成的电流，则为电流输出型 D/A 转换器，本模块选用的数/模转换器 DAC0832 就是电流输出型 D/A 转换器。

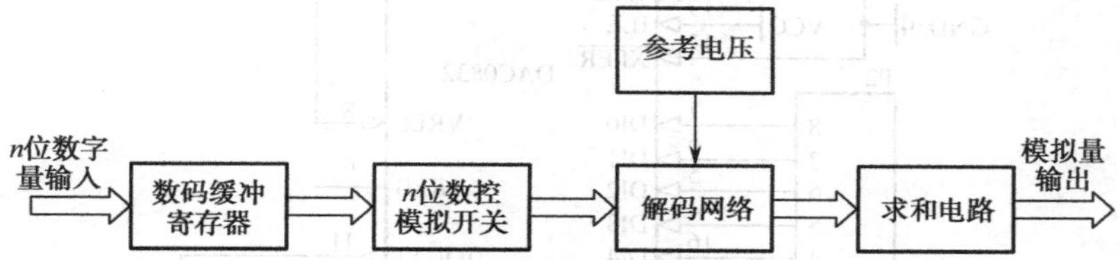

图 11-2 *n* 位 D/A 转换器方框图

D/A 转换器的参数指标有以下几个。

（1）分辨率：分辨率用于表征 D/A 转换器对输入微小量变化的敏感程度，指数字量变化一个最小量时模拟信号的变化量，定义为满刻度与 2*n* 的比值。例如 8 位 DAC 的分辨率为 $1/2^8$=1/255=0.39%，显然，位数越多，分辨率越高。

（2）转换精度：如果不考虑 D/A 转换的误差，DAC 转换精度就是分辨率的大小，因此，要获得高精度的 D/A 转换结果，首先要选择有足够高分辨率的 DAC。D/A 转换精度分为绝对和相对转换精度，一般是用误差大小表示。DAC 的转换误差包括零点误差、漂移误差、增益误差、噪声和线性误差、微分线性误差等综合误差。绝对转换精度是指满刻度数字量输入时，模拟量输出接近理论值的程度，它和标准电源的精度、权电阻的精度有关。相对转换精度指在满刻度已经校准的前提下，整个刻度范围内，对应任一模拟量的输出与它的理论值之差，它反映了 DAC 的线性度。通常，相对转换精度比绝对转换精度更有实用性。

（3）非线性误差：D/A 转换器的非线性误差定义为实际转换特性曲线与理想特性曲线之间的最大偏差，并以该偏差相对于满量程的百分数度量。

（4）转换速率/建立时间：转换速率是指完成一次从数字量转换到模拟量的转换所需时间的倒数。建立时间是 D/A 转换速率快慢的一个重要参数。很显然，建立时间越大，转换速率越低。不同型号 DAC 的建立时间一般从几个毫微秒到几个微秒不等。若输出形式是电流，DAC 的建立时间是很短的；若输出形式是电压，DAC 的建立时间主要是输出运算放大器所需要的响应时间。

11.1.2 电路图原理解析

D/A 转换模块电路图如 11-3 所示。

首先看电路图左上角，P1 代表连接 $\overline{CS}$、$\overline{WR}$ 两引脚的插针，由于本模块采用的是直通式数据输入方式，数据不经两级锁存器锁存，所以将 $\overline{XFER}$、$\overline{WR2}$ 都接地，ILE 接高电平。P2 代表连接 DAC0832 的 8 位输入引脚 DI0～DI7 的连接插针。根据之前的分析，3、10 引脚模拟量地和数字量地要共地，所以电路图中将二者连在一起接至电源地 GND。为了方便大家观看结果，我们用 DAC0832 的电流输出去驱动一个发光二极管，而 IOUT2 与 IOUT1 的和为一个常数，即 IOUT1+IOUT2=常数，约为 330μA，这个电流本来就很小，所以，我们选择模拟电流输出端 1 即 IOUT1 作为输出脚时，模拟电流输出端 2 即 IOUT2，可以不用，直接接地，这样 IOUT1 的最大输出电流就为 330μA 左右。RFB 为反馈电阻引出端，DAC0832 芯片内部此端与 IOUT1 接有一个 15kΩ的电阻，本模块不外接运算放大器，所以此脚悬空。参考电压选用+5V，所以，第 8 脚 VREF 接+5V 电源 VCC，芯片采用+5V 供电，也接至 VCC。

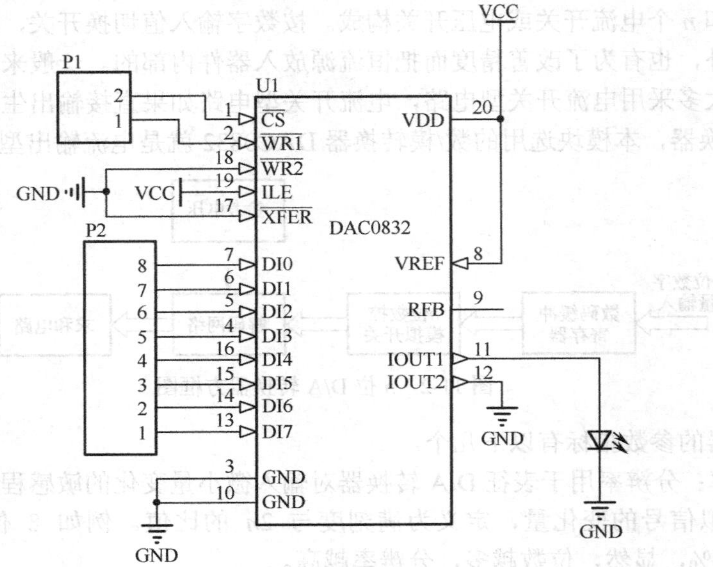

图 11-3 D/A 转换模块电路图

理解了 D/A 转换模块的接法和原理后，按照电路图先在万能板上摆放一下器件，确定了布局之后就开始焊接电路，D/A 转换模块焊好之后如图 11-4 和图 11-5 所示，电路焊好之后还是要例行检查一下，检测通断、短路情况，保证焊接质量。

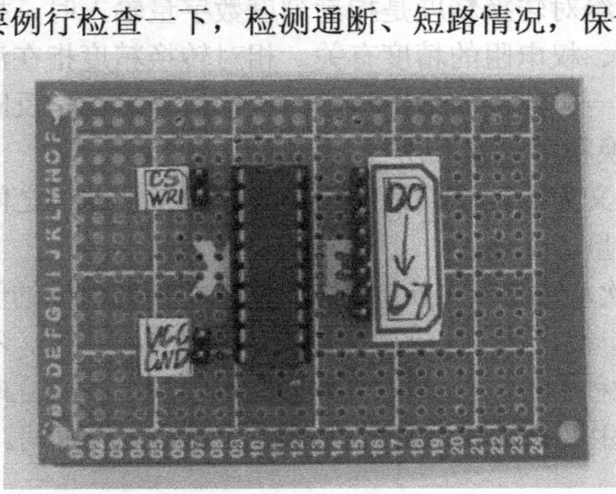

图 11-4 A/D 转换模块

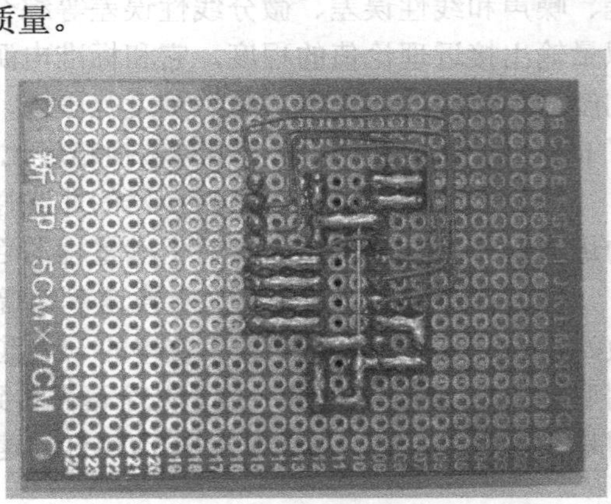

图 11-5 A/D 转换模块背部走线

11.2 所需器件

本模块中用到的 D/A 转换芯片 DAC0832，可以根据 DAC0832 的 datasheet 介绍，它有以下几种特性。

（1）分辨率为 8 位；

（2）电流稳定时间 1μs；

（3）可单缓冲、双缓冲或直接数字输入；

（4）只需在满量程下调整其线性度；

（5）单一电源供电（+5～+15V）；

（6）低功耗，20mW；

（7）数据输入可采用双缓冲、单缓冲或直通方式；

（8）逻辑电平输入与 TTL 电平兼容。

这里选用的是双列直插式封装 DAC0832，如图 11-6 所示，其引脚定义如图 11-7 所示。

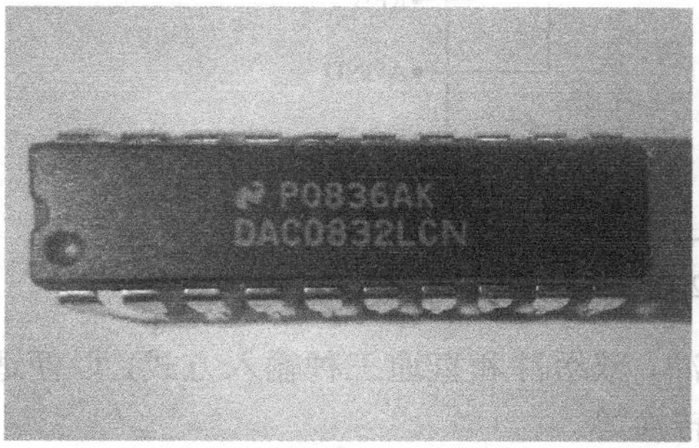

图 11-6 双列直插式 DAC0832

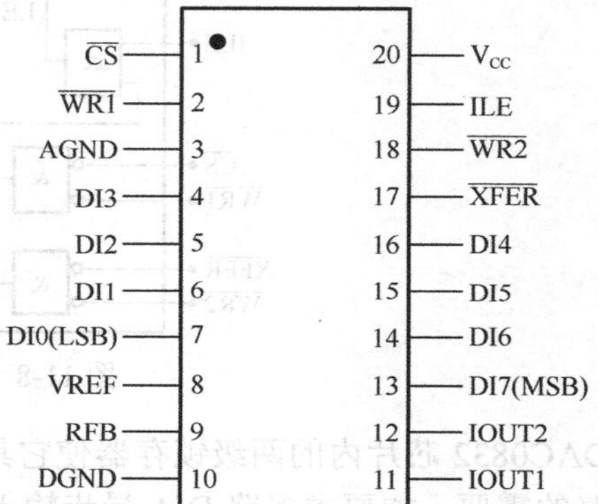

图 11-7 DAC0832 引脚图

DAC0832 引脚定义如下：

（1）$\overline{CS}$：片选信号，低电平有效。

（2）$\overline{WR1}$：输入数据选通信号，低电平有效，上升沿锁存。当 CS 为 0 且 ILE 为 1，$\overline{WR1}$ 有效时 DI7～DI0 状态被锁存到输入寄存器。

（3）AGND：模拟量地，即模拟电路接地端。

（4）DI7～DI0 ：8 位的数据输入端，DI7 为最高位。

（5）VREF ：参考电压输入端，此端可接一个正电压，也可接一个负电压，VREF 范围为 −10V～+10V。VREF 端与 D/A 内部 T 型电阻网络相连。

（6）RFB：反馈电阻引出端，DAC0832 芯片内部此端与 IOUT1 接有一个 15kΩ的电阻，所以 RFB 端可以直接接到外部运算放大器的输出端，这样相当于将一个反馈电阻接在运算放大器的输出端和输入端之间。

（7）DGND：数字量地。注意为了不影响工作时序，数字量地 DGND 和模拟量地 AGND 最好在基准电源处一点共地。

（8）IOUT1：模拟电流输出端 1，当 DAC 寄存器中数据全为 1 时，输出电流最大，当 DAC 寄存器中数据全为 0 时，输出电流为 0。

（9）IOUT2：模拟电流输出端 2，可以不用，直接接地。IOUT2 与 IOUT1 的和为一个常数，即 IOUT1+IOUT2=常数，约为 330μA。

（10）$\overline{XFER}$：数据传送选通信号，低电平有效。

（11）$\overline{WR2}$：输入数据选通信号，低电平有效，上升沿锁存。当 XEFR 为 0 且 $\overline{WR2}$ 有效时，

输入寄存器的状态被传到 DAC 寄存器中。

（12）ILE：输入锁存允许信号，高电平有效。

（13）VCC：芯片供电电压，范围为+5～+15V。

DAC0832 内部由一个 8 位输入寄存器、一个 8 位 DAC 寄存器和一个 8 位 D/A 转换器三大部分组成，如图 11-8 所示，其中 D/A 转换器采用了倒 T 型 R-2R 电阻网络。由图 11-8 可以看出 DAC0832 芯片内有两级锁存器，第一级锁存器称为输入寄存器，它的允许锁存信号为 ILE；第二级锁存器称为 DAC 寄存器，它的锁存信号也称为通道控制信号 $\overline{XFER}$。

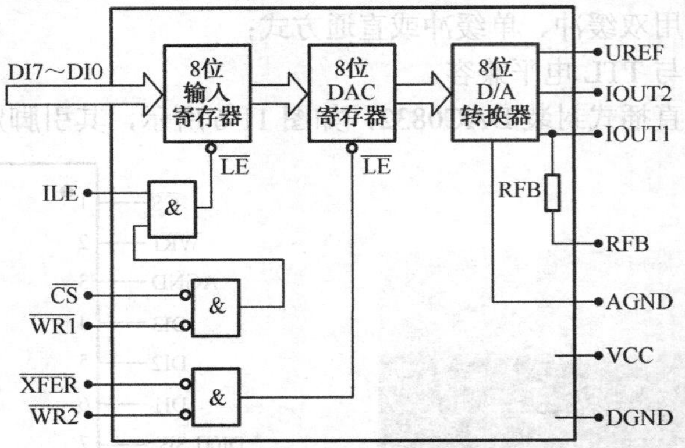

图 11-8　DAC0832 内部结构图

DAC0832 芯片内的两级锁存器使它具备单缓冲、双缓冲和直通三种输入方式，以便适于各种电路的需要，如要求多路 D/A 异步输入、同步转换等。

（1）单缓冲方式：单缓冲方式是控制输入寄存器和 DAC 寄存器同时接收数据，或者只用输入寄存器而把 DAC 寄存器接成直通方式，此方式适用于只有一路模拟量输出或几路模拟量异步输出的情况。

（2）双缓冲方式：双缓冲方式是先使输入寄存器接收数据，再控制输入寄存器的输出数据到 DAC 寄存器，即分两次锁存输入数据，此方式适用于多个 D/A 转换同步输出的情况。

（3）直通方式：直通方式是数据不经两级锁存器锁存，$\overline{XFER}$、$\overline{WR2}$ 均接地，ILE 接高电平，8 位数字量一旦到达 DI7～DI0 输入端，就立即送到 8 位 D/A 转换器，被转换成模拟量，此方式适用于连续反馈控制线路和不带微机的控制系统，本模块采用了直通输入方式。

接下来看一下 DAC0832 工作时的时序配合，在 datasheet 中找到它的工作时序如图 11-9 所示。

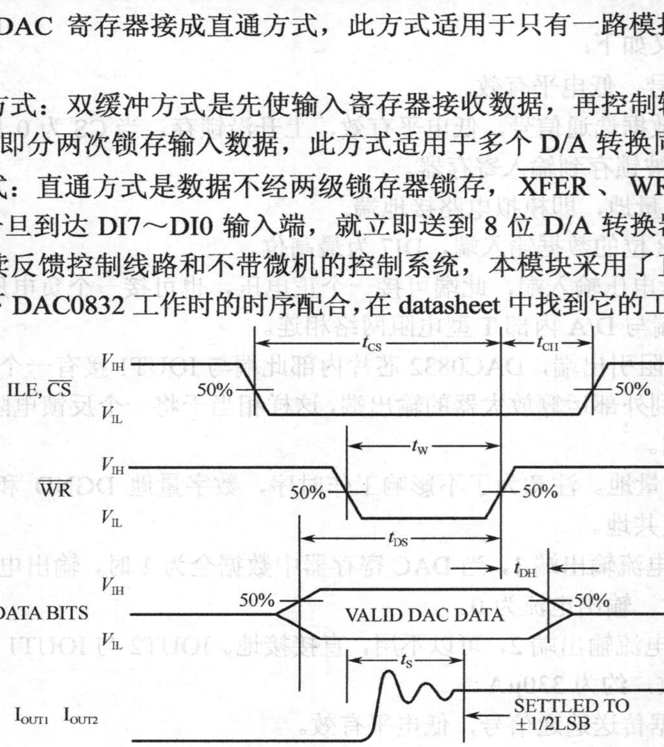

图 11-9　DAC0832 工作时序

从 DAC0832 工作时序图可知，当 $\overline{CS}$ 为低电平且 ILE 有效后，数据总线上数据才开始保持有效，然后再将 $\overline{WR}$ 置低，从 IOUT 线上可看出，在 $\overline{WR}$ 置低 t_S 后 D/A 转换结束，IOUT 输出稳定。如果只控制完成一次转换，接下来将 $\overline{WR}$ 和 $\overline{CS}$ 拉高即可；如果需要连续转换，则需要改变数字端输入数据。

11.3 编程实现 D/A 转换

编程用单片机控制 DAC0832 芯片输出电流，让发光二极管由灭均匀变到最亮，再由最亮均匀熄灭，以此实现连续模拟信号控制发光二极管的效果。

示例程序如下：

```
#include<reg52.h>                          //头文件
#define uint unsigned int
#define uchar unsigned char
sbit DACS=P2^0;                            //片选信号 CS
sbit DAWR=P2^1;                            //输入数据选通信号 WR1
void delay(uint x)                         //延时子函数
    {
        uint i,j;
        for(i=x;i>0;i--)
            for(j=123;j>0;j--);
    }
void main()
    {
        uchar vol,flag;
        DACS=0;                    //直通方式时 CS 置 0 数据总线上的数据开始保持有效
        DAWR=0;                            //WR1 置 0 完成 D/A 转换
        P0=0;                              //P0 口作为数据口
        while(1)
        {
            if (flag==0)                   //flag 为 0 执行灯变亮程序
            {
                vol=vol+5;
                P0=vol;                    //通过 P0 口给 DA 数据口赋值
                if(vol==255)
                    flag=1;
                delay(100);
             }
            else                           //flag 不为 0 执行灯变暗程序
            {
                vol=vol-5;
                P0=vol;                    //通过 P0 口给 DA 数据口赋值
                if(vol==0)
                    flag=0;
                delay(100);
            }
        }
}
```

主函数中本电路将 ADC0832 接成了直通方式，根据时序图要求我们要先给 CS 赋 0 即

“DACS=0;”这样数据总线上的数据开始保持有效，然后将 $\overline{WR1}$ 赋 0 即“DAWR=0;”，这样DAC0832 就完成了 D/A 转换；选择 P0 口做数据口，在开始给其赋初值“P0=0;”之后就是一个 while 大循环，这里使用了一个名为“flag”的变量，这个就是标志位，标志位在程序中有非常大的用处，灵活运用标志位可使程序编写更加流畅易懂，用 if 语句不断检测标志位，然后执行灯变亮或者变暗操作。下面以灯变亮操作为例，看一下如何实现模拟量输出：

```
if (flag==0) //flag 为 0 执行灯变亮程序
        {
             vol=vol+5;
             P0=vol;   //通过 P0 口给 DA 数据口赋值
             if(vol==255)
                  flag=1;
             delay(100);
        }
```

首先，判断标志位 flag 是否为 0，为 0 则进入 if 循环，“vol=vol+5;”，vol 加 5 后赋给 vol，然后将此 vol 值赋给 P0 口，紧接着判断 vol 是否为 255，若为 255 则置标志位 flag 为 1。所以只有 vol 从 0 加到 255 时才能跳出 if 循环，vol 以 5 为单位累加模拟出连续的模拟量效果，灯变灭程序原理类似，只是由 255 减到 0。

根据程序中 I/O 口的分配，把 D/A 转换模块和单片机系统板连接起来，注意 DAC0832 数字量输入端口 D0～D7 与 P0.0～P0.7 对应，不要将高低位关系弄反，线路连接如图 11-10 所示，把程序下载到单片机中观察一下结果，由于输出电流较小，最大值才 330μA 左右，因此发光二极管不是很亮如图 11-10 所示。

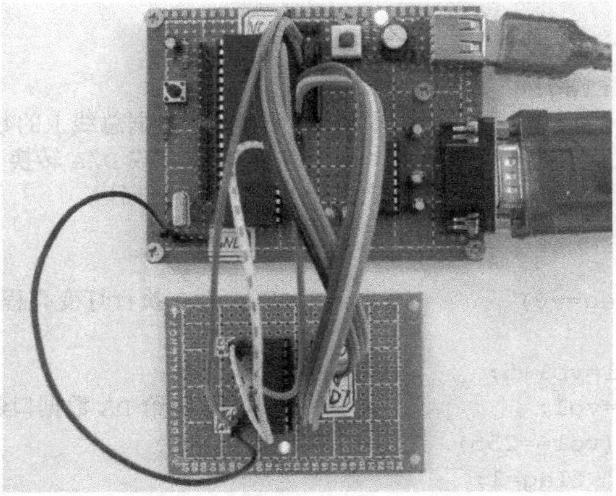

图 11-10　D/A 转换实验现象

第12章 串行口通信

随着计算机技术的普及，单片机系统也得到了更为广泛的应用，其通信功能也用得越来越频繁。单片机通信可简单分为两类：单片机与单片机之间的通信即双机通信；单片机与计算机之间的通信。本章主要学习一下并行和串行两种通信模式。（注：本章与教学视频中的第 13 个《双机通信》和第 14 个《串口通信》对应，大家可以将本章理论知识和视频教程结合起来学习）

12.1 通信方式

12.1.1 并行通信方式

并行通信通常是将数据字节的各位用多条数据线同时进行传送，每一位数据都需要一条传输线，并行通信时数据的各个位同时传送，能够以字或字节为单位并行进行，并行通信速度快，但每一位数据都需要一条传输线，此外还需要信号线、控制线等，使用的通信线较多，成本偏高，所以不适合进行远距离通信且其抗干扰能力较差。

并行通信方式由于各数据位同时传输，传输速度快、效率高，并行接口的数据传输率比串行接口快 8 倍，标准并口的数据传输率理论值为 1Mbps（兆比特/秒），多用在实时、快速的场合。在集成电路芯片的内部、同一插件板上各部件之间、同一机箱内各个插件板之间的数据传输一般都采用并行方式，例如计算机和 PLC 内部，并行通信方式在单片机系列应用中较少，在这里只做简要了解即可。

12.1.2 串行通信方式

串行通信是将数据字节分成一位一位的形式在一条传输线上逐个地传送，此时只需要一条数据线，外加一条公共信号地线和若干控制信号线，使用串行通信时，发送和接收到的每一个字符实际上都是一位一位传送的，每一位为 1 或 0，因为一次只能传送一位，所以对于一个字节的数据，至少要分 8 位才能传送完毕。

根据串行通信方式的数据传送模式，其必要过程应为：发送时，把并行数据转变成串行数据发送到线路；接收时，把串行信号转变成并行数据，因为这样才能被计算机及其他设备处理。

由于串行通信方式具有使用线路少、成本低，特别是在远程传输时，避免了多条线路特性的不一致，因此被广泛采用，在串行通信时，要求通信双方都采用一个标准接口，使不同的设备可以方便地连接进行通信。

按照串行数据的时钟控制方式，串行通信又可分为两种方式：同步串行通信和异步串行通信。

1. 同步串行通信

同步通信是一种比特（bit）同步通信技术，要求发、收双方具有同频同相的同步时钟信号，这个时钟信号可以是其中一台设备产生的，也可以采用外部时钟信号源。

为了表示数据传输的开始，发送方先发送一个或两个特殊字符，该字符称为同步字符，当发送方和接收方达到同步后，就可以一个字符接一个字符地发送一大块数据，这样可以明显地提高数据的传输速率。采用同步方式传输数据时，在发送过程中，收发双方还必须用一个时钟进行协调，用于确定串行传输中每一位的位置，接收数据时，接收方可利用同步字符使内部时钟与发送方保持同步，然后将同步字符后面的数据逐位移入，并转换成并行格式，供 CPU 读取，直至收到结束符为止。

由于同步通信具有同步时钟，因此其传送速度较快，但若传送距离较长时，时钟信号易受干扰，且不经济，此外，要求发送时钟和接收时钟保持严格的同步也是它的一大缺点，同步通信多用于板内芯片间的数据通信和短距离设备间的数据通信。

2. 异步串行通信

在异步通信时，没有统一的时钟信号，各设备使用自己的时钟信号，但为使双方收、发协调，要求发送和接收设备的时钟尽可能一致（误差允许范围很小）。异步通信是以字符（或称为数据块）为单位进行传输的，每个传送字符必须用起始位来同步时钟，用 1～2 个停止位来表示传送字符的结束，由起始位、数据位、奇偶校验位和停止位 4 部分组成的串行数据称为字符帧（Character Frame）也称为数据帧，用起始位同步接收时钟，消除了时钟误差的累积，降低了对收发时钟频率的一致性要求，一般时钟误差小于 3% 即可。异步通信中，每秒钟传送二进制数码的位数为波特率，单位为 bps，收发设备，必须使用相同的波特率，且都具有自己的波特率时钟发生器。

异步通信的优点是不需要传送同步时钟，字符帧长度不受限制，所以设备简单；缺点是字符帧中因包含起始位和停止位而降低了有效数据的传输速率。在单片机与单片机之间、单片机与计算机之间通信时，通常采用异步串行通信方式。

按数据的传送方向，串行通信可分为：单工、双工、半双工 3 种形式。单工是指数据传输仅能沿一个方向，不能实现反向传输；半双工是指数据传输可以沿两个方向，但需要分时进行；全双工是指数据可以同时进行双向传输。

单片机的串行口是一个可编程全双工的通信接口，具有 UART(通用异步收发器)的全部功能，能通过对两个独立收发引脚 RXD(P3.0)、TXD (P3.1)的控制来实现数据发送和接收同时进行，它也可作为同步移位寄存器使用。单片机的串行口主要由两个独立的串行数据缓冲寄存器 SBUF(一个发送缓冲寄存器，一个接收缓冲寄存器)和发送控制器、接收控制器、输入移位寄存器及若干控制门电路组成。CPU 通过 3 个特殊功能寄存器(SBUF、SCON、PCON)来实现对串行异步通信的控制。

1. 数据缓冲器（SBUF）

数据缓冲器 SBUF 包含两个物理上独立的接收、发送寄存器，一个用于存放接收到的数据，另一个用于存放准备发送的数据，二者共用一个字节地址（99H），发送缓冲器只能写入不能读出，接收缓冲器只能读出不能写入，当对 SBUF 进行写操作时，操作的目标是发送寄存器，当对 SBUF 进行读操作时，操作的目标是接收寄存器。

例如，在 x 与 SBUF 之间进行数据传送，当接收数据时，我们写“x=SBUF；”语句，单片机便会自动将串口接收寄存器中的数据取走给 x；当发送数据时，我们写“SBUF=x;”语句，单片机便自动开始将串口发送寄存器中的数据一位位地从串口发送出去。在这里再强调一下，SBUF 是共用一个地址的两个独立的寄存器，单片机识别操作哪个寄存器的关键语句就是“x=SBUF”和“SBUF=x”，作用依次是执行读指令，访问串行接收寄存器；执行写指令，访问串行发送寄存器。接收器具有的双缓冲结构，使它从接收寄存器中读出前一个已收到的字节之前，便能接收第二个字节，但是如果第二个字节已经接收完毕，第一个字节还没有读出，则将丢失其中一个字节，编程时应引起注意。对于发送器，因为数据是由 CPU 控制和发送的，所以不需要考虑。

2．串行控制寄存器（SCON）

SCON 用来设定串行口的工作方式、接收/发送控制及设置状态标志等，可以位寻址，单片机复位时 SCON 全部被清 0，其各位定义如表 12-1 所示。

表 12-1　串行控制寄存器（SCON）

位序号	D7	D6	D5	D4	D3	D2	D1	D0
位符号	SM0	SM1	SM2	REN	TB8	RB8	TI	RI

（1）SM0，SM1：串行接口工作方式选择位，这两位组合成 00、01、10、11，对应于串行口的 4 种工作方式 0、1、2、3，串行接口工作方式特点如表 12-2 所示。

表 12-2　串行口工作方式

SM0	SM1	工作方式	功能	波特率
0	0	0	8 位同步移位寄存器（用于 I/O 扩展）	$f_{OSC}/12$（f_{OSC} 为晶振频率）
0	1	1	10 位异步串行通信（UART）	可变（T1 溢出率×$2^{SMOD}/32$）
1	0	2	11 位异步串行通信（UART）	$f_{OSC}/64$ 或 $f_{OSC}/32$
1	1	3	11 位异步串行通信（UART）	可变（T1 溢出率×$2^{SMOD}/32$）

通常在做单片机与单片机串口通信、单片机与计算机串口通信时，基本都选择方式 1，方式 1 是 10 位数据的异步通信口，其中 1 位起始位，8 位数据位，1 位停止位。RXD(P3.0)为数据接收引脚，TXD(P3.1)为数据发送引脚，通过表 12-2 我们了解其传输波特率是可变的，波特率由定时器 1 的溢出率决定，稍后再做详细讲解。

（2）SM2：多机通信控制位，主要用于模式 2 和模式 3。

（3）REN：接收允许控制位，软件置 1 允许接收；软件置 0 禁止接收。

（4）TB8：方式 2 或方式 3 时，TB8 为要发送的第 9 位数据，当发送地址帧时，TB8=1；当发送数据帧时，TB8=0。

（5）RB8：在方式 2 或方式 3 时，RB8 为接收数据的第 9 位。

（6）TI：发送中断标志，发送完一帧数据后由硬件自动置位，并申请中断，必须要软件清零后才能继续发送。

（7）RI：接收中断标志，接收完一帧数据后由硬件自动置位，并申请中断，必须要软件清零后才能继续接收。

3．电源和波特率控制寄存器（PCON）

电源和波特率控制寄存器用来管理单片机电源部分的，包括上电复位检测、掉电模式、空闲模式等。单片机复位时 PCON 全部被清 0，其各位的定义如表 12-3 所示。

表 12-3 电源和波特率控制寄存器（PCON）

位序号	D7	D6	D5	D4	D3	D2	D1	D0
位符号	SMOD	SMOD0	-	POF2	GF1	GF0	PD	IDL

PCON 低 4 位是 CHMOS 器件的掉电方式控制位，在我们使用的计算机中，PCON 寄存器只有最高位 SMOD 即波特率倍增选择位与串行口的工作有关，其他都是虚设，在此不做过多解释。在方式 1、方式 2 和方式 3 时，串行通信的波特率与 SMOD 有关，当 SMOD=1 时，通信波特率倍增即乘 2；当 SMOD=0 时，通信波特率不变。

12.2 双机通信

单片机具有很多优点，在控制领域中得到了广泛的应用，虽然单片机内部包含有丰富的硬件资源，如 RAM、ROM、16 位的定时器/计数器、并行口和串行口等，但是对于一些复杂的单片机应用系统来说，紧靠一个单片机资源远远不能满足系统要求，通常需要对单片机进行外部扩展。例如，扩展 I/O 口，扩展存储器，扩展定时器/计数器等，更有甚者还需要扩展单片机。那么一个应用系统就可能用到了两个或两个以上的单片机，而这些单片机就需要通过互连来实现彼此间的数据通信。单片机具有串行口，利用串行口实现数据通信是在一般系统中常用的方法，而且应用十分广泛，本模块正是采用了串行通信方式。

目前我们已经有了一个单片机系统板，我们知道单片机能够运行的必要条件是：①电源；②晶振；③复位电路，所以，单片机最小系统板比我们之前做的单片机系统板要简单。

12.2.1 所需器件

单片机最小系统板是我们之前做的单片机系统板的简化版，所需器件列表如表 12-4 所示。

表 12-4 所需器件列表

器件	型号	个数
单片机芯片	STC89C52	1
单片机底座	DIP40（双列直插 40 引脚）	1
排阻	4k7	4
自锁开关	8×8 自锁开关	1
轻触（弹片）开关	6×6×5 按键	1
电容	瓷片电容 30pF、电解电容 10μF/25V	各 2 个
电容	电解电容 1μF/50V	4
晶振	12MHz	1
色环电阻	10kΩ、1kΩ	各 1 个
插针	普通插针	45 针
母排	单排母座	3 孔
发光二极管	红色	1
实验板	5cm×7cm 万能板	1
导线		若干

12.2.2　模块制作

单片机最小系统板电路图，如图 12-1 所示。这里省去了单片机系统板中的 USB 供电、MAX232 串口下载、电源开关等，只有单片机和晶振电路、复位电路、电源指示灯、P0 口上拉电阻及一些外接插针。单片机引脚中的 I/O 口、复位、晶振、电源、$\overline{\text{EA}}$ 等脚都有插针或电路连接，剩下的 ALE 和 $\overline{\text{PSEN}}$ 脚也尽量接出插针来，$\overline{\text{PSEN}}$ 脚用处不大，但 ALE 脚可输出晶振 6 分频的脉冲，接出插针方便以后使用。焊好之后一定不要忘记检查电路，确保电路能够稳定使用，已焊好的单片机最小系统板如图 12-2 和图 12-3 所示。

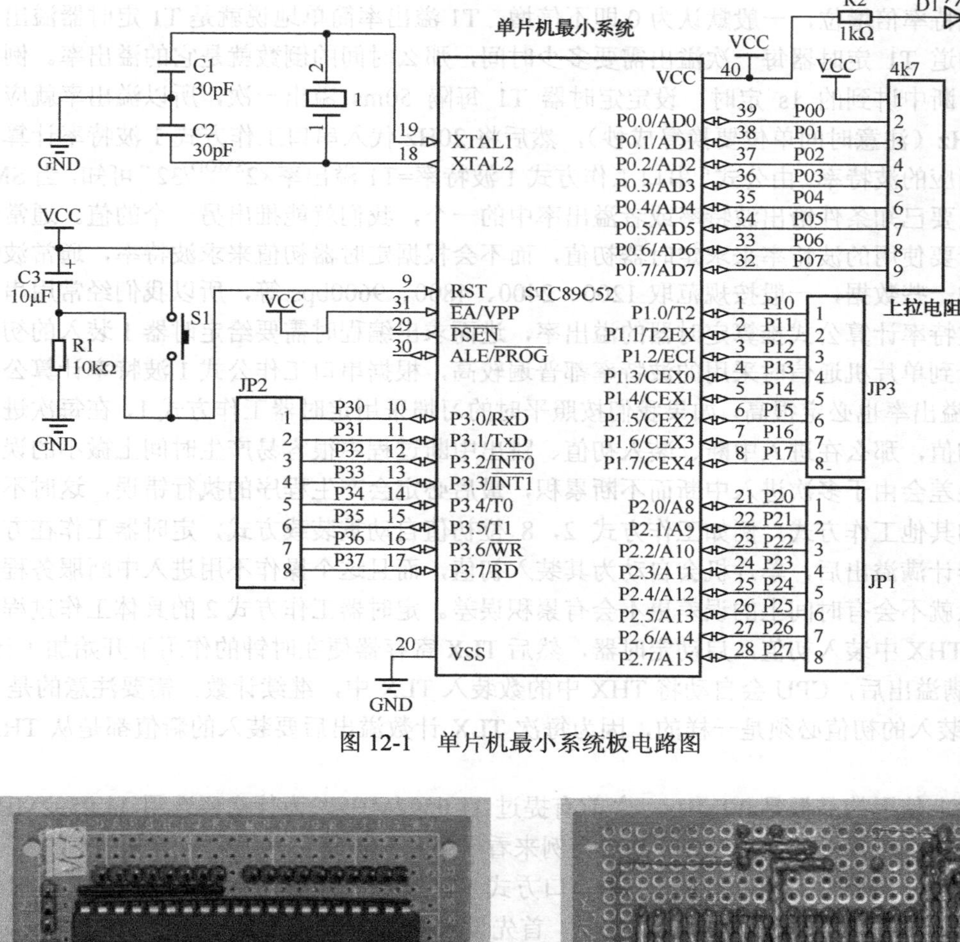

图 12-1　单片机最小系统板电路图

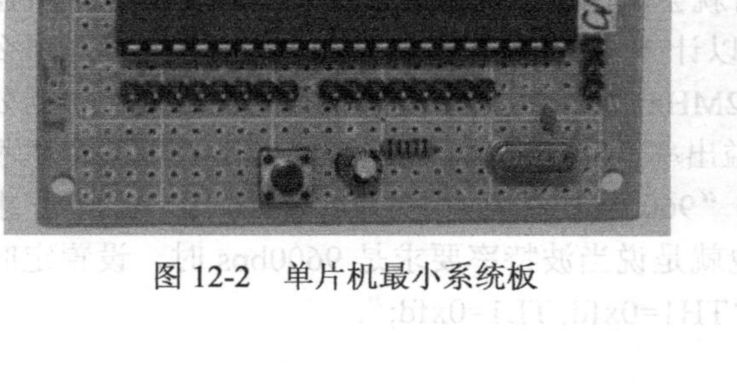
图 12-2　单片机最小系统板

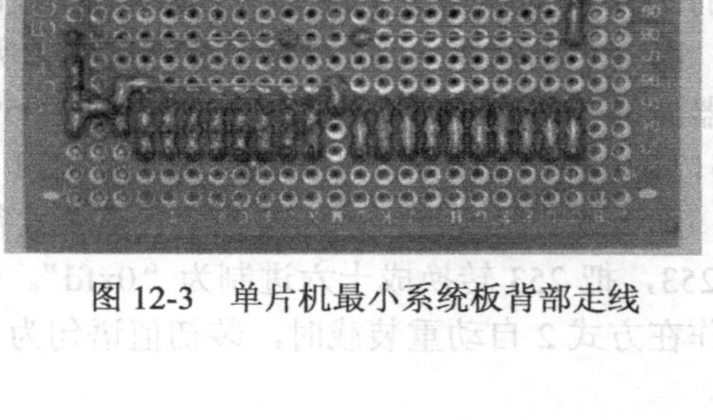
图 12-3　单片机最小系统板背部走线

12.2.3 编程实现双机通信

通常在做单片机与单片机串口通信、单片机与计算机串口通信时，基本都选择方式 1，接下来就着重介绍一下串口工作方式 1。

方式 1：10 位数据的异步通信口，其中 1 位起始位，8 位数据位，1 位停止位。RXD(P3.0)为数据接收引脚，TXD(P3.1)为数据发送引脚。由串行口工作方式表可知，方式 1 传输波特率是可变的，还记得波特率的定义吗？波特率就是每秒传输二进制数据的位数，即 1 波特=1 位/秒，单位是 bps（位/秒）。单片机工作在方式 1 或方式 3 时，波特率与定时器 1 溢出率有关，例如，串口工作方式 1 波特率=T1 溢出率×2^{SMOD}/32，其中 SMOD 为电源和波特率控制寄存器 PCON 最高位即波特率倍增位，一般默认为 0 即不倍增。T1 溢出率简单地说就是 T1 定时器溢出的频率，只要知道 T1 定时器每一次溢出需要多少时间，那么时间的倒数就是它的溢出率。例如，在定时器中断中讲到的 1s 定时，设定定时器 T1 每隔 50ms 溢出一次，所以溢出率就应该是 1/50ms=20Hz（注意时间单位要换算成秒），然后将 20Hz 代入串口工作方式 1 波特率计算公式即可求出相应的波特率。由公式“串口工作方式 1 波特率=T1 溢出率×2^{SMOD}/32”可知，当 SMOD 给定后，只要已知条件给出波特率或者溢出率中的一个，我们就能推出另一个的值。通常我们都是根据所要使用的波特率来求定时器初值，而不会根据定时器初值来求波特率，通常波特率都是固定的一些数据，一般按规范取 1200、2400、4800、9600bps 等，所以我们经常用串口工作方式 1 波特率计算公式推算定时器的溢出率，进而求出编程时需要给定时器 1 装入的初值。

我们看到单片机通信时采用的波特率都普遍较高，根据串口工作公式 1 波特率计算公式可知此时 T1 溢出率也必定很高，如果我们按照平时的习惯采用定时器工作方式 1，在每次进入中断时装入初值，那么在进入中断、装入初值、跳出中断过程中很容易产生时间上微小的误差，而且这个误差会由于多次进入中断而不断累积，最后必定会产生程序的执行错误，这时不妨试试定时器的其他工作方式，例如工作方式 2，8 位初值自动重装载方式，定时器工作在方式 2 时，计数器计满溢出后，单片机会自动为其装入初值，而且这个操作不用进入中断服务程序去执行，所以就不会有时间上的误差更不会有累积误差。定时器工作方式 2 的具体工作过程是：在 TLX 和 THX 中装入初值，启动定时器，然后 TLX 寄存器便在时钟的作用下开始加 1 计数，当 TLX 计满溢出后，CPU 会自动将 THX 中的数装入 TLX 中，继续计数。需要注意的是 TLX 和 THX 中装入的初值必须是一样的，因为每次 TLX 计数溢出后要装入的新值都是从 THX 中取出的。

本模块上使用的晶振是 12MHz，之前有提过 11.0592MHz，为什么要选用 11.0592MHz 的晶振频率哪？现在，以 11.0592MHz 晶振为例来看一下已知波特率时如何计算初值。

如给定波特率为常用的 9600bps，求串口方式 1 下，系统晶振频率为 11.0592MHz 时，T1 定时器 TH1 和 TL1 中装入的初值应为多少？首先设未知数，例如设装入初值为 X，那么对于 8 位的 TH1 和 TL1 来说，每计（256−X）个数时就会溢出一次。因为每计一个数需要一个机器周期，而一个机器周期等于 12 个时钟周期，所以计 1 个数的时间为 12/11.0592MHz 秒，那么定时器溢出一次的时间为{（256−X）×12/11.0592MHz}秒，T1 的溢出率就是它的倒数。根据公式“串口工作方式 1 的波特率= (2^{SMOD}/32) ×(T1 溢出率)”，这里我们不妨取 SMOD=0 即波特率不倍增，那么 2^{SMOD}=1，将已知波特率代入公式得“9600=(1/32)×11059200/[（256−X）×12]”，求得 X=253，把 253 转换成十六进制为“0xfd”。也就是说当波特率要求是 9600bps 时，设置定时器工作在方式 2 自动重装载时，装初值语句为“TH1=0xfd; TL1=0xfd;”。

根据上面的计算方法，如用12MHz替换11.0592MHz，计算一下T1定时器的初值，它肯定不是一个整数，不是一个整数的话，就会如定时器工作在其他方式一样产生积累误差，进而产生波特率误差，影响串行通信的同步性能。一般不管是多么高的波特率，只要是标准通信速率，使用11.0592MHz的晶振都可以得到非常准确的定时器初值。不过，双机通信属于异步串行通信，各单片机使用自己的时钟信号，只要发送和接收单片机的时钟一致，就可以实现双方的收、发协调，完成通信。所以，系统晶振采用12MHz也是可以的。

下面讲一下串行口工作在方式1是如何执行的。根据之前介绍的串行口工作方式1是10位数据的异步通信口，即每次传输一帧数据，每帧数据有10位，其中1位起始位，8位数据位，1位停止位，其中8位数据低位在前、高位在后，当数据被写入SBUF寄存器后，单片机自动开始从起始位发送数据，到停止位时，由内部硬件将串行控制寄存器SCON 的TI置1，向CPU申请中断，接下来可以进入中断服务程序，也可以选择不进入中断。在本模块中我们只查询TI位的值即可，不用进入中断服务程序，所以也不必编写中断服务程序。注意，TI必须要软件清零后才能继续发送。当接收器检测到起始位有效时，将其移入输入移位寄存器，并开始接收这一帧数据的其余位。接收过程中，数据从输入移位寄存器右边移入，起始位移至输入移位寄存器最左边时，控制电路进行最后一次移位。当接收完一帧数据后，由内部硬件将串行控制寄存器SCON 的RI置1，向CPU申请中断表示数据接收完毕，数据被存入SBUF寄存器，接下来可以进入中断服务程序，也可以选择不进入中断。在本模块中我们只查询RI位的值即可，所以也不必编写中断服务程序，RI也是必须要软件清零后才能继续接收。

根据上面的这些介绍，在具体操作串行口之前，需要确定T1的工作方式；计算T1的初值并装入TH1、TL1；启动T1然后再设置SCON寄存器确定串行口工作方式等，接下来就具体练习一下双机通信程序的编写。例如，我们以单片机系统板作为发送机，本节刚做的单片机最小系统板作为接收机结合P1亮灯模块实现由发送单片机向接收单片机发送程序，利用接收单片机控制P1亮灯模块前4个灯亮，后4个灯灭。

发送的示例程序如下：

```
/*单片机系统板发送程序*/
#include <reg52.h>                    //头文件
unsigned char tmp;
void init_send(void)                  //发送程序初始化子程序
    {
        TMOD=0x20;                    //定时器1工作于方式2即8位自动重载模式
        TH1 =0xFD;                    //波特率9600bps
        TL1 =0xFD;
        SCON=0x50;                    //设定串行口工作方式：模式1，REN=1允许接收
        PCON=0x00;                    //波特率不倍增
        TR1 = 1;                      //启动定时器1
    }
void send_char(unsigned char txd)     //发送子程序
    {
        SBUF=txd;                     //访问发送寄存器
        while(!TI);                   //等待发送完成
        TI=0;                         //发送完成，清零
    }
void main()
    {
        init_send();                  //调用发送程序初始化子程序
```

```
    while(1)
    {
        tmp=0xf0;                 //前 4 个灯亮，后 4 个灯灭
        send_char(tmp);           //调用发送子程序，发送 tmp 值
    }
}
```

接收的示例程序如下：

```
/*单片机最小系统板接收程序*/
#include <reg52.h>                //头文件
unsigned char i;
void init_receive()               //接收程序初始化子程序
    {
        TMOD = 0x20;              //定时器 1 工作于 8 位自动重载模式
        TH1 = 0xFD;               //波特率 9600bps 对应初值
        TL1 = 0xFD;
        SCON=0x50;                //设定串行口工作方式：模式 1，REN=1 允许接收
        PCON=0x00;                //波特率不倍增
        TR1 = 1;                  //启动定时器 1
    }
char receive_char()               //接收子程序
    {
        while(RI)                 //判断是否接收完成
        {
            RI=0;                 //接收完成后，清零
            i=SBUF;               //访问接收寄存器
        }
        return i;                 //将接收到的数据返回到主函数中
    }
void main()
    {
        init_receive();           //调用接收程序初始化子程序
        while(1)
        {
            P1=receive_char();    //调用接收程序将接收到的数据 i 传给 P1
        }
    }
```

由于双机通信原理大家都明白了，因此这两个程序一般都能看懂，这里再简单给大家讲一下发送和接收两个子程序的写法。

```
void send_char(unsigned char txd) //发送子程序
{
    SBUF=txd;                     //访问发送寄存器
    while(!TI);                   //等待发送完成
    TI=0;                         //发送完成，清零
}
```

我们知道数据缓冲器 SBUF 包含两个物理上独立的接收、发送寄存器，一个用于存放接收到的数据，另一个用于存放准备发送的数据，二者共用一个字节地址。单片机是通过语句识别要访问接收寄存器还是发送寄存器，例如发送子程序中要访问发送寄存器，语句这样编写“SBUF=txd;”，执行该语句时 txd 的值就被写入了发送寄存器。再看语句“while(!TI);”，TI 位为发送中断申请位，当数据发送完成后其由硬件置 1，所以只要数据没有发送完成“!TI”就一直为真即 1，程序一直在这里等待，当数据发送完成后 TI 被置位，然后需用软件清零后才能继

续发送，所以之后又有语句“TI=0;”。

```
char receive_char()                 //接收子程序
{
    while(RI)                       //判断是否接收完成
    {
        RI=0;                       //接收完成后，清零
        i=SBUF;                     //访问接收寄存器
    }
    return i;                       //将接收到的数据返回到主函数中
}
```

接收子程序和发送子程序不同，因为发送时发送在先、判断完成在后，而接收时判断完成在先、接收存储在后，所以接收子程序采用 while 语句判断，表达式为“RI”，当接收完成后 RI 由硬件置位，表达式为真进入 while 语句，首先还是要软件清零 RI 即“RI=0;”，然后将接收寄存器中的值送给 i 即“i=SBUF;”，RI 被清零后，while 语句表达式为假跳出，执行“return i;”将接收到的数据返回到主函数中赋给 P1 口。

两个单片机连接方式如表 12-5 所示。

表 12-5 两个单片机连接方式

单片机系统板（发送）				单片机最小系统板（接收）		
发送	TXD	P3.1	→	P3.0	RXD	接收
接收	RXD	P3.0	←	P3.1	TXD	发送
信号地	GND	20 引脚	←→	20 引脚	GND	信号地

即发送机的 TXD 引脚接接收机的 RXD 引脚，接收机的 TXD 引脚接发送机的 RXD 引脚，两个单片机 GND 引脚必须接在一起，即共地。

根据程序 I/O 口分配连接电路，然后将程序分别下载到两个单片机中。单片机最小系统板不带下载功能，可以在系统板上下好后再放回最小系统板上。注意，由于单片机芯片引脚较多（40 个），在拔时很容易弄弯，所以尽量使用芯片夹。在芯片安放时要有耐心，因为单片机芯片引脚普遍外张，可以在桌子上往里压一下，一定要确定所有引脚都被放入插孔后再使劲将引脚全部压入底座，线路连接及结果如图 12-4 所示。

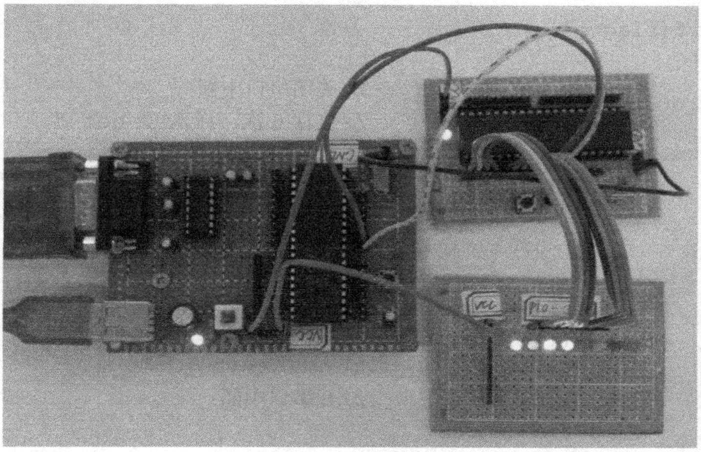

图 12-4 双机通信实验现象

12.3 单片机与计算机通信

本节与第 20 个教学视频《串口通信》对应，大家可以将本节理论知识和视频教程结合起来学习。其实，单片机与计算机之间的通信和单片机与单片机之间的通信一样，都是采用了异步串行通信。本节以一个单片机与计算机之间的通信程序来讲解一下二者是如何实现相互通信的，在计算机上用串口调试工具发送任意一个字符 x，单片机收到字符后返回给计算机“I get x”，串行口工作在方式 1，波特率设为 9600bps。串口调试工具在单片机程序下载软件“STC-ISP V38A”中就有，待会给大家讲解如何使用，先尝试着编写一下程序。

示例程序如下：

```
/*单片机与计算机通信程序*/
#include<reg52.h>                        //头文件
#define uchar unsigned char
#define uint unsigned int
unsigned char flag,a,i;
uchar code table[]="I get ";
void init()                              //初始化子程序
    {
        TMOD=0x20;                       //设定定时器 T1 工作方式 2，8 位自动重装载模式
        TH1=0xfd;                        //装入波特率 9600bps 对应初值
        TL1=0xfd;
        SCON=0x50;                       //设定串行口工作方式：模式 1，REN=1 允许接收
         PCON=0x00;                      //波特率不倍增
         TR1=1;                          //启动定时器 T1
        EA=1;                            //开总中断
        ES=1;                            //开串口中断
    }
void main()
    {
        init();
        while(1)
        {
             if(flag==1)
             {
                 ES=0;                   //关闭串口中断
                 for(i=0;i<6;i++)        //执行 6 次，送入"I get "
                 {
                     SBUF=table[i];
                     while(!TI);         //等待发送完毕
                     TI=0;
                 }
                 SBUF=a;                 //发送数据
                 while(!TI);             //等待发送完毕
                 TI=0;
                 ES=1;                   //开串口中断
                 flag=0;
             }
        }
```

```
    }
    void ser()interrupt 4                    //串口中断服务程序
        {
            RI=0;
            a=SBUF;                          //接收数据
            flag=1;
        }
```

程序开始首先是头文件、定义变量等操作，对“uchar code table[]="I get ";”可能会产生疑问，因为之前定义数组都是用大括号来包含数组内容。当数组中的元素为字符串时，可以采用双撇号将字符串引起来，当然也可以写成之前常用的大括号模式，不过字符串中的每个字符都要用两个单撇号引起来，而且元素间要用逗号隔开。

首先还是来看主函数，进入主函数首先调用初始化子程序，对串口工作方式、定时器工作方式、定时器初值进行初始化操作。由于单片机与计算机之间的通信和单片机与单片机之间的通信一样，都是采用了异步串行通信，所以二者初始化设置差不多，只不过本模块中要用到串口中断，所以要对中断进行设置，“EA=1;”开总中断，“ES=1;”开串口中断。

初始化之后进入 while 大循环，此处使用了标志位 flag。if 语句表达式为“flag==1”即判断标志位 flag 是否为 1，如果 flag 为 1，则说明程序已经执行串口中断服务程序，即收到了数据，因为 flag 默认为 0，而根据程序要求，只有串口中断服务程序中才有对 flag 的赋 1 操作。当检测到 flag 置 1 后，先将串口中断关闭“ES=0;”，因为接下来要发送数据，如果不关闭串口中断，当发送完数据后，TI 会被置位申请串口中断，这样便再次进入中断服务程序，flag 又被置 1。当检测到 flag 为 1，数据又会被再次发送，因此要先将串口中断关闭，等发送完数据后再打开。注意字符串“I get”一共有 6 位，“I”后和“get”后各有一个空格，空格也是一个字符，所以用 for 语句执行 6 次才能将字符串全部送出。

接下来再看串口中断服务程序：

```
void ser()interrupt 4                    //串口中断服务程序
{
    RI=0;
    a=SBUF;                              //接收数据
    flag=1;
}
```

根据中断优先级及序号表查得串口中断服务程序中断序列号为 4。在此中断服务程序中，完成对接收中断申请位 RI 的清零、数据的接收和 flag 的置位。在程序下载前，要把单片机系统板上的 12MHz 晶振替换为 11.0592MHz，因为计算机比单片机灵敏，9600bps 的波特率必须准确，不然无法完成通信。

将程序下载到单片机中，再次打开单片机程序下载软件“STC-ISP V38A”，右侧打开串口调试助手如图 12-5 所示，选中接收区下方的“字符格式显示”与单字串发送区下方的“字符格式发送”单选按钮，然后，在“打开/关闭串口”栏中单击“打开串口”，该方块后会显示一个绿色亮点。在串口调试工具对话框最下方选中“COM3”口，波特率选中“9600”，设置完成之后在单字串发送区内输入“x”，然后单击“发送字符/数据”按钮，这时就会在接收区显示“I get x”，完成单片机与计算机的通信。同样的方法，可以发送其他字符到单片机，例如发送 8，显示效果如图 12-6 所示。

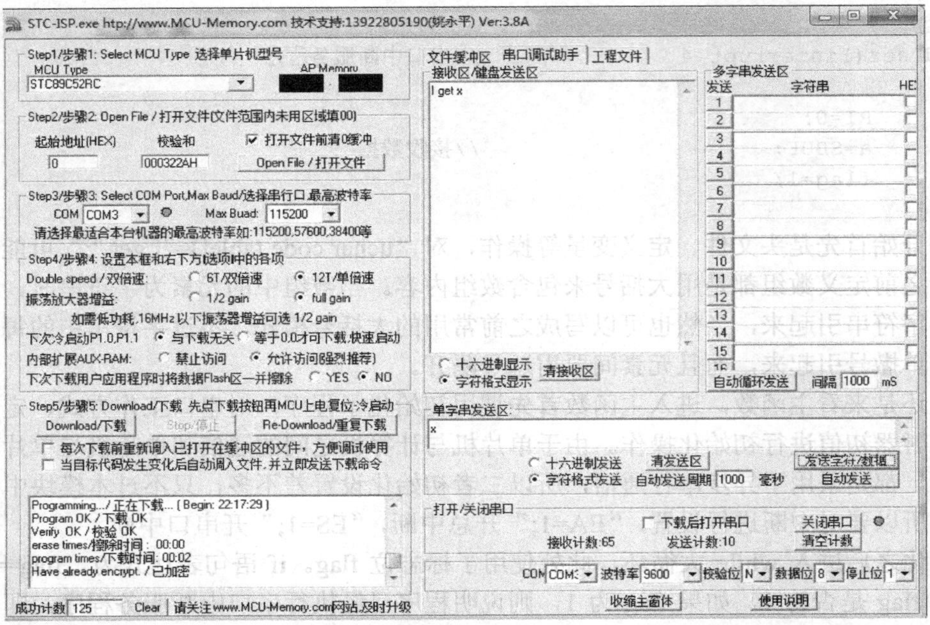

图 12-5　串口调试工具（发送 x）

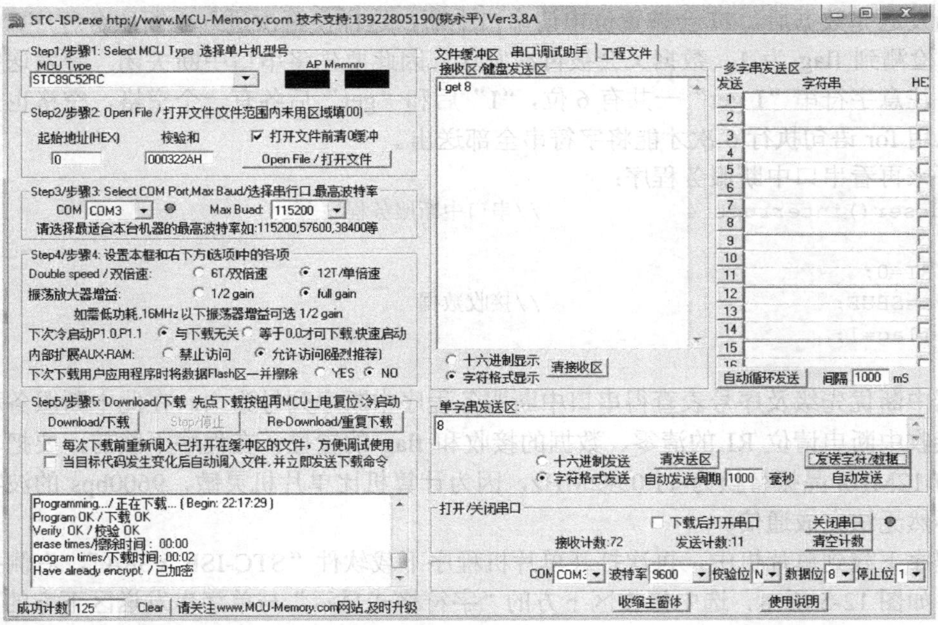

图 12-6　串口调试工具（发送 8）

如果没有将 12MHz 的晶振替换为 11.0592MHz，那么单片机与计算机在 9600bps 波特率下就会出错，例如，用上述方法输入 x，对话框显示效果如图 12-7 所示。

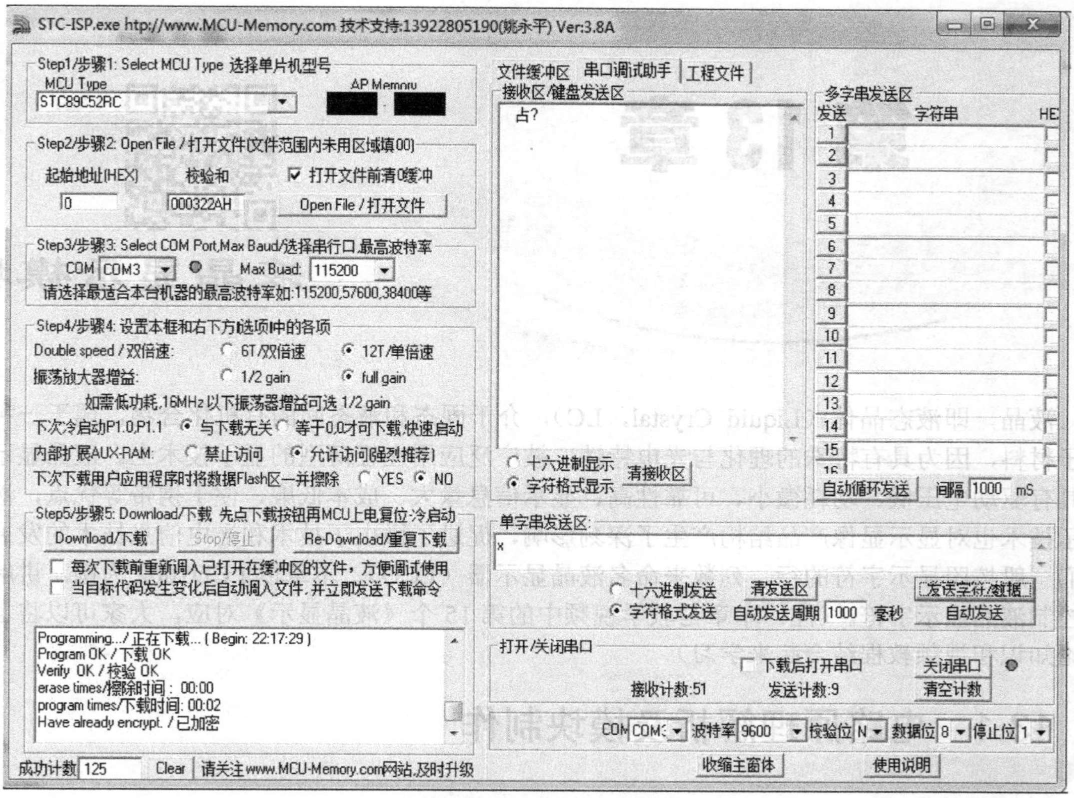

图 12-7　串口调试工具（12MHz 晶振，发送 x）

第 13 章

液晶显示模块

液晶，即液态晶体（Liquid Crystal，LC），介于固态和液态间的有机化合物，属于一种高分子材料，因为具有特殊的理化与光电特性，被广泛应用在轻薄型的显示技术上。液晶显示材料具有驱动电压低、功耗微小、可靠性高、显示信息量大、成本低廉、便于携带等优点，液晶显示技术也对显示显像产品结构产生了深刻影响，促进了微电子技术和光电信息技术的发展，我们一般按照显示字符的行、列数来命名液晶显示器（LCD）。本章以 LCD1602 为例，讲解如何控制液晶显示字符。（注：本章与教学视频中的第 15 个《液晶显示》对应，大家可以将本章理论知识和视频教程结合起来学习）

13.1 电路原理解析及模块制作

液晶显示模块电路如图 13-1 所示。

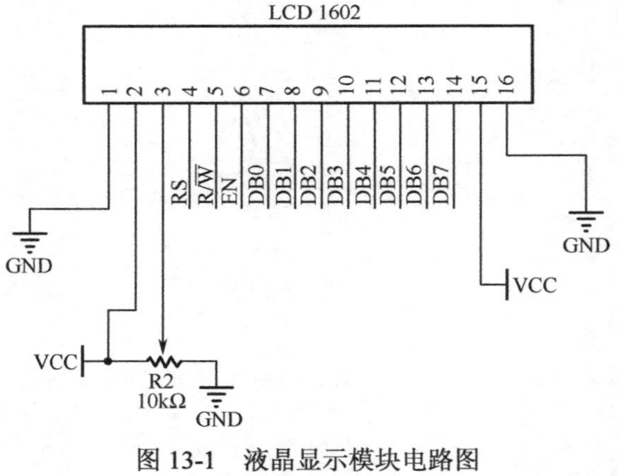

图 13-1　液晶显示模块电路图

根据 1602 引脚定义其为电源正负端，其中 1 引脚接地 GND，2 引脚接电源正 VCC；3 引脚为液晶对比度调节端，将此端连接到 10kΩ 滑动变阻器中间引脚来实现液晶显示对比度的调节，滑动变阻器两端引脚一个接 GND，一个接 VCC；4 引脚为液晶控制器写数据/命令选择端 RS；5 引脚为读/写选择端 R/$\overline{W}$；6 引脚为使能端 EN；7～14 引脚为数据线 DB0～DB7，15、16 引脚为背光电源，其中 16 引脚接地 GND，15 引脚接电源正 VCC，电路中所有的 GND 和 VCC 都要连在一起，然后通过两个弯头插针引出。

先把所有的器件都摆放在万能板上，然后根据上面的电路连接方式做一下调整，确定器件布局后，就开始焊接，液晶显示模块如图 13-2 和图 13-3 所示。电路焊好之后不要忘记检查，养成善始善终的好习惯，确保模块能够正常、稳定工作。

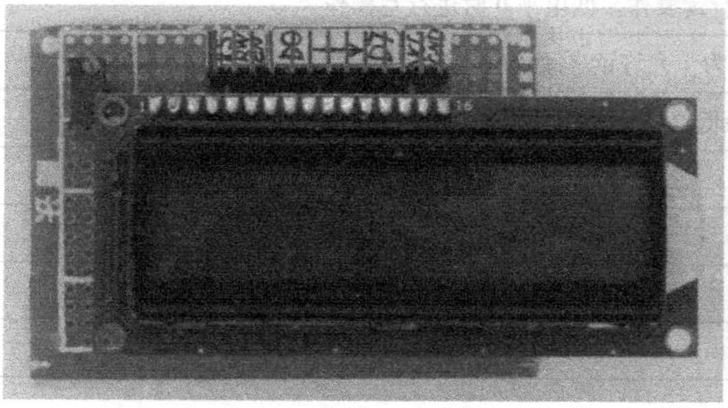

图 13-2 液晶显示模块

图 13-3 液晶显示模块背部走线

13.2 1602 液晶显示器

LCD1602 是工业字符型液晶，能够同时显示 32 个字符（16 列 2 行），字符型液晶显示模块是一种专门用于显示字母、数字、符号等点阵式 LCD，LCD1602 显示器是数字式的，和单片机系统的接口简单可靠，操作比较方便，其工作电压为 4.5～5.5V，工作电流为 2.0mA(5.0V)，最佳工作电压为 5.0V，字符尺寸为 2.95mm×4.35mm (W×H)。

LCD1602 分为带背光和不带背光两种，带背光的比不带背光的厚，是否带背光在应用中并无差别，本模块选用的是带背光的 LCD1602，如图 13-4 和图 13-5 所示，通过这两图可以看到该款液晶有 16 只引脚，且引脚标号从左到右依次为 1→16，液晶买来时是没有插针的，背部 16 根插针需要自己焊上。

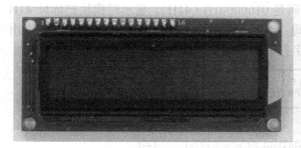

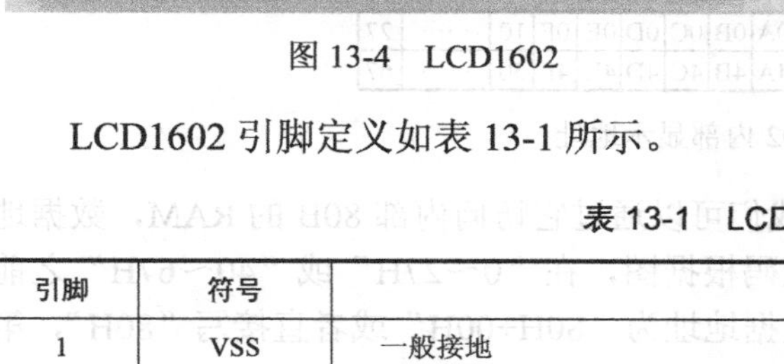

图 13-4 LCD1602

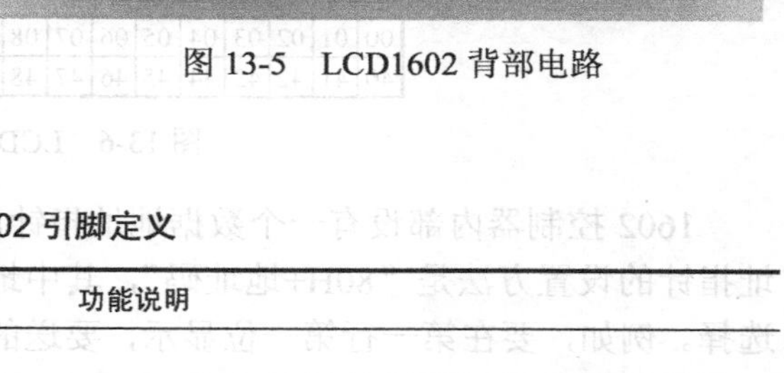

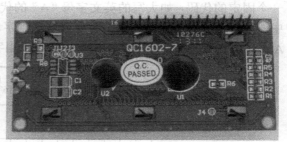

图 13-5 LCD1602 背部电路

LCD1602 引脚定义如表 13-1 所示。

表 13-1 LCD1602 引脚定义

引脚	符号	功能说明
1	VSS	一般接地
2	VDD	接电源（+5V）
3	V0	液晶显示器对比度调整端，接正电源时对比度最弱，接地电源时对比度最高，使用时可以通过一个 10kΩ的电位器调整对比度。
4	RS	RS 为寄存器选择，高电平 1 时选择数据寄存器、低电平 0 时选择指令寄存器

续表

引脚	符号	功能说明
5	R/$\overline{W}$	R/$\overline{W}$为读写信号线，高电平1时进行读操作，低电平0时进行写操作。
6	EN	EN（或E）端为使能（enable）端，为1允许读/写；为0，禁止读/写
7	DB0	低4位三态、双向数据总线0位（最低位）
8	DB1	低4位三态、双向数据总线1位
9	DB2	低4位三态、双向数据总线2位
10	DB3	低4位三态、双向数据总线3位
11	DB4	高4位三态、双向数据总线4位
12	DB5	高4位三态、双向数据总线5位
13	DB6	高4位三态、 双向数据总线6位
14	DB7	高4位三态、双向数据总线7位（最高位）（也是busy flag，为1表示忙禁止读/写；为0表示允许读/写）
15	BLA	背光电源正极
16	BLK	背光电源负极

由表13-1看出1602的数据总线DB7位为busy flag，当1602忙碌时该位为1，不可进行读/写操作；当1602空闲时该位为0，可以进行读/写操作。原则上每次对控制器进行读/写操作之前，都必须检测DB7位确保其为0，这时才可以进行读/写操作，实际上，由于单片机的操作速度低于液晶控制器的反应速度，因此，可以不进行检测，而只进行简短延时。

LCD1602显示字符时要先输入显示字符地址，也就是告诉模块在哪里显示字符，其内部显示地址如图13-6所示。1602液晶内部的字符发生存储器（CGROM)已经存储了160个不同的点阵字符图形，这些字符有阿拉伯数字、英文字母的大小写、常用的符号等，每一个字符都有一个固定的代码，如大写的英文字母“A”的代码是01000001B（41H），显示时模块把地址41H中的点阵字符图形显示出来，我们就能看到字母“A”。因为1602识别的是ASCII码，可以用ASCII码直接赋值，在单片机编程中还可以用字符型常量或变量赋值。

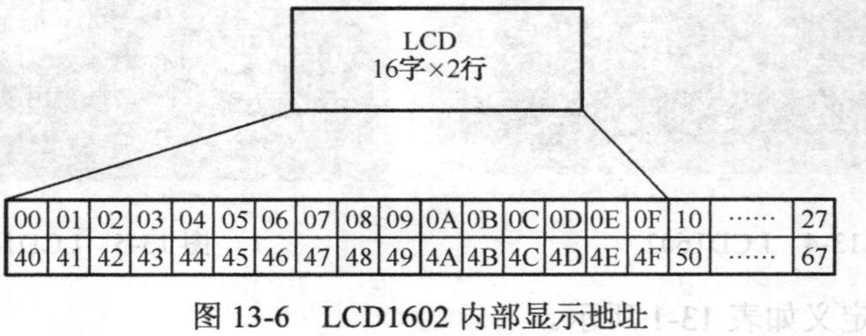

图13-6 LCD1602内部显示地址

1602控制器内部设有一个数据地址指针，我们可以通过它访问内部80B的RAM，数据地址指针的设置方法是“80H+地址码”，其中地址码根据图，在“0～27H”或“40～67H”之前选择。例如，要在第一行第一位显示，要送的数据地址为“80H+00H”或者直接写“80H”，第二行第一位显示，要送的地址则为“80H+40H”或者写成“0x80+0x40”。

在对1602进行初始化设置时，首先要确定其显示模式，一般设置为“16×2显示，5×7点阵，8位数据接口”模式，需要写入的指令为“0x38”。1602液晶的读写操作、屏幕和光标的显示操作都是通过指令编程来实现的，其内部的控制器共有11条控制指令，可以根据需要选择使用，控制指令如表 13-2 所示。

表 13-2 1602 液晶控制指令

序号	指令	RS	R/$\overline{W}$	D7	D6	D5	D4	D3	D2	D1	D0
1	清显示	0	0	0	0	0	0	0	0	0	1
2	光标复位	0	0	0	0	0	0	0	0	1	*
3	光标和显示位置设置	0	0	0	0	0	0	0	1	I/D	S
4	显示开/关控制	0	0	0	0	0	0	1	D	C	B
5	光标或显示移位	0	0	0	0	0	1	S/C	R/L	*	*
6	功能设置命令	0	0	0	0	1	DL	N	F	*	*
7	置字符发生存储器地址	0	0	0	1	字符发生存储器地址					
8	置数据存储器地址	0	0	1	显示数据存储器地址						
9	读忙信号或地址设置	0	1	BF	计数器地址						
10	写数到 CGRAM 或 DDRAM	1	0	要写的数据内容							
11	从 CGRAM 或 DDRAM 读数	1	1	读出的数据内容							

（1）指令 1：清显示，指令码 01H，光标复位到地址 00H 位置。

（2）指令 2：光标复位，光标返回到地址 00H。

（3）指令 3：光标和显示位置设置。I/D：光标移动方向也可以说是地址移动方向，高电平右移，低电平左移。S：屏幕上所有文字是否左移或右移，高电平表示有效，低电平表示无效。

（4）指令 4：显示开/关控制。D：控制整体的显示开与关，高电平表示开显示，低电平表示关显示。C:控制光标的开与关，高电平表示有光标，低电平表示无光标。B：控制光标是否闪烁，高电平闪烁，低电平不闪烁。

（5）指令 5：光标或显示移位。S/C：高电平时显示移动的文字，低电平时移动光标。

（6）指令 6：功能设置命令。DL：高电平时为 4 位总线，低电平时为 8 位总线。N：低电平时为单行显示，高电平时为双行显示。F：低电平时显示 5×7 的点阵字符，高电平时显示 5×10 的显示字符。

（7）指令 7：字符发生器 CGRAM 地址设置。

（8）指令 8：DDRAM 地址设置。

（9）指令 9：读忙信号和光标地址。BF：忙标志位，高电平表示忙，此时模块不能接收命令或数据，如果为低电平表示不忙。

（10）指令 10：写数据。

（11）指令 11：读数据。

1602 基本操作时序表如表 13-3 所示。

表 13-3 1602 基本操作时序表

读状态	输入	RS=L，R/$\overline{W}$ =H，E=H	输出	D0～D7=状态字
写命令	输入	RS=L，R/$\overline{W}$ =L，D0～D7=指令码，E=高脉冲	输出	无
读数据	输入	RS=H，R/$\overline{W}$ =H，E=H	输出	D0～D7=数据
写数据	输入	RS=H，R/$\overline{W}$ =L，D0～D7=数据，E=高脉冲	输出	无

1602 读/写操作时序如图 13-7 和图 13-8 所示，在一般的液晶显示中都是根据要显示的内容

对液晶进行写操作，而很少进行读操作，所以我们着重讲解一下对 1602 进行写操作的时序。根据 1602 写操作时序图 13-8 可知，在对 1602 液晶进行写操作时首先通过 RS 判断是写数据还是写命令。当 RS=0 时，表示写入命令，命令包括数据在液晶上的显示位置、光标显示/不显示、光标闪烁/不闪烁、需/不需要移屏等；当 RS=1 时，表示写入数据，即需要显示的内容。然后设置读/写控制端 R/$\overline{W}$ 为写模式，即 R/$\overline{W}$=0。现在将数据或命令送到数据线 DB0～DB7 上，之后再给使能端 E 一个高脉冲将数据送入液晶控制器，完成写操作。

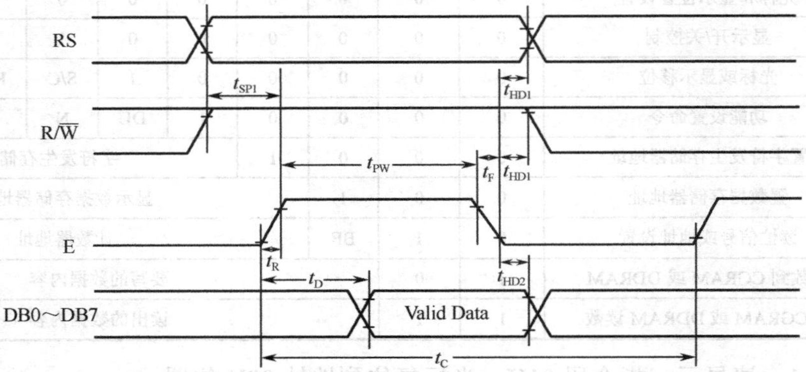

图 13-7 1602 读操作时序图

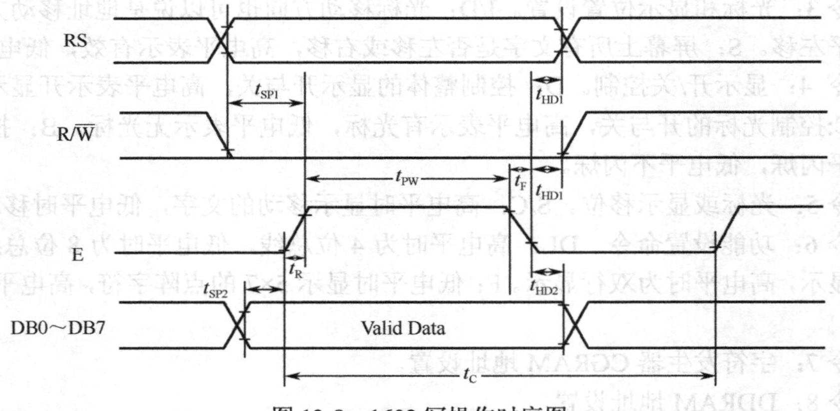

图 13-8 1602 写操作时序图

为了方便接线，本模块可以选用弯头插针，如图 13-9 所示。

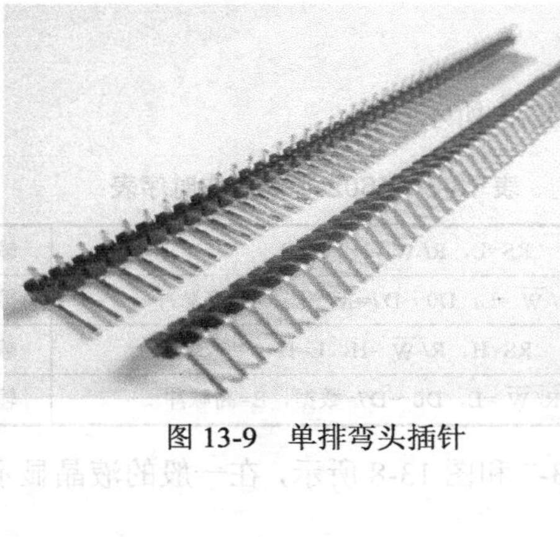

图 13-9 单排弯头插针

下面给出器件列表如表 13-4 所示。

表 13-4 所需器件列表

器件	型号	个数
液晶屏	1602	1
滑动变阻器	10kΩ（103）	1
插针	单排弯头	13 针
万能板	5cm×7cm	1

13.3 编程控制液晶显示

例，要求在 1602 上分两行显示，不妨在第一行显示"I LIKE MCU!"即我爱单片机，然后在第二行显示"MCU laboratory"即 MCU 实验室。尝试着编程控制 1602 液晶完成上述显示内容和要求。

示例程序如下：

```
/*1602 分两行显示，第一行显示"I LIKE MCU!"，第二行显示"MCU laboratory"*/
#include<reg52.h>              //头文件
#define uchar unsigned char
#define uint unsigned int
uchar code table[]="I LIKE MCU!";
uchar code table1[]="MCU laboratory";
sbit RS=P2^0;                  //数据命令选择端
sbit RW=P2^1;                  //读写控制端
sbit EN=P2^2;                  //使能端
uchar num;
void delay(uint z)             //延时子函数，延时 z 毫秒
    {
        uint x,y;
        for(x=z;x>0;x--)
            for(y=123;y>0;y--);
    }
void write_com(uchar com)      //写命令子函数
    {
        RS=0;                  //命令选择端
        RW=0;                  //写操作
        EN=0;                  //禁止读/写
        P0=com;                //将命令送达数据线 P0
        delay(1);
        EN=1;                  //EN 开始为 0，现在赋 1 即给 EN 高脉冲，将数据送入液晶控制器
        delay(1);
        EN=0;
    }
void write_data(uchar date)  //写数据子函数
    {
        RS=1;                  //数据选择端
        RW=0;                  //写操作
        EN=0;                  //禁止读/写
```

```
        P0=date;                //将数据送至数据口 P0
        delay(1);
        EN=1;                   //EN 开始为 0，现在赋 1 即给 EN 高脉冲，将数据送入液晶控制器
        delay(1);
        EN=0;
    }
void init()                     //初始化子程序
    {
        write_com(0x38);        //设置显示模式，16×2 显示，5×7 点阵，8 位数据接口
        write_com(0x0c);        //设置开显示，不显示光标
        write_com(0x06);        //写一个字符后地址指针加 1
        write_com(0x01);        //显示清零，数据指针清零
    }
void main()
    {
        init();
        write_com(0x80);        //将数据指针定位到第一行第一个字处
        for(num=0;num<11;num++)
        {
            write_data(table[num]);
            delay(5);
        }
        write_com(0x80+0x40);//数据指针定义到第二行第一个字处
        for(num=0;num<14;num++)
        {
            write_data(table1[num]);
            delay(5);
        }
        while(1);
    }
```

首先还是看主函数，进入主函数首先调用 1602 初始化子程序“init();”，我们转到 init();。初始化子程序有以下几句：

```
write_com(0x38);            //设置显示模式，16×2 显示，5×7 点阵，8 位数据接口
write_com(0x0c);            //设置开显示，不显示光标
write_com(0x06);            //写一个字符后地址指针加 1
write_com(0x01);            //显示清零，数据指针清零
```

这几句分别设置了 1602 显示模式、屏幕光标显示情况及地址指针操作等，而这几个语句都调用了写命令子程序“void write_com(uchar com)”，我们转到写命令子程序：

```
void write_com(uchar com)   //写命令子函数
{
    RS=0;                   //命令选择端
    RW=0;                   //定义为写操作
    EN=0;                   //禁止读/写
    P0=com;                 //将命令送达数据线 P0
    delay(1);
    EN=1;                   //EN 开始为 0，现在赋 1 即给 EN 高脉冲，将数据送入液晶控制器
    delay(1);
    EN=0;
}
```

写命令子程序内容是严格按照 1602 写操作时序编写的，命令数据通过 P0 口送到 1602 控

制器中。现在再回到主函数中，初始化之后的语句为“write_com(0x80);”，数据指针被定位到第一行第一个字处，由于在初始化中设置了“write_com(0x06);”命令，因此每次往 1602 写入一个字符后地址指针会自动加 1，当写入字符串时就不用每一位都设置地址指针了。这样的话可以通过 for 语句来执行写入指令，依次写入第一行要显示的数据“I LIKE MCU!”。注意，空格和字符都要占一位，所以第一行一共要显示 11 位。在写入数据时，需要调用写数据子函数“void write_data(uchar date)”，写数据子函数和写命令子函数类似，都要严格按照时序编写。显示数据同样通过 P0 口送到 1602 控制器中。

第一行数据写完之后就要写入第二行了，首先还是要定义数据地址指针，“write_com(0x80+0x40);”从 LCD1602 内部显示地址可知，执行该语句之后数据指针就被定义到第二行第一个字处。然后，利用写入第一行数据类似的方法将第二行要显示的数据“MCU laboratory”共 14 位字符写入 1602。数据被全部写入液晶后，利用语句“while(1);”使程序停在此处，不然程序会永无止境地执行，对 1602 重复写入命令、数据。根据程序中 I/O 口分配连接电路，然后将程序下载到单片机中，观察结果。

线路连接方式及显示效果如图 13-10 所示，若液晶显示模块显示效果如图 13-11 所示，只需顺时针或逆时针旋转滑动变阻器调节对比度就可以实现如图 13-10 的清晰效果。

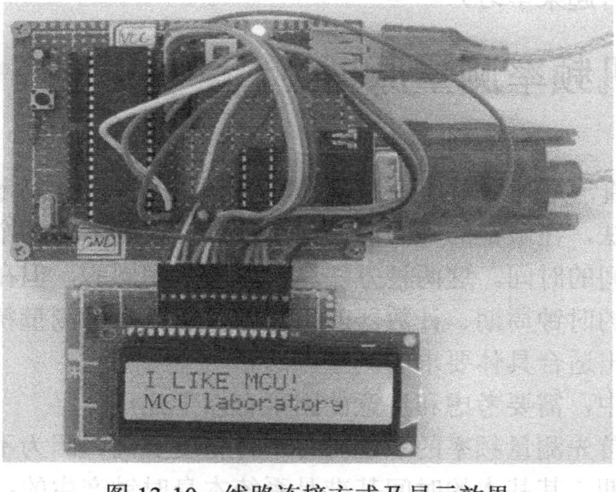

图 13-10　线路连接方式及显示效果

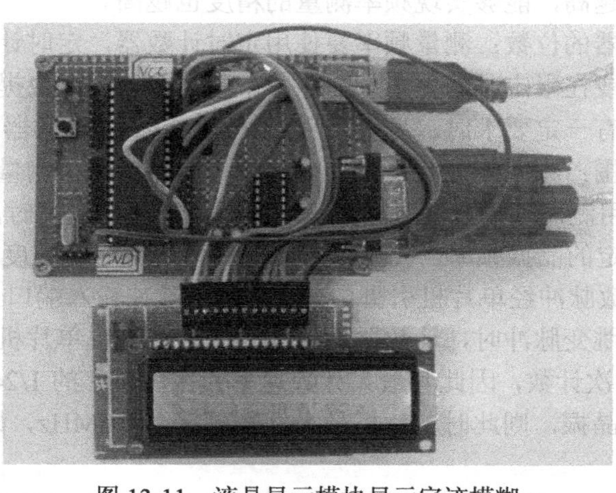

图 13-11　液晶显示模块显示字迹模糊

第14章 频率计模块

在电子技术中，频率是最基本的参数之一，并且与许多电参量的测量方案、测量结果都有十分密切的关系，因此，频率的测量就显得更为重要。在单片机应用系统中，也经常要对一个连续的脉冲波频率进行测量。在实际应用中，对于转速，位移、速度、流量等物理量的测量，一般也是由传感器转换成脉冲电信号，采用测量频率的方式实现。本章就来讲解单片机测量频率的原理以及编程方法。（注：本章与教学视频中的第16个《频率计》对应，大家可以将本章理论知识和视频教程结合起来学习）

14.1 单片机频率测量原理

单片机测量频率，通常是利用单片机的定时器/计数器来完成，测量的基本方法和原理一般有两种：第一种是测频法，在限定的时间内（如1秒钟）检测脉冲的个数；第二种是测周法，测试限定的脉冲个数之间的时间。这两种方法尽管原理是相同的，但在实际使用时，需要根据待测频率的范围、系统的时钟周期、计数器的位数以及所要求的测量精度等因素进行全面和具体的考虑，寻找和设计出适合具体要求的测量方法。

在具体频率的测量中，需要考虑和注意的因素有以下几点：

（1）系统的时钟：首先测量频率的系统时钟本身精度要高，因为不管是限定测量时间还是限定测量脉冲个数的周期，其基本的时间基准是系统本身时钟产生的；其次是系统时钟的频率值，因为系统时钟频率越高，能够实现频率测量的精度也越高。

（2）使用定时计数器的位数：测量频率要使用定时计数器，定时计数器的位数越长，可以产生的限定时间越长，或在限定时间里记录的脉冲个数越多，因此也提高了频率测量的精度，所以，对频率测量精度有一定要求时，尽量采用16位的定时器/计数器。

（3）被测频率的范围：频率测量需要根据被测频率的范围选择测量的方式，当被测频率的范围比较低时，最好采用测周期的方法测量频率；而被测频率比较高时，使用测频法比较合适。需要注意的是，对于给定的晶振频率，被测频率的最高值是有一定限度的，当定时器/计数器工作在计数状态时，其计数脉冲经单片机引脚由外部输入，脉冲输入端口上出现由“1”（高电平）到“0”（低电平）的负跳变脉冲时，计数器加1计数，也就是说单片机需要用两个机器周期即24个时钟周期来识别1次计数，因此其最大计数速率为振荡频率的1/24。例如，我们的单片机系统板采用的12 MHz晶振，则此时单片机最大计数频率为0.5MHz，即500kHz，实际测量时应该还要小一些。

除了以上三个因素外，还要考虑频率测量的频度（每秒内测量的次数），如何与系统中其他任务处理之间的协调工作等。频率测量精度要求高时，还应该考虑其他中断以及中断响应时间的影响，甚至需要在软件中考虑采用多次测量取平均的算法等。

频率的测量实际上就是在 1s 时间内对信号进行计数，计数值就是信号频率。用单片机设计频率计通常采用的办法是使用单片机自带的计数器对输入脉冲进行计数，其优点就是设计出的频率计系统结构和程序编写简单，成本低廉，不需要外部计数器，直接利用所给的单片机最小系统就可以实现。缺陷是受限于单片机计数的晶振频率，输入的时钟频率最大不能超过单片机晶振频率的 1/24，对于 300kHz 以下的低频脉冲信号，可以直接使用单片机计数器进行测量，对于 300kHz 以上的高频脉冲信号，可以对信号进行 10 分频或者 100 分频处理之后，再由单片机计数器测量。

本模块中需要使用信号发生器作为脉冲源，信号发生器是指产生所需参数的电测试信号的仪器。按信号波形可分为正弦信号、函数（波形）信号、脉冲信号和随机信号发生器四大类，信号发生器又称为信号源或振荡器，在生产实践和科技领域中有着广泛的应用，能够产生多种波形，如三角波、锯齿波、矩形波（含方波）、正弦波，信号发生器除具有电压输出外，有的还有功率输出，所以用途十分广泛，可用于测试或检修各种电子仪器设备中的低频放大器的频率特性、增益、通频带，也可用作高频信号发生器的外调制信号源。低频信号发生器系统包括主振级、主振输出调节电位器、电压放大器、输出衰减器、功率放大器、阻抗变换器（输出变压器）和指示电压表，如图 14-1 所示。

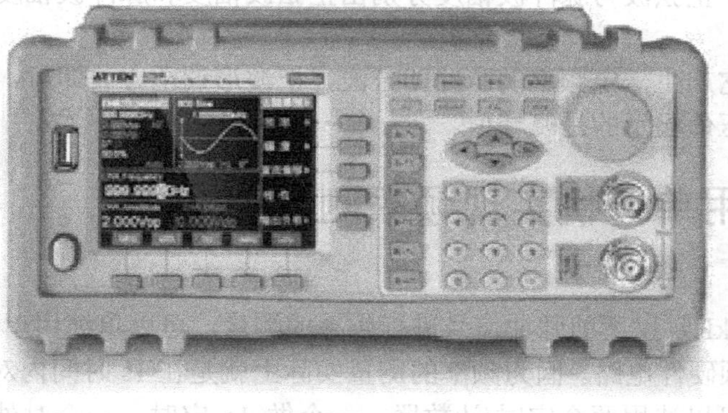

图 14-1　信号发生器

信号发生器面板上主要有：

（1）电源开关；

（2）信号输出端子；

（3）输出信号波形选择；

（4）输出信号幅度调节；

（5）矩形波、尖脉冲波幅度调节；

（6）矩形脉冲宽度调节；

（7）输出信号衰减选择；

（8）输出信号频段选择；

（9）输出信号频率粗调；

（10）输出信号频率细调；

（11）单次脉冲；

（12）信号输入端子；

（13）显示窗口；

（14）频率计内测、外测功能；

（15）测量频率；

（16）测量周期；

（17）计数；

（18）复位；

（19）频率或周期单位指示；

（20）测量功能指示。

在使用信号发生器时需要注意以下几点：

（1）将电源线接入 220V、50Hz 交流电源上，注意三芯电源插座的地线脚应与大地妥善接好，避免干扰。

（2）开机前应把面板上各输出旋扭旋至最小。

（3）为了得到足够的频率稳定度，需预热。

（4）频率调节，按下相应的按键，然后再调节至所需要的频率。

（5）波形转换，根据需要波形种类，按下相应的波形键位，波形选择键是正弦波、矩形波、方波、三角波等。

（6）幅度调节，正弦波与脉冲波幅度分别由正弦波幅度和脉冲波幅度调节，不要作人为的频繁短路实验。

本模块主要用它产生一定频率的脉冲即方波，把波形调至方波即可，还有一点需要注意的是，信号发生器电压值显示的是峰峰值。

14.2　利用单片机实现频率测量

假设要求对 10kHz 以下的脉冲信号进行频率的测量，可以单纯用单片机定时器/计数器完成，而无须外围测频硬件电路。因为频率的测量实际上就是在 1s 时间内对信号进行计数，计数值就是信号频率，可以选用两个定时/计数器，一个做 1s 定时，一个对外部脉冲进行计数。按照这个思想，测量 10kHz 以下的脉冲信号，然后利用液晶显示模块实时显示脉冲频率。

示例程序如下：

```
/*编写一个频率计程序，要求用之前做好的 1602 小模块显示，第一行显示频率计英文名“frequency meter”，从第二行第五位开始显示 6 位频率值，选用定时器 0 做定时器，定时器 1 做计数*/
#include<reg52.h>                      //头文件
#define uchar unsigned char
#define uint unsigned int
unsigned long fre,count,time;
sbit lcd_rs=P2^0;                      //液晶数据、命令选择端
sbit lcd_rw=P2^1;                      //液晶读写控制
sbit lcd_en=P2^2;                      //液晶使能控制
uchar table[]="frequency meter";       //频率计英文名
uchar frequency[8];                    //存放要显示的频率数据，数组内共 8 个元素
void delayms(uint x)                   //延时子程序，延时 x 毫秒
    {
        uint i,j;
```

```
        for(i=x;i>0;i--)
          for(j=123;j>0;j--);
    }
 void read_fre()                          //读频率数据子程序
    {
        frequency[7]='z';                 //单位
        frequency[6]='H';
        frequency[5]=fre%10;              //个位
        frequency[4]=fre%100/10;          //十位
        frequency[3]=fre%1000/100;        //百位
        frequency[2]=fre/1000%10;         //千位
        frequency[1]=fre/10000%10;        //万位
        frequency[0]=fre/100000;          //十万位
    }
 void write_com(uchar com)                //写命令到液晶
    {
      lcd_rs=0;
      lcd_rw=0;
      P0=com;
      delayms(5);
      lcd_en=1;
      delayms(5);
      lcd_en=0;
    }
 void write_dat(uchar dat)                //写数据到液晶
    {
      lcd_rs=1;
      lcd_rw=0;
      P0=dat;
      delayms(5);
      lcd_en=1;
      delayms(5);
      lcd_en=0;
    }
 void init_1602()                         //液晶 1602 初始化
    {
      write_com(0x38);                    //设置显示模式，16×2 显示，5×7 点阵，8 位数据接口
      write_com(0x0f);                    //设置开显示，不显示光标
      write_com(0x06);                    //写一个字符后地址指针加 1
      write_com(0x01);                    //显示清零，数据指针清零
    }
 void time_init()                         //定时器/计数器初始化
    {
        TMOD=0x61;                        //计数器 1 工作在方式 2，自动重装初值；定时器 0 工
                                            作在方式 1
        TH1=0;                            //计数器 1 初值为 0
        TL1=0;
        TR1=1;                            //开计数器 1
        ET1=1;                            //打开计数器 1 中断。
        TH0=(65536-50000)/256;            //12M 晶振下每次中断 50ms
        TL0=(65536-50000)%256;
        ET0=1;                                           //开定时器 0 中断
```

```
        TR0=1;                                      //开定时器 0
        EA=1;                                       //开总中断
    }
void display()                                      //显示子函数
    {
        uchar i,num;
        init_1602();
        while(1)
        {
            write_com(0x80);                        //将地址指针定义到第一行第一个字处
            for(num=0;num<15;num++)
            {
                write_dat(table[num]);
                delayms(1);
            }
            read_fre();                             //读频率数据
            write_com(0x80+0x44);                   //地址指针定义到第二行第五个字处
            for(i=0;i<6;i++)
            {
                write_dat(frequency[i]+0x30);       //ASCII 码转换，显示
            }
            write_com(0x80+0x4a);                   //地址指针定义到第二行第十一个字处
            write_dat(frequency[6]);
            delayms(1);
            write_com(0x80+0x4b);                   //地址指针定义到第二行第十二个字处
            write_dat(frequency[7]);
        }

    }
void timer0() interrupt 1                           //定时器 0 中断
    {
        TH0=(65536-50000)/256;
        TL0=(65536-50000)%256;
        time++;
        if(time==20)                                //定时 1s 时间到
        {   EA=0;                                   //关中断、停止计数
            time=0;                                 //计时清 0
            fre=count*256+TL1;                      //计算脉冲总数
            TL1=0;                                  //清零计数器 1 计数
            TH1=0;
            count=0;                                //清零计数器 1 计数
            EA=1;                                   //开中断
        }
    }
void timer1() interrupt 3                           //计数器 1 中断，计数脉冲来自 P3.5 口
    {
        count++;
    }
void main()                                         //主函数
    {
        time_init();
        display();
```

```
    }
```

在本程序中我们选用定时器 0 做 1s 定时器，计数器 1 计数。首先还是从主函数开始讲解，进入主函数第一条语句就是调用“time_init();”定时器/计数器初始化子程序；在定时器/计数器初始化子程序中首先设置定时器的使用情况，根据 TMOD 各位的定义当要求计数器 1 工作在工作方式 2，定时器 0 工作在方式 1 时，“TMOD=0x61;”；之后对计数器 1 的 TL1 和 TH1 装入初值 0，且计数器 1 工作在方式 2，8 位自动重装载模式，则 TL1 每当计满 2^8=256 个数之后将会溢出产生中断申请，之后 TL1 将自动重新装入 TH1 中的值即 0；装入初值后要对 TR1、ET1 置位，打开定时器 1 及其中断；之后是对定时器 0 进行初始化设置，由于定时器 0 工作在方式 1，最大计数值为 65536，我们利用它计时 1s，还是按照之前的方法每次计数 50ms，计满 20 次则 1s 时间到，装入初值“TH0=(65536-50000)/256;TL0=(65536-50000)%256;”；然后开定时器 0 及其中断，并且还要对 EA 置位，开总中断。

定时器/计数器初始化操作后，调用显示子函数“display();”，进入显示子函数首先调用 1602 初始化子函数“init_1602();”，初始化操作和液晶显示模块一致就不再解释了。液晶初始化操作之后进入“while(1)”大循环，1602 写命令及写数据子函数跟液晶显示模块一致也不用多说，首先在液晶第一行写入频率计英文名“frequency meter”，共 15 位，利用 for 语句分 15 次送入显示字符；之后调用读频率数据子函数“read_fre();”，在该函数中完成对频率值 fre 共 6 位数值的分离，并将 6 位数和表示频率单位的两个字符“H”、“Z”作为元素分别放入数值 frequency 的各位内；6 位数的分离方法跟数码管显示模块内秒数、分数的分离方法一致，都是采用取余、取整的方法，这个很好理解。

读取频率值各位数据之后，将地址指针定义到第二行第五个字处，然后将第二行显示数据写入，注意频率分离数值要经过 ASCII 码转换之后才能被 1602 识别并显示，转换公式为“frequency[i]+0x30”，所以要将第二行显示的数据分开送，先用 for 语句依次送入经 ASCII 码转换的频率值 6 位数，然后再依次将“H”、“Z”送入。

再看两个定时器/计数器的中断服务程序，首先看计数器 1 中断服务程序，根据 P3 口的第二功能介绍，计数器 1 的计数脉冲来自 P3.5 脚，所以外部脉冲输入端要接在该脚上。该中断服务程序内部只有一条语句“count++;”，又因为计数器工作在方式 2 自动重装载模式，所以 TL1 计满 256 个数便申请一次中断，count 便会自加 1，也就是说 count 记录下了计数器 1 的中断次数。再看定时器 0 的 1s 计时中断服务程序，该程序书序方法与之前的 1s 定时中断服务程序差不多，只不过多了几个与频率计数有关的语句，我们看内部的 if 语句：

```
if(time==20)                        //定时 1s 时间到
    {
        EA=0;                       //关中断、停止计数
        time=0;                     //计时清 0
        fre=count*256+TL1;          //计算脉冲总数
        TL1=0;                      //清零计数器 1 计数
        TH1=0;
        count=0;                    //清零计数器 1 计数
        EA=1;                       //开中断
    }
```

当 time 自加到 20 时，说明 1s 时间到，进入 if 语句，进入 if 语句后首先要把中断关掉，因为如果中断还处于打开状态，计数器仍会计数或申请中断，这样计数值就不是 1s 内所记录的数值，当然也不是我们所需要的频率值。关掉中断后，要把 time 置 0 以便之后定时使用，根据计数器 1 的工作方式 2，脉冲值由两部分组成，造成计数器 1 产生中断的脉冲数和计数器 1 低 4

位即 TL1 中记录的脉冲数，由于计数器 1 每计满 256 个数才会产生一次中断，1s 内共产生了 count 个中断。综上所述，脉冲总数即频率值应为“count*256+TL1”，计算出频率值后要对 TL1、TH1、count 重新置 0，以便去执行新的计数，最后令 EA=1 打开中断。

根据程序中的 I/O 口分配和各引脚功能，将单片机系统板、液晶显示模块和信号发生器连接起来，将程序下载到单片机观察一下显示效果和精确度。

第 15 章

步进电机控制模块

步进电机作为执行元件，是机电一体化的关键产品之一，广泛应用在各种自动化控制系统中。随着微电子和计算机技术的发展，步进电机的需求量与日俱增，在各个国民经济领域都有应用。本章我们一起学习一下步进电机及其控制方法。（注：本章与教学视频中的第 17 个《步进电机控制》对应，大家可以将本章理论知识和视频教程结合起来学习）

15.1 电路原理及模块制作

步进电机控制模块电路如图 15-1 所示。

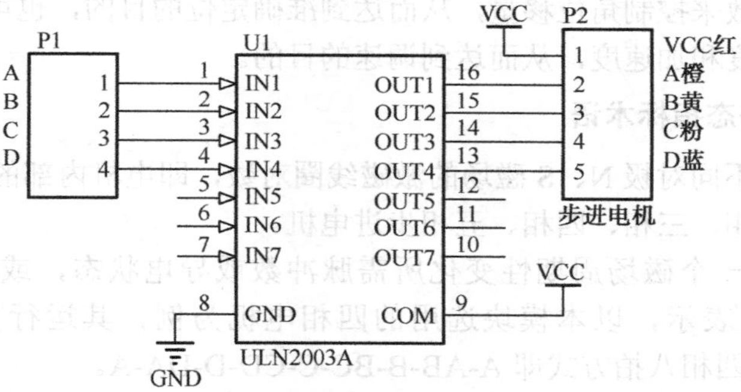

图 15-1 步进电机控制模块电路图

P1 代表与单片机控制信号连接的插针，A、B、C、D 四相控制信号输入端选用 1、2、3、4 引脚，输出引脚分别对应 16、15、14、13 并依次连接到 P2 所示的插针上。芯片 8 脚为电源地，9 脚为电源正极，二者分别由插针引出，P2 共 5 个插针，从上到下依次为 VCC、A、B、C、D，分别对应步进电机的红、橙、黄、粉、蓝五根引线，按照这种连接方式制作的模块如图 15-2 和图 15-3 所示。

在焊接 ULN2003 底座时，要注意方向不要弄反，与芯片引脚顺序要一致，由图 15-3 可以看出，本电路走线还是比较清晰的，在模块检测时也比较方便，模块制作完成之后，要用万用表实际测试一下电路的通、断情况，确保模块电路稳定。

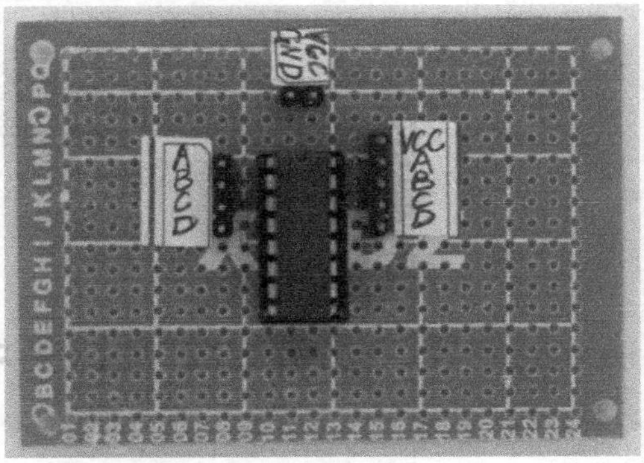

图 15-2 步进电机控制模块

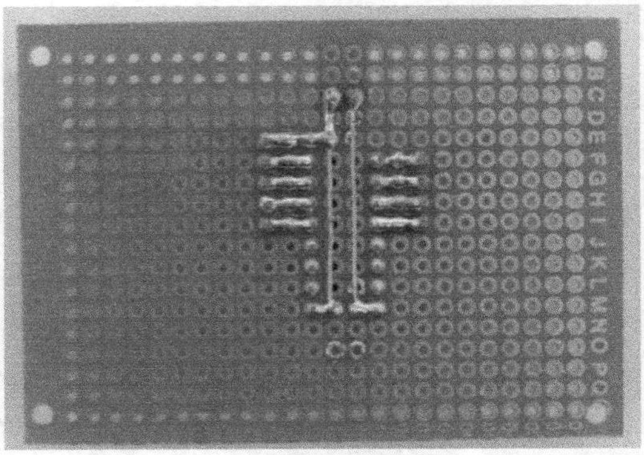

图 15-3 步进电机控制模块背部走线

15.2 所需器件

15.2.1 步进电机

步进电机是一种感应电机，它是将电脉冲转化为角位移的执行机构，通俗一点讲，当步进驱动器接收到一个脉冲信号，它就驱动步进电机按设定的方向转动一个固定的角度(即步进角)。可以通过控制脉冲个数来控制角位移量，从而达到准确定位的目的，也可以通过控制脉冲频率来控制电机转动的速度和加速度，从而达到调速的目的。

1. 步进电机的静态指标术语

（1）相数：产生不同对极 N、S 磁场的激磁线圈对数，即电机内部的线圈组数，常用 m 表示，目前常用的有二相、三相、四相、五相步进电机。

（2）拍数：完成一个磁场周期性变化所需脉冲数或导电状态，或指电机转过一个齿距角所需脉冲数，用 n 表示，以本模块选用的四相电机为例，其运行方式有四相四拍式即 AB-BC-CD-DA-AB，四相八拍方式即 A-AB-B-BC-C-CD-D-DA-A。

（3）步距角：对应一个脉冲信号，电机转子转过的角位移用 θ 表示，θ=360°/（转子齿数×运行拍数），以常规二、四相，转子齿为 50 齿电机为例，四拍运行时步距角为 θ=360° /（50×4）=1.8° （俗称为整步），八拍运行时步距角为 θ=360°/（50×8）=0.9° （俗称半步）。

（4）定位转矩：电机在不通电状态下，电机转子自身的锁定力矩（由磁场齿形的谐波以及机械误差造成的）。

（5）保持转矩：指步进电机通电但没有转动时，定子锁住转子的力矩，它是步进电机最重要的参数之一，通常步进电机在低速时的力矩接近保持转矩，由于步进电机的输出力矩随速度的增大而不断衰减，输出功率也随速度的增大而变化，所以保持转矩就成为了衡量步进电机最重要的参数之一，此力矩是衡量电机体积（几何尺寸）的标准，与驱动电压及驱动电源等无关。

2. 步进电机的动态指标术语

（1）步距角精度：步进电机每转过一个步距角的实际值与理论值的误差，用百分比表示为误差/步距角×100%，不同运行拍数其值不同，四拍运行时应在 5%内，八拍运行时应在 15%内。

（2）失步：电机运转时运转的步数，不等于理论上的步数。

（3）失调角：转子齿轴线偏移定子齿轴线的角度，电机运转必存在失调角。

（4）最大空载启动频率：电机在某种驱动形式、电压、额定电流并不加负载的情况下，能够直接启动的最大频率。

（5）最大空载的运行频率：电机在某种驱动形式、电压及额定电流下，不带负载的最高转速频率。

（6）运行矩频特性：电机在某种测试条件下测得运行中输出力矩与频率关系的曲线，这是电机诸多动态曲线中最重要的，也是电机选择的根本依据。电机一旦选定，其静力矩确定，而动态力矩却不然，电机的动态力矩取决于电机运行时的平均电流（而非静态电流），平均电流越大，电机输出力矩越大，即电机的频率特性越硬。

（7）电机的共振点：步进电机均有固定的共振区域，电机驱动电压越高，电机电流越大，负载越轻，电机体积越小，则共振区向上偏移；反之亦然，为使电机输出电矩大，不失步和整个系统的噪声降低，一般工作点均应偏移共振区较多。

（8）电机正反转控制：当电机绕组通电时序为 AB-BC-CD-DA 或 A-AB-B-BC-C-CD-D-DA-A 时逆时针方向旋转，常称为反转；通电时序为 DA-CD-BC-AB 或 A-DA-D-CD-C-BC-B-AB-A 时顺时针方向旋转，称为正转。

本章选用的步进电机型号为 28BYJ-48（其中“BYG”为感应子式步进电机代号），供电电压 5VDC，四相减速步进电机，其外观如图 15-4 所示，其共有 5 根导线，颜色为红、橙、黄、粉、蓝，依次定义为 VCC 和 A、B、C、D 四相。

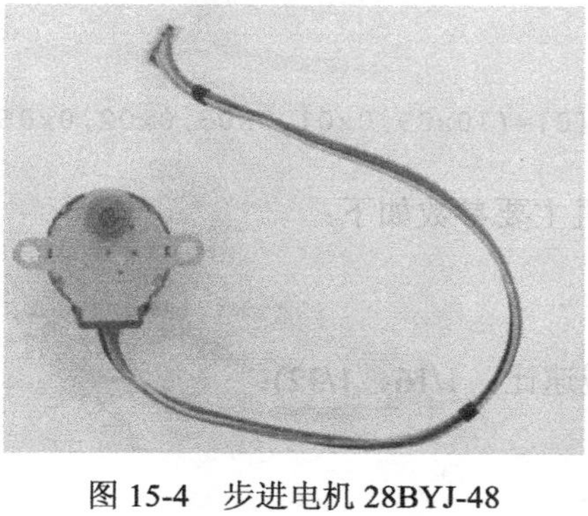

图 15-4　步进电机 28BYJ-48

其内部有减速齿轮、转子、定子绕组等，网上的拆机图片如图 15-5～图 15-7 所示。

图 15-5　减速齿轮

图 15-6　转子

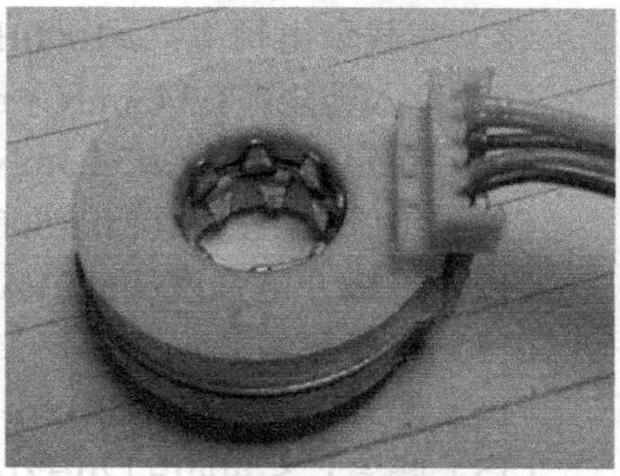

图 15-7　转子绕组

当对步进电机施加一系列连续不断的控制脉冲时，它可以连续不断地转，每一个脉冲信号对应步进电机的某一相或两相绕组的通电状态改变一次，也就对应转子转过一定的角度（即一个步距角)。当通电状态的改变完成一个循环时，转子转过一个齿距，在使用时采用对各相分时通电方式控制步进电机转动，如四相八拍运行方式，电机逆时针旋转即反转的赋值顺序为A-AB-B-BC-C-CD-D-DA-A，赋值表如表15-1所示。

表15-1 四相八拍赋值表

A	B	C	D	十六进制数
1	0	0	0	0x08
1	1	0	0	0x0c
0	1	0	0	0x04
0	1	1	0	0x06
0	0	1	0	0x02
0	0	1	1	0x03
0	0	0	1	0x01
1	0	0	1	0x09

在编写程序时，可以将四相八拍赋值表中A-AB-B-BC-C-CD-D-DA-A对应的十六进制数值放入数组中依次调用赋给步进电机实现电机逆时针旋转。

逆时针旋转赋值数组：

```
uchar code Z_Rotation[8]={ 0x08,0x0c,0x04,0x06,0x02,0x03,0x01,0x09 }; //八拍逆时针旋转赋值表格
```

顺时针旋转赋值数组：

```
uchar code F_Rotation[8]={ 0x09,0x01,0x03,0x02,0x06,0x04,0x0c,0x08}; //八拍顺时针旋转赋值表格
```

28BYJ-48型减速步进电机主要参数如下：

（1）额定电压：5V；

（2）相数：4；

（3）减速比：1/64(另有减速比：1/16、1/32)；

（4）步距角：5.625°/64；

（5）驱动方式：4相8拍；

（6）直流电阻：200Ω±7%(25℃)(按客户要求而定：80Ω、130Ω)；

（7）空载牵入频率：≥600Hz；

（8）空载牵出频率：≥1000Hz；

（9）牵入转矩：≥34.3mN·m(120Hz)；

（10）自定位转矩：≥34.3mN·m；

（11）绝缘电阻：>10MΩ(500V)；

（12）绝缘介电强度：600VAC/1mA/1s；

（13）绝缘等级：A；

（14）温升：＜50K(120Hz)；

（15）噪音：＜40dB(120Hz)；

（16）重量：大约40g。

其中，步进电动机的步进角是5.625°，而因为28BYJ-48型步进电机是带减速齿轮的，减速比为1/64，所以最后在输出轴上的步进角是5.625/64=0.08789°，也就是说对于电机，64个

脉冲为一圈，而对于输出轴，64×64=4096 个脉冲为一圈，即电机转 64 圈，输出轴转 1 圈。

15.2.2　ULN2003

由于单片机 I/O 口驱动能力有限，因此信号需要通过放大再连接到相应的电机接口，本章选用 ULN2003 作为步进电机的驱动芯片，ULN2003 是一个单片高电压、高电流的达林顿晶体管阵列集成电路，由 7 对 NPN 达林顿管组成，它的高电压输出特性和阴极钳位二极管可以转换感应负载，单个达林顿管的集电极电流是 500mA，达林顿管并联可以承受更大的电流。此芯片主要应用于继电器驱动器、灯驱动器、显示驱动器（LED 气体放电）、线路驱动器和逻辑缓冲器。ULN2003 的每对达林顿管都有一个 2.7kΩ 串联电阻，可以直接和 TTL 或 5V CMOS 装置。

ULN2003 实物图及其引脚图，如图 15-8 与图 15-9 所示。

图 15-8　ULN2003 实物图

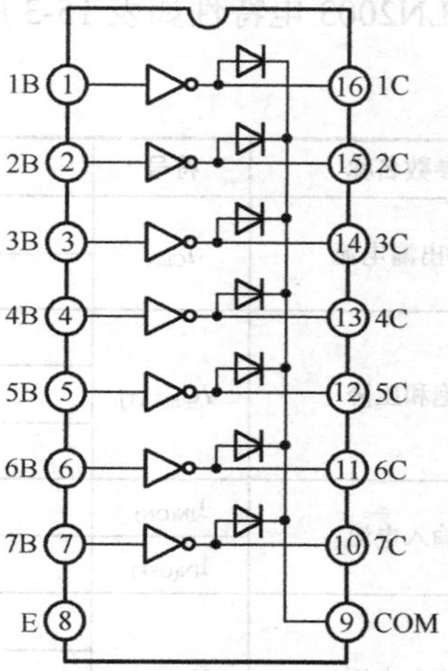

图 15-9　ULN2003 引脚图

引脚 1：CPU 脉冲输入端，端口对应一个信号输出端。

引脚 2：CPU 脉冲输入端。

引脚 3：CPU 脉冲输入端。

引脚 4：CPU 脉冲输入端。

引脚 5：CPU 脉冲输入端。

引脚 6：CPU 脉冲输入端。

引脚 7：CPU 脉冲输入端。

引脚 8：接地。

引脚 9：该脚是内部 7 个续流二极管负极的公共端，各二极管的正极分别接各达林顿管的集电极。用于感性负载时，该脚接负载电源正极，实现续流作用。如果该脚接地，实际上就是达林顿管的集电极对地接通。

引脚 10：脉冲信号输出端，对应 7 脚信号输入端。

引脚 11：脉冲信号输出端，对应 6 脚信号输入端。

引脚 12：脉冲信号输出端，对应 5 脚信号输入端。

引脚 13：脉冲信号输出端，对应 4 脚信号输入端。

引脚 14：脉冲信号输出端，对应 3 脚信号输入端。

引脚 15：脉冲信号输出端，对应 2 脚信号输入端。

引脚 16：脉冲信号输出端，对应 1 脚信号输入端。

ULN2003 极限值如表 15-2 所示。

表 15-2　ULN2003 极限值

参数名称	符号	数值	单位
输入电压	V_{IN}	30	V
输入电流	I_{IN}	25	mA
功耗	P_D	1	W
工作环境温度	Topr	−20～+85	℃
储存温度	Tstg	−55～+150	℃

ULN2003 电特性如表 15-3 所示。

表 15-3　ULN2003 电特性

参数名称	符号	测试条件	最小	典型	最大	单位
输出漏电流	I_{CEX}	V_{CE}=50V，Tamb=25℃			50	μA
		V_{CE}=50V，Tamb=70℃			100	
饱和压降	$VC_{E(SAT)}$	I_C=100mA，I_S=250μA		0.9	1.1	V
		I_C=200mA，I_S=350μA		1.1	1.3	
		I_C=350mA，I_S=500μA		1.3	1.6	
输入电流	$I_{IN(ON)}$	V_{IN}=3.85V		0.93	1.35	mA
	$I_{IN(OFF)}$	I_C=500μA，Tamb=70℃	50	6.5		μA
输入电压	$V_{IN(ON)}$	V_{CE}=2.0V，I_C=200mA			2.4	V
		V_{CE}=2.0V，I_C=250mA			2.7	
		V_{CE}=2.0V，I_C=300mA			3.0	
输入电容	C_{IN}			15	25	pF
上升时间	t_{PLH}	0.5Ein～0.5Eout		0.25	1.0	μs
下降时间	t_{PHL}	0.5Ein～0.5Eout		0.25	1.0	μs
钳位二极管漏电流	I_R	V_R=50V，Tamb=25℃			50	μA
		V_R=50V，Tamb=70℃			100	μA
钳位二极管正向压降	V_F	I_F=350mA		1.7	2.0	V

本模块所需器件如表 15-4 所示。

表 15-4　步进电机控制模块所需器件

器件	型号	个数
步进电机	28BYJ48 5VDC	1
驱动芯片	ULN2003	1
底座	16 座	1
插针	单排	11 针
万能板	5cm×7cm	1

15.3 编程控制步进电机

在程序中，依次调用逆时针或顺时针旋转赋值数组中数据并赋给单片机 I/O 口，由单片机 I/O 口传送至 ULN2003 的 1～4 脚，即可控制步进电机旋转。

示例程序如下：

```
    #include <reg52.h>                          //头文件
    #define uchar unsigned char
    #define uint unsigned int
    uchar code Z_Rotation[8]={0x08,0x0c,0x04,0x06,0x02,0x03,0x01,0x09}; //八拍逆
时针旋转赋值表格
    void delay (uint x)                         //延时子程序
        {
            uint i,j;
            for (i=x;i>0;i--)
                for(j=123;j>0;j--);
        }
    void main()
        {
            uchar m;
            while(1)
            {
                for(m=0;m<8;m++)                //8 拍，调用 8 次
                {
                    P1=Z_Rotation[m];           //由 P1 口输出逆时针旋转对应的各相值
                    delay(2);                   //改变这个参数可以调整电机转速，数字越小，转速越大
                }
            }
        }
```

这个程序很好理解，主要是在主函数里利用 while(1)大循环不断调用逆时针旋转赋值数组，然后经 P1 口送到 ULN2003，由 ULN2003 输出后控制步进电机。

根据程序的 I/O 口分配，电路连接方式如图 15-10 所示。

图 15-10 步进电机逆时针旋转连接图

注意 P1 口低四位与 ULN2003 的 1～4 脚的连接方式，根据四相八拍赋值表可知，P1.0 与 ULN2003 第 4 脚即 D 相相连，P1.1 与 ULN2003 第 3 脚即 C 相相连，其他位以此类推。（注：视频教程中 P1.0 与 ULN2003 第 1 脚即 A 相相连，P1.1 与 ULN2003 第 2 脚即 B 相相连……所以其顺逆时针旋转赋值表要颠倒过来）

只是用 ULN2003 驱动步进电机旋转是很简单的，接下来增加些难度，尝试编程实现利用外部中断控制步进电机以八拍方式完成停、逆时针转、顺时针转，并在数码管上对应显示 0、1、2。

示例程序如下：

```
/*利用外部中断 1 控制步进电机以八拍方式完成停、逆时针转、顺时针转，并在数码管上对应显示 0、1、2*/
#include <reg52.h> //头文件
#define uchar unsigned char
#define uint unsigned int
uchar Flag;                                   //定义逆、顺时针转和停止标志位
uchar code Z_Rotation[8]={0x08,0x0c,0x04,0x06,0x02,0x03,0x01,0x09}; //八拍逆时针旋转赋值表格
uchar code F_Rotation[8]={0x09,0x01,0x03,0x02,0x06,0x04,0x0c,0x08}; //八拍顺时针旋转赋值表格
void delay (uint x)                           //延时子程序
    {
        uint i,j;
        for (i=x;i>0;i--)
            for(j=123;j>0;j--);
    }
void main()
{
        uchar m;
        EX1=1;                                //开外部中断 1
        IT1=1;                                //边沿触发
        EA=1;                                 //开全局中断
        while(1)
        {
            while(Flag==0)                    //停止
            {
                P2=0xfe;                      //选择数码管 A1
                P0=0x3f;                      //显示 0
                P1=0;
            }
            while(Flag==1)                    //逆时针旋转
            {
                P2=0xfe;                      //选择数码管 A1
                P0=0x06;                      //显示 1 表示逆时针旋转
                for(m=0;m<8;m++)              //8 拍
                {
                    P1=Z_Rotation[m];         //由 P1 口输出逆时针旋转对应的各相值
                    delay(2);                 //改变参数可以调整电机转速数字越小转速越大
                }
            }
            while(Flag==2)                    //顺时针旋转
            {
```

```
            P2=0xfe;                    //选择数码管 A1
            P0=0x5b;                    //显示 2 表示顺时针旋转
            for(m=0;m<8;m++)            //8 拍
            {
                P1=F_Rotation[m];       //由 P1 口输出顺时针旋转对应的各相值
                delay(2);               //改变参数可以调整电机转速数字越小转速越大
            }
        }
    }
}
void kongzhi(void) interrupt 2          //外部中断 1，中断序列号 2，中断信号入口 P3.3
{
    delay(100);
    Flag++;                             //按键按下触发一次
    if(Flag==3)
        Flag=0;
}
```

本模块用了外部中断 1 作为步进电机运行方式的切换信号，并利用标志位 flag 的不同值定义逆、顺时针旋转和停止，根据要求，完成本模块需要单片机系统板、步进电机控制模块、步进电机、数码管显示模块、矩阵键盘模块，利用矩阵键盘中的某个按键作为外部中断 1 的中断信号，按键一端接至单片机 P3.3 引脚，另一端接至 GND，其中数码管只需要使用第一位，只将 A1 脚与 P2.0 连接起来即可，如图 15-11 所示。

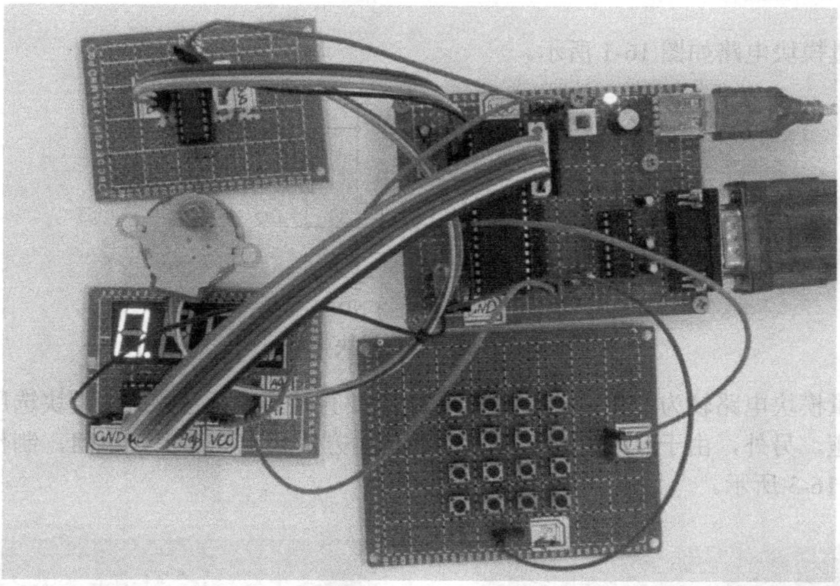

图 15-11　外部中断控制步进电机模块连接

第 16 章

温度测量模块

温度（temperature）是表示物体冷热程度的物理量，温度无处不在，而且时时刻刻影响着我们的日常生活，研究结果表明，人体适宜的健康温度为 18～25℃，在此环境下人体感觉最舒适。在工业生产中，很多地方都需要用到温度数据，温度测量方式和温度传感器款式有很多。本温度测量模块选用单总线数字温度传感器 DS18B20，本章主要讲解其特点及控制方法。（注：本章与教学视频中的第 18 个《温度测量》对应，大家可以将本章理论知识和视频教程结合起来学习）

16.1　电路原理及模块制作

温度测量模块电路如图 16-1 所示。

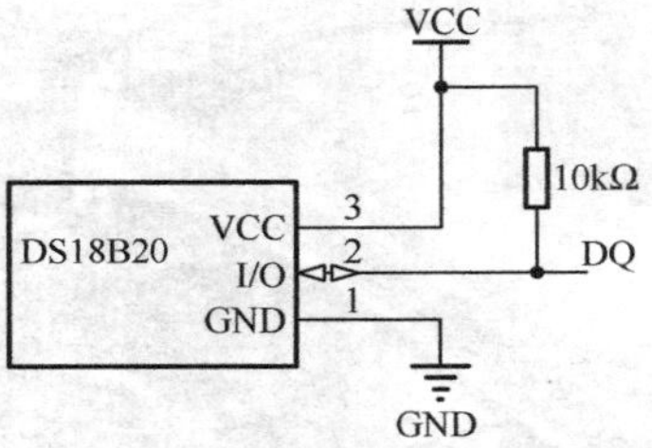

图 16-1　温度测量模块电路图

温度测量模块电路较为简单，注意 DS18B20 不要直接焊在板子上，本模块选用单排圆孔母座作为其底座，另外，由于 DS18B20 为单总线传输方式所以要加上拉电阻，制作好的模块如图 16-2 和图 16-3 所示。

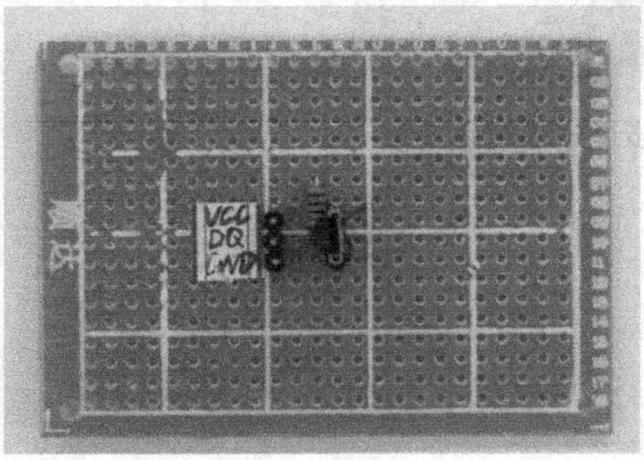

图 16-2　温度测量控制模块

图 16-3　温度测量模块背部走线

由图 16-3 可以看出，本电路走线还是比较清晰的，在模块检测时也比较方便，模块制作完成之后，要用万用表实际测试一下电路的通、断情况，确保模块电路稳定。

16.2 所需器件

在现代检测技术中，传感器占据着不可动摇的重要位置，主机对数据的处理能力已经相当的强，但是对现实世界中的模拟量却无能为力，如果没有各种精确可靠的传感器对非电量和模拟信号进行检测并提供可靠的数据，那计算机也无法发挥它应有的作用。传感器能够把非电量转换为电量，经过放大处理后，转换为数字量输入计算机，由计算机对信号进行分析处理。传感器技术与计算机技术的结合，对自动化和信息化的发展起着非常重要的作用。采用各种传感器和微处理技术可以对各种工业参数及工业产品进行测控及检验，准确测量产品性能，及时发现隐患。为提高产品质量、改进产品性能，防止事故发生提供必要的信息和更可靠的数据。由于系统的工作环境比较恶劣，且对测量要求比较高，因此选择合适的传感器很重要。目前，国际上新型温度传感器正从模拟式向数字式、从集成化向智能化和网络化的方向飞速发展。智能温度传感器 DS18B20 正是朝着高精度、多功能、总线标准化、高可靠性及安全性、开发虚拟传感器和网络传感器、研制单片测温系统等高科技的方向迅速发展，因此，智能温度传感器 DS18B20 作为温度测量装置已广泛应用于日常生活和工农业生产中。

温度传感器 DS18B20 是美国 DALLAS 半导体公司继 DS1820 之后最新推出的一种数字化单总线器件，具有 3 引脚 TO-92 小体积封装形式，如图 16-4 所示，属于新一代适配微处理器的改进型智能温度传感器，与传统的热敏电阻相比，它能够直接读出被测温度，并且可根据实际要求通过简单的编程实现 9～12 位的数字值读数方式，可以分别在 93.75ms 和 750ms 内完成 9 位和 12 位的数字量，并且从 DS18B20 读出信息或写入 DS18B20 信息仅需要一根口线(单总线技术)读写，温度变换功率来源于数据总线，总线本身也可以向所挂接的 DS18B20 供电，而无须额外电源，因而使用 DS18B20 可使系统结构更趋简单，可靠性更高，使用户可轻松地组建传感器网络，为测量系统的构建引入了全新的概念。

本模块选用的 DS18B20 采用 3 脚 TO-92 封装，其引脚如图 16-5 所示，当 DS18B20 平面面向我们时，其引脚从左到右依次为 GND、DQ、VDD，其中 DQ 为数据输入/输出端（即单总线），它属于漏极开路输出，外接上拉电阻后，常态下呈高电平，VDD 是外部电源端，GND 为地。

图 16-4　DS18B20（TO-92 封装）实物图

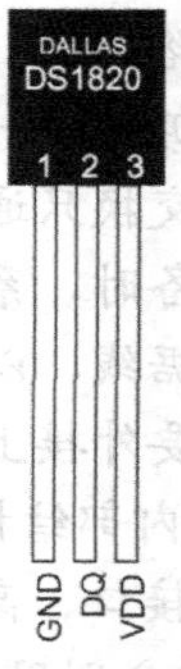

图 16-5　DS18B20 引脚图

DS18B20 “一线总线”数字化温度传感器支持“一线总线”接口，测量温度范围为-55～+125℃。现场温度直接以“一线总线”的数字方式传输，用符号扩展的 16 位数字方式串行输出，大大提高了系统的抗干扰性。因此，数字化单总线器件 DS18B20 适合于恶劣环境的现场温度测量，如环境控制、设备或过程控制、测温类消费电子产品等，它在测温精度、转换时间、传输距离、分辨率等方面较 DS18B20 都有了很大的改进，给用户带来了更方便和更令人满意的效果，可广泛用于工业、民用、军事等领域的温度测量及控制仪器、测控系统和大型设备中。

DS18B20 的性能特点如下：

（1）采用 DALLAS 公司独特的单线接口方式，DS18B20 与微处理器连接时仅需要一条口线即可实现微处理器与 DS18B20 的双向通信。

（2）在使用中不需要任何外围元件。

（3）可用数据线供电，供电电压范围为+3.0～+5.5V。

（4）测温范围为-55～+125℃，固有测温分辨率为 0.5℃，当温度在-10～+85℃范围内，可确保测量误差不超过 0.5℃，在-55～+125℃范围内，测量误差也不超过 2℃。

（5）通过编程可实现 9～12 位的数字读数方式。

（6）用户可自设定非易失性的报警上下限值。

（7）支持多点的组网功能，多个 DS18B20 可以并联在唯一的三线上，实现多点测温。

（8）负压特性，即具有电源反接保护电路，当电源电压的极性反接时，能保护 DS18B20 不会因发热而烧毁，但此时芯片无法正常工作。

（9）DS18B20 的转换速率比较高，进行 9 位的温度值转换只需 93.75ms。

（10）适配各种单片机或系统。

（11）内含 64 位激光修正的只读存储 ROM，除了 8 位产品系列号和 8 位循环冗余校验码（CRC）之外，产品序号占 48 位，出厂前产品序号存入其 ROM 中，在构成大型温控系统时，允许在单线总线上挂接多片 DS18B20。

快速充电站：单总线

常用的单片机与外设之间进行数据传输的串行总线主要有 I^2C、SPI 和 SCI 总线。其中 I^2C 总线以同步串行二线方式进行通信（一条时钟线，一条数据线），SPI 总线则以同步串行三线方式进行通信（一条时钟线，一条数据输入线，一条数据输出线），而 SCI 总线是以异步方式进行通信（一条数据输入线，一条数据输出线）。

以上总线至少需要两条或两条以上的信号线，而 DS18B20 使用的单总线技术与上述总线不同，它采用单条信号线，既可传输时钟，又可传输数据，而且数据传输是双向的，因而这种单总线技术具有线路简单，硬件开销少，成本低廉，便于总线扩展和维护等优点。单总线适用于单主机系统，能够控制一个或多个从机设备。主机可以是微控制器，从机可以是单总线器件，它们之间的数据交换只通过一条信号线。当只有一个从机设备时，系统可按单节点系统操作；当有多个从机设备时，系统则按多节点系统操作。设备（主机或从机）通过一个漏极开路或三态端口连至该数据线，以允许设备在不发送数据时能够释放总线，而让其他设备使用总线，此外，单总线通常要外接上拉电阻。

DS18B20 的内部结构如图 16-6 所示，主要包括 7 部分：寄生电源、温度传感器、64 位光刻 ROM 与单线接口、高速暂存器（即便筏式 RAM，用于存放中间数据）、TH 触发寄存器和 TL 触发寄存器（分别用来存储用户设定的温度上下限值）、存储和控制逻辑、位循环冗余校验码（CRC）发生器。其中 64 位光刻 ROM 的 64 位序列号是出厂前被光刻好的，它可以看做是该 DS18B20 的地址序列码，64 位光刻 ROM 的排列如表 16-1 所示。

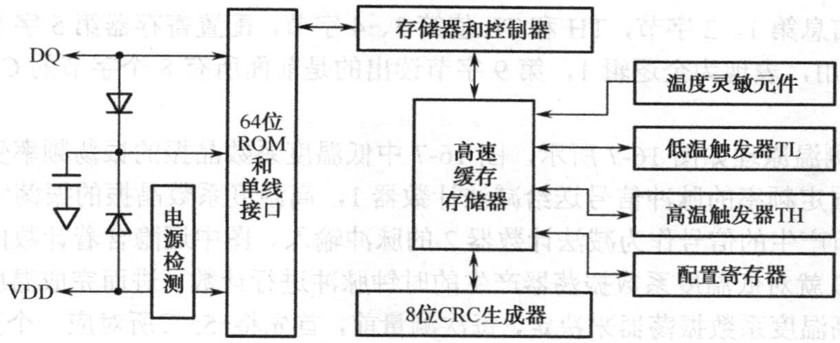

图 16-6　DS18B20 内部结构图

表 16-1　64 位光刻 ROM 的结构

8 位 CRC 码	48 位序列号	8 位工厂代码

开始 8 位（28H）是产品类型标号，接着的 48 位是该 DS18B20 自身的序列号，最后 8 位是前面 56 位的循环冗余校验码（CRC=X8+X5+X4+1），光刻 ROM 的作用是使每一个 DS18B20 都各不相同，这样就可以实现一根总线上挂接多个 DS18B20 的目的。

DS18B20 温度传感器的内部存储器包括一个高速暂存器 RAM 和一个非易失性的可电擦除的 E^2PRAM。后者用于存储 TH、TL 值，数据先写入 RAM，经校验后再传给 E^2PRAM，而配置寄存器为高速暂存器 RAM 中的第 5 个字节，它的内容用于确定温度值的数字转换分辨率，DS18B20 工作时按此寄存器中的分辨率将温度转换为相应精度的数值，该字节各位的定义如表 16-2 所示。

表 16-2　DS18B20 配置寄存器

TM	R1	R0	1	1	1	1	1
LSB							MSB

低五位的值都是 1，TM 是测试模式位，用于设置 DS18B20 在工作模式还是在测试模式，在 DS18B20 出厂时该位被设置为 0，用户不要去改动。R1 和 R0 决定温度转换的精度位数，即用来设置分辨率，如表 16-3 所示（DS18B20 出厂时被设置为 12 位）。

表 16-3　R1 和 R0 模式表

R1	R0	分辨率	温度最大转换时间/ms
0	0	9 位	93.75
0	1	10 位	187.5
1	0	11 位	375.00
1	1	12 位	750.00

由表 16-3 可见，设定的分辨率越高，所需要的温度数据转换时间就越长，因此，在实际应用中要在分辨率和转换时间权衡考虑。

高速暂存存储器除了配置寄存器外，还有其他 8 个字节组成，其分配如表 16-4 所示。

表 16-4　高速暂存器 RAM

温度低位	温度高位	TH	TL	配置	保留	保留	保留	8 位 CRC
LSB								MSB

其中温度信息第 1、2 字节，TH 和 TL 值第 3、4 字节，配置寄存器第 5 字节（即表 16-2)，第 6～8 字节未用，表现为全逻辑 1，第 9 字节读出的是前面所有 8 个字节的 CRC 码，可用来保证通信正确。

DS18B20 测温原理如图 16-7 所示，图 16-7 中低温度系数晶振的振荡频率受温度的影响很小，用于产生固定频率的脉冲信号送给减法计数器 1，高温度系数晶振的振荡频率随温度变化而明显改变，所产生的信号作为减法计数器 2 的脉冲输入。图中还隐含着计数门，当计数门打开时，DS18B20 就对低温度系数振荡器产生的时钟脉冲进行计数，进而完成温度测量。计数门的开启时间由高温度系数振荡器来决定，每次测量前，首先将−55℃所对应一个基数值，减法计数器 1 对低温度系数晶振产生的脉冲信号进行减法计数，当减法计数器 1 的预置值减到 0 时温度寄存器的值将加 1，减法计数器 1 的预置将重新被装入，减法计数器 1 重新开始对低温度系数晶振产生的脉冲信号进行计数，如此循环直到减法计数器 2 计数到 0 时，停止温度寄存器值的累加，此时温度寄存器中的数值即为所测温度。图中的斜率累加器用于补偿和修正测温过程中的非线性，其输出用于修正减法计数器的预置值，只要计数门仍未关闭就重复上述过程，直至温度寄存器值达到被测温度值，这就是 DS18B20 的测温原理。

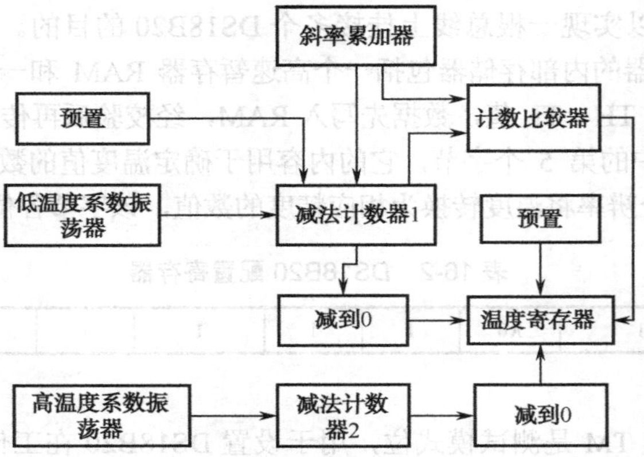

图 16-7　DS18B20 内部测温原理图

当 DS18B20 接收到温度转换命令后，开始启动转换，转换完成后的温度值就以 16 位带符号扩展的二进制补码形式存储在高速暂存存储器的第 1、2 字节，单片机可通过单线接口读到该数据，读取时低位在前，高位在后，数据格式以 0.625℃/LSB 形式表示，温度值格式如表 16-5 所示。

表 16-5　温度值格式

	bit 7	bit 6	bit 5	bit 4	bit 3	bit 2	bit 1	bit 0
LS Byte	2^3	2^2	2^1	2^0	2^{-1}	2^{-2}	2^{-3}	2^{-4}
	bit 15	bit 14	bit 13	bit 12	bit 11	bit 10	bit 9	bit 8
MS Byte	S	S	S	S	S	2^6	2^5	2^4

部分温度数值表，如表 16-6 所示。

表 16-6　部分温度数值表

TEMPERATURE	DIGITAL OUTPUT(Binary)	DIGITAL OUTPUT(Hex)
+125℃	0000 0111 1101 0000	07D0h
+85℃	0000 0101 0101 0000	0550h*

续表

TEMPERATURE	DIGITAL OUTPUT(Binary)	DIGITAL OUTPUT(Hex)
+25.0625℃	0000 0001 1001 0001	0191h
+10.125℃	0000 0000 1010 0010	00A2h
+0.5℃	0000 0000 0000 1000	0008h
0℃	0000 0000 0000 0000	0000h
−0.5℃	1111 1111 1111 1000	FFF8h
−10.125℃	1111 1111 0101 1110	FF5Eh
−25.0625℃	1111 1110 0110 1111	FF6Fh
−55℃	1111 1100 1001 0000	FC90h

*The power on reset register value is +85℃.

DS18B20在出厂时默认配置为12位，其中最高位S为符号位，即温度值共11位。单片机在读取数据时，一次会读2字节共16位，前5位S为符号位即第12位到第15位为温度正负的标志位，这5位同时变化。当S为1时温度为负，此时真实温度值应为温度寄存器数据的补码，当S为0时，此时温度寄存器的数据即为真实温度的原码。当分辨率设置为12位时，温度寄存器的所有数据均为有用数据，读完后将低11位数据经过计算便可得到实际温度值；当分辨率设置为11位时，bit0位为无效位；当分辨率设置为10位时，bit0、bit1 位为无效位；当分辨率设置为9位时，bit0、bit1、bit2位为无效位。如果前5位为1时，读取的温度为负值，测到的数值需要取反加1再乘以0.0625才可得到实际温度值；前5位为0时，读取的温度为正值，此时只要将测得的数值乘以0.0625即可得到实际温度值。DS18B20完成温度转换后，就把测得的温度值与TH、TL作比较，若T>TH或T<TL，则将该器件内的告警标志置位，并对主机发出的告警搜索命令做出响应。

DS18B20有六条控制命令，如表16-7所示。

表16-7 DS18B20控制命令

指令	代码	具体内容
读取ROM	33H	该命令只能在总线上只有一个DS18B20时使用，读取64位光刻ROM而不用搜索ROM指令
匹配ROM	55H	发出此命令后，紧跟是64位ROM代码，使该总线上与此代码相匹配的DS18B20做出响应已进行下一步操作
搜索ROM	F0H	此命令用于总线上有多少个DS18B20，并读取各自的64位ROM代码，直到读完为止
跳过ROM	CCH	跳过ROM搜索指令直接向DS18B20发出温度变换命令
ROM警告	ECH	发出此命令后只有温度超过上限值或低于下限值的器件才会做出响应
开始温度转换	44H	启动DS18B20进行温度转换
写RAM	4EH	此命令之后是向DS18B20写三个字节，第一个字节是TH温度上限值，第二字节是温度下限值TL，第三个字节是配置寄存器
读取RAM	BEH	发出此命令后连续读出9个字节RAM
复制RAM	48H	将RAM中第二、三、四个字节中的内容复制到E^2PROM中
重新装载EEPROM	B8H	将E^2PROM中的内容恢复到RAM的第二、三、四个字节中

CPU 对 DS18B20 的访问流程是：先对 DS18B20 初始化，再进行 ROM 操作命令，最后才能对存储器、数据操作，DS18B20 每一步操作都要遵循严格的工作时序和通信协议，如主机控制 DS18B20 完成温度转换这一过程，根据 DS18B20 的通信协议，须经三个步骤：每一次读写之前都要对 DS18B20 进行初始化，初始化成功后发送一条 ROM 指令，最后发送 RAM 指令，这样才能对 DS18B20 进行预定的操作。

（1）DS18B20 初始化操作时序，如图 16-8 所示。

① 先将数据线置高电平 1。

② 延时（该时间要求不是很严格，但是要尽可能短一点）。

③ 数据线拉到低电平 0。

④ 延时，时间范围可以在 480～960μs。

⑤ 数据线拉到高电平 1。

⑥ 延时等待，如果初始化成功则在 15～60μs 内产生一个由 DS18B20 返回的低电平 0，根据该状态可以确定它的存在，应注意，不能无限地等待，不然会使程序进入死循环，所以要进行超时判断。

⑦ 若 CPU 读到数据线上的低电平 0 后，还要进行延时，其延时的时间从发出高电平算起（第⑤步的时间算起）最少要 480μs。

⑧ 将数据线再次拉到高电平 1 后结束。

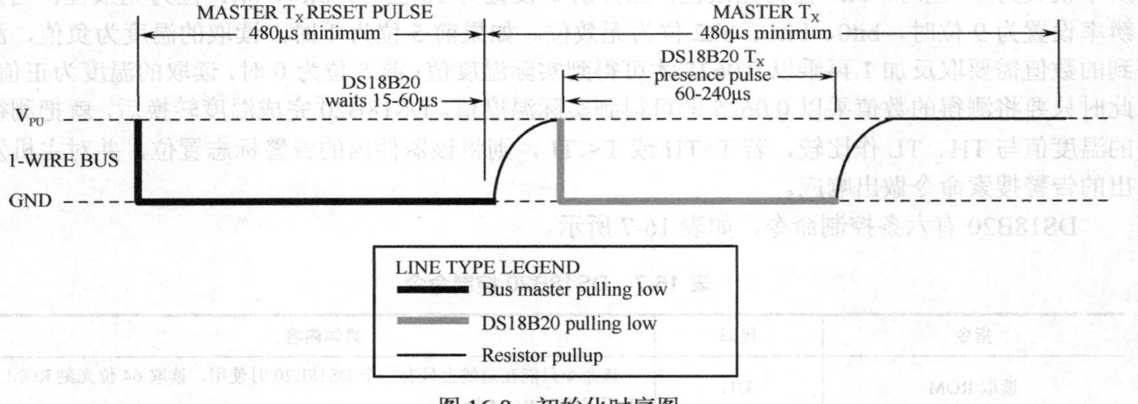

图 16-8 初始化时序图

（2）DS18B20 写数据时序，如图 16-9 所示。

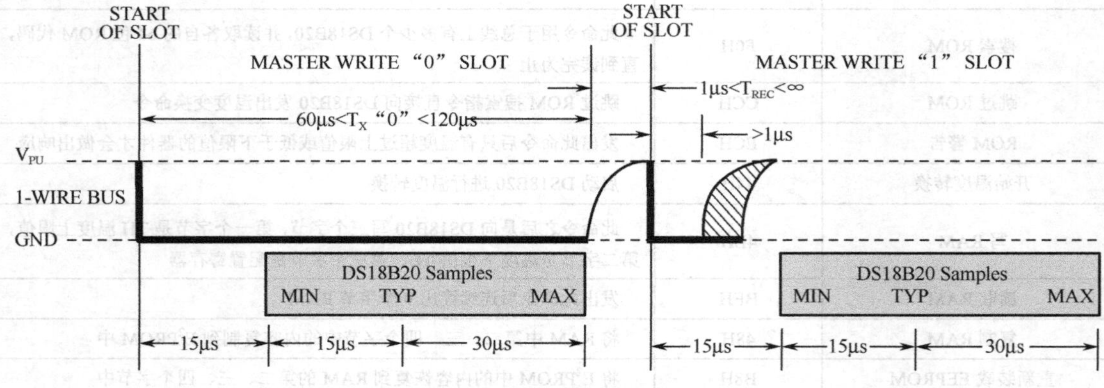

图 16-9 写数据时序图

① 数据线先置低电平 0。
② 延时确定的时间为 15μs。
③ 按从低位到高位的顺序发送数据(一次只发送一位)。
④ 延时时间为 45μs。
⑤ 将数据线拉到高电平 1。
⑥ 重复①～⑤步骤，直到发送完整个字节。
⑦ 最后将数据线拉高到 1。
（3）DS18B20 读数据时序，如图 16-10 所示。
① 将数据线拉高到 1。
② 延时 2μs。
③ 将数据线拉低到 0。

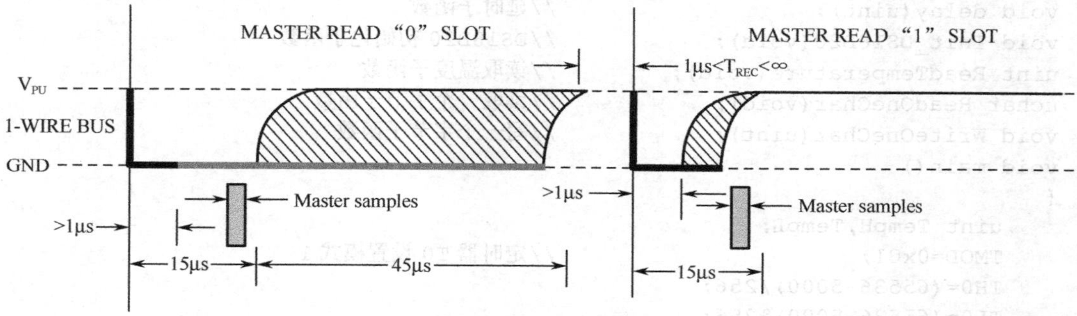

图 16-10　读数据时序图

④ 延时 6μs。
⑤ 将数据线拉高到 1。
⑥ 延时 4μs。
⑦ 读数据线的状态得到一个状态位，并进行数据处理。
⑧ 延时 30μs。
⑨ 重复①～⑦步骤，直到读取完一个字节。
温度测量模块得益于 DS18B20 的高度集成化所需器件较少，器件列表如表 16-8 所示。

表 16-8　温度测量模块所需器件

器件	型号	个数
温度传感器	DS18B20	1
插座	单排圆孔座	3 孔
插针	单排	3
色环电阻	10kΩ（上拉电阻）	1
万能板	5cm×7cm	1

16.3　编程实现温度测量

在编程实现温度测量时，一定要按照时序去操作 DS18B20，温度值的显示可以选用数码管模块也可以选用液晶显示模块，以下为选用数码管模块实现温度显示的温度测量示例程序：

```
/*利用 DS18B20 完成温度测量并在数码管上显示 XX.XC，C 表示摄氏度，如显示 24.3° C 表示当前温度 24.3℃*/
#include<reg52.h>                     //头文件
#include<math.h>                      //包含数学算式
#include<intrins.h>                   //包含移位函数
#define uchar unsigned char
#define uint unsigned int
sbit DQ=P1^0;                         //DS18B20 数据端
sfr dataled=0x80;                     //声明一个 8 为寄存器，起始地址为 0x80 即 P0 口
uint temp;
uchar flag,count;
uchar code table[]={0x3f,0x06,0x5b,0x4f,0x66,0x6d,0x7d,0x07,0x7f,0x6f};
uchar str[4];                         //包含 4 个元素的无符号字符型数组
void delay(uint);                     //延时子函数
void Init_DS18B20(void);              //DS18B20 初始化子函数
uint ReadTemperature(void);           //读取温度子函数
uchar ReadOneChar(void);              //读取一个字节子函数
void WriteOneChar(uint);              //写一个字节子函数
void main()
{
    uint TempH,TempL;
    TMOD=0x01;                        //定时器 T0 设置模式 1
    TH0=(65536-5000)/256;
    TL0=(65536-5000)%256;
    IE=0x82;                          //即 EA=1，ET0=1，开总中断和定时器 0 中断
    TR0=1;
    count=0;
    while(1)
    {
        if(flag==1)                   //定时读取当前温度
        {
            temp=ReadTemperature();
            TempH=temp>>4;            //将 temp 中高四位放入 TempH 中
            TempL=temp&0x0F;          //将 temp 中低四位放入 TempL 中
            TempL=TempL*0.625;        //小数近似处理，xx:0.0625;xx.x:0.625;xx.xx:6.25
            flag=0;
    }
        str[0]=0x39;                  //显示 C 符号
        str[1]=table[TempH/10];       //温度十位
        str[2]=table[TempH%10]+0x80;  //温度个位,带小数点
        str[3]=table[TempL];          //小数部分
  }
}
/*定时器 0 中断，用于数码管扫描和温度检测间隔*/
void time(void) interrupt 1
{
    TH0=(65536-5000)/256;
    TL0=(65536-5000)%256;
    flag=1;                           //标志位有效
    count++;
    if(count==1)                      //数码管扫描
```

```
        {
            P2=0xfe;                                    //数码管第一位即 A1 显示温度十位
            dataled=str[1];                             //送温度十位数据到 P0 口
        }
        if(count==2)
        {
            P2=0xfd;                                    //数码管第二位即 A2 显示温度个位
            dataled=str[2];                             //送温度个位数据到 P0 口
        }
        if(count==3)
        {
            P2=0xfb;                                    //数码管第三位即 A3 显示温度小数位
            dataled=str[3];                             //送温度小数位数据到 P0 口
        }
        if(count==4)
        {
            P2=0xf7;                                    //数码管第四位即 A4 显示温度符号 C
            dataled=str[0];                             //送温度符号 C 数据到 P0 口
            count=0;
        }
    }
    void delay(uint i)                                  //延时函数
    {
        while(i--);
    }
    void Init_DS18B20(void)                             //DS18B20 初始化
    {
        uint x=0;
        DQ=1;                                           //DQ 置位
        delay(8);                                       //稍做延时
        DQ=0;                                           //单片机将 DQ 拉低
        delay(80);                                      //精确延时，大于 480μs
        DQ=1;                                           //拉高总线
        delay(10);                                      //稍做延时
        x=DQ;                                           //如果 x=0 则初始化成功；x=1 则初始化失败
        delay(5);
    }
    uchar ReadOneChar(void)                             // 读一个字节，八位
    {
        uchar i=0;
        uchar dat=0;
        for(i=8;i>0;i--)
        {
            DQ=0;                                       //给脉冲信号
            dat>>=1;                                    //将 dat 右移一位之后的值赋给 dat
            DQ=1;                                       //给脉冲信号
            if(DQ)
            dat|=0x80;
            delay(5);
        }
        return(dat);
    }
```

```
void WriteOneChar(uchar dat)    //写一个字节，八位
{
    uchar i=0;
    for(i=8;i>0;i--)
    {
        DQ=0;
        DQ=dat&0x01;               //dat 的最低位送给 DQ
        delay(5);
        DQ=1;
        dat>>=1;                   //dat 右移一位后的值赋给 dat
    }
    delay(5);
}
uint ReadTemperature(void)      //读取温度
{
    uchar a=0;
    uint b=0;
    uint t=0;
    Init_DS18B20();
    WriteOneChar(0xCC);            //跳过读序列列号的操作
    WriteOneChar(0x44);            //启动温度转换
    delay(200);
    Init_DS18B20();
    WriteOneChar(0xCC);            //跳过读序号列号的操作
    WriteOneChar(0xBE);            //读取温度寄存器，共可读内部 RAM 中 9 字节的温度数据
    a=ReadOneChar();               //存放低 8 位
    b=ReadOneChar();               //存放高 8 位
    b<<=8;
    t=a+b;                         //两个字节组合为 1 个字
    return(t);
}
```

本程序只给出了零上温度测量部分，代码解释已在程序中给出，根据程序 I/O 口分配连接线路及结果如图 16-11 所示。

在插放 DS18B20 的时候注意不要把引脚顺序弄反，当 DS18B20 平面面对自己时，其引脚从左到右依次为 GND、DQ、VDD。当把电源电压的极性接反时，DS18B20 会瞬间变得很热，但不会因发热而烧毁，只是此时芯片无法正常工作，数码管显示 85℃，由图中看出此时室温为 27.2℃，此时可以用手捏住温度传感器使其温度上升，观察传感器灵敏程度。

图 16-11　温度测量效果

第 17 章

点阵显示

点阵是由发光二极管排列组成的显示器件，在日常生活中随处可见，其发光类型属于冷光源，效率及发热量是普通发光器件难以比拟的。它具有耗电少、使用寿命长、成本低、亮度高、故障少、视角大、可视距离远、可靠耐用、应用灵活、安全、响应时间短、绿色环保、控制灵活等特点。随着社会经济的不断进步，人们对点阵的认识不断加深，其应用领域越来越广。由点阵组成的电子显示屏也因具有所显内容信息量大，外形美观大方，操作使用方便灵活，被广泛应用在火车、汽车站，码头，金融证券市场，文化中心，信息中心体育设施等公共场所。（注：本章与教学视频中的第 19 个《点阵显示》对应，大家可以将本章理论知识和视频教程结合起来学习）

17.1 电路原理及模块制作

如图 17-1 所示，将对应标号的各个引脚连接起来，74HC595 的 14 脚是数据输入（8 位二进制数），9 脚为串行数据输出，1～7、15 脚是数据输出（每脚一位二进制），最后剩下的 5 个引脚（除去第二块芯片的第 9 脚）：电源正极 VCC、接地线 GND、SDATA 数据线、STCLK 输出锁存器时钟线、SHCLK 数据时钟线，将这 5 个脚引出接至输出插针上。

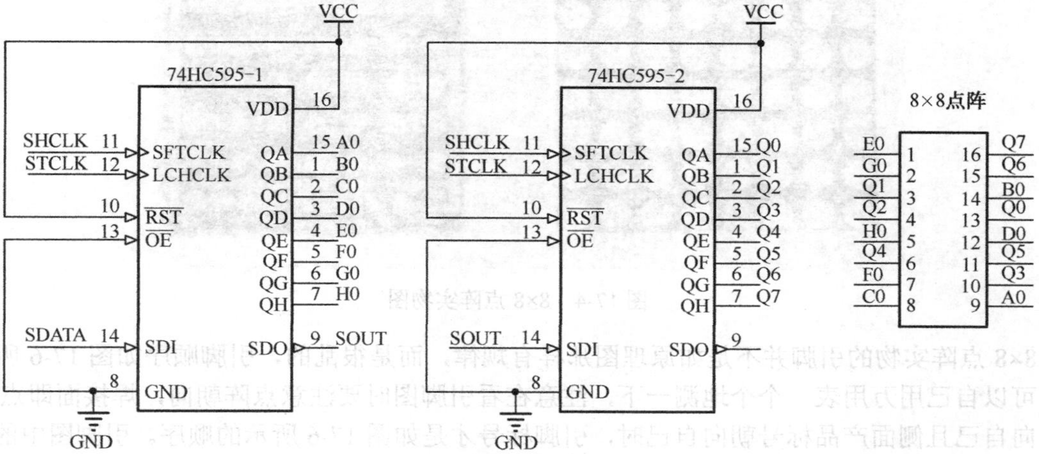

图 17-1　点阵显示模块电路图

由图 17-2 和图 17-3 可以看出，本电路走线较为复杂，在连线时一定要严格按照电路图中的标号顺序。此外，为方便识别两片 74HC595，可以在背部贴上标签，一定不要将两片芯片顺序弄混。由于本电路飞线较多，在走线时尽量遵循“横平竖直”的原则，这样方便线路检测的同时也较为美观，模块制作完成之后，要用万用表实际测试一下电路的通、断情况，确保模块电路稳定。

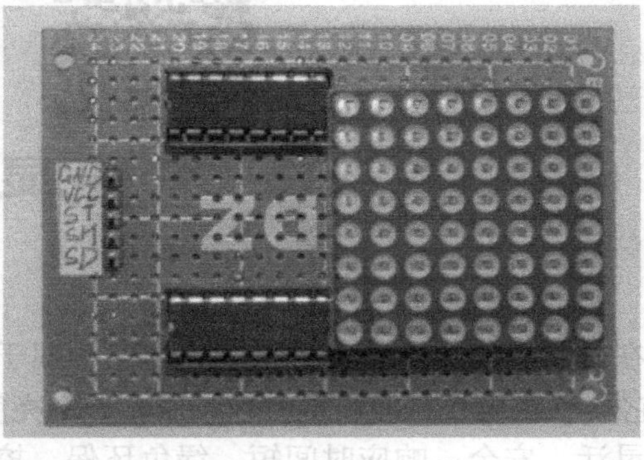

图 17-2 点阵显示模块

图 17-3 点阵显示模块背部走线

17.2 所需器件

17.2.1 8×8 点阵

图 17-4 为 8×8 点阵实物图，其实一个 8×8 点阵就是由 64 个发光二极管按规律组成的，其原理图如图 17-5 所示。图中，每个发光二极管放置在行线和列线的交叉点上，当对应的某一列置 0 电平，某一行置 1 电平，则相应的二极管就亮。

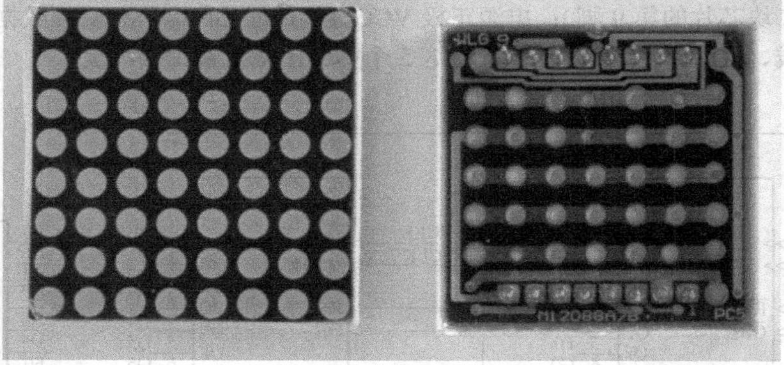

图 17-4 8×8 点阵实物图

8×8 点阵实物的引脚并不是如原理图那样有规律，而是很乱的，引脚顺序如图 17-6 所示，我们可以自己用万用表一个个地测一下，注意在看引脚图时要注意点阵朝向，焊接面即点阵底面朝向自己且侧面产品标号朝向自己时，引脚标号才是如图 17-6 所示的顺序。引脚图中的 0～7 与图 17-5 中 Y0～Y7 对应，引脚图中的 A～H 与图 17-5 中 X0～X7 对应，只要点阵中任意一个发光二极管对应的 X、Y 轴顺向偏压，其就会被点亮。例如，要将左上角 LED 点亮，则引脚 0=1，引脚 A=0 即可；如果要将第一行点亮，则 0 脚要接高电平，而引脚 A～H 接低电平，那么第一行就会点亮；如要将第一列点亮，则第 A 脚接低电平，而引脚 0～7 接高电平，那么第一列就会点亮。

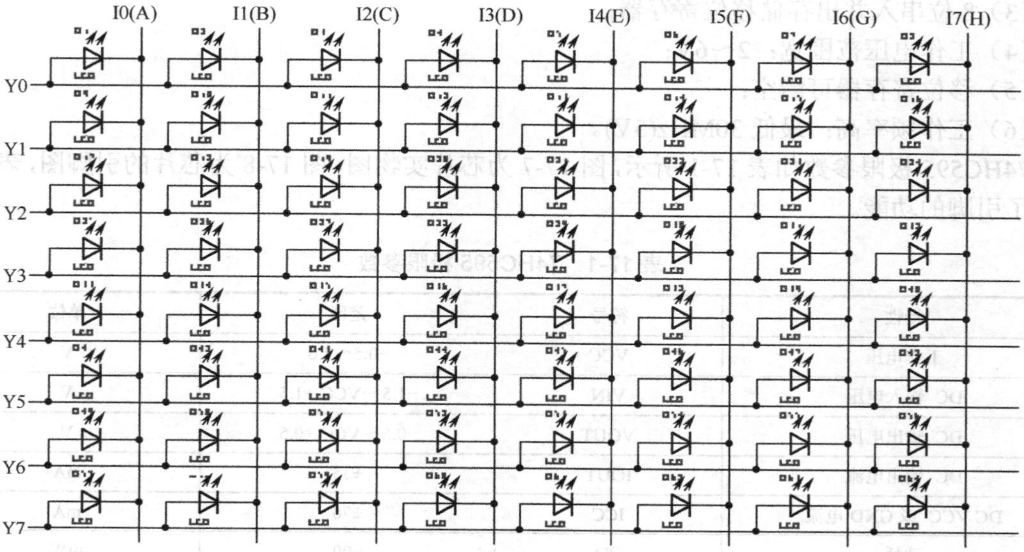

图 17-5 8×8 点阵原理图

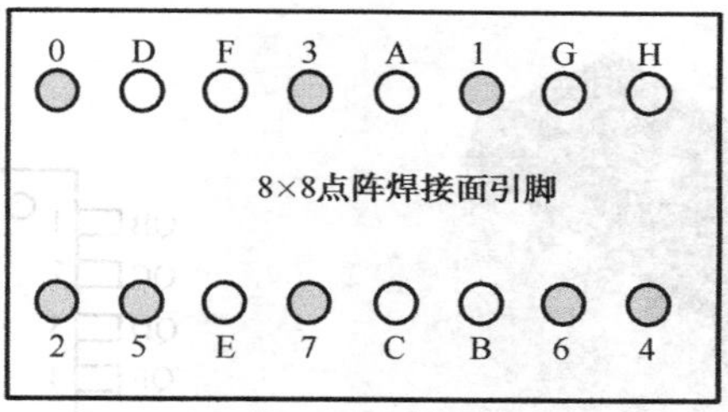

图 17-6 8×8 点阵引脚图

点阵一般采用扫描式显示，可分为三种方式：点扫描；行扫描；列扫描。如果使用方式一，扫描频率一定要大于 16×64=1024Hz，周期小于 1ms 即可。如果使用方式二或者方式三，那么其频率需要大于 16×8=128Hz，周期小于 7.8ms 就能符合视觉暂留要求。点阵是将发光二极管按行按列进行布置，在进行列扫描时要将字模信号送到行线上然后扫描列线，在进行行扫描时将字模信号送到列线上然后扫描行线。

17.2.2 移位寄存器 74HC595

在点亮点阵时需外加驱动电路提高电流，否则 LED 亮度会不足，本模块驱动芯片选用移位寄存器 74HC595。74HC595 是硅 CMOS 工艺集成的高速移位寄存器，抗干扰能力强，功耗低，兼容低电压 TTL 电路，其具有 8 位串入并出移位寄存器，能够多个级联起来一起使用，本模块就是利用两片此芯片级联起来共同完成对点阵 16 个引脚的信号传输和驱动。74HC595 具有 8 位移位寄存器和一个存储器，移位寄存器和输出寄存器的时钟分开且它们都是上升沿触发，如果两个时钟接在一起，移位寄存器状态总是比存储寄存器快一个时钟。

其功能特点如下：

（1）低静态电流：80μA；

（2）低输入电流：1μA；

（3）8 位串入并出存储移位寄存器；

（4）工作电压范围宽：2～6V；

（5）移位寄存器可清空；

（6）工作频率高：最低 30MHz(5V)。

74HC595 极限参数如表 17-1 所示，图 17-7 为芯片实物图，图 17-8 为芯片的引脚图，表 17-2 列出了引脚的功能。

表 17-1　74HC595 极限参数

特性	符号	范围	单位
工作电压	VCC	−0.5～7.0	V
DC 输入电压	VIN	−1.5～VCC +1.5	V
DC 输出电压	VOUT	−0.5～VCC +0.5	V
DC 输出电流	IOUT	±35	mA
DC VCC 或 GND 电流	ICC	±70	mA
功耗	PD	600	mW
存储温度	TSTG	−65～150	℃

图 17-7　74HC595

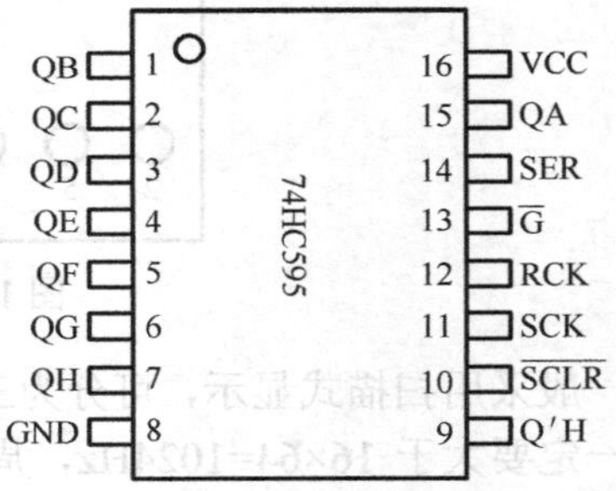

图 17-8　74HC595 引脚图

表 17-2　74HC595 引脚功能

序号	引脚	I/O	描述
15，1～7	QA～QH	O	8 位三态输出引脚
8，16	GND，VCC	—	正负电源端
9	Q'H	O	串行输出引脚
10	$\overline{SCLR}$	I	移位寄存器清零引脚
11	SCK	I	移位寄存器时钟引脚
12	RCK	I	输出寄存器时钟引脚
13	$\overline{G}$	I	输出状态控制引脚
14	SER	I	数据输入引脚

真值表如表 17-3 所示，在正常使用时 $\overline{SCLR}$ 为高电平，$\overline{G}$ 为低电平，从 SER 每输入一位数据，串行输入时钟 SCK 上升沿有效一次，数据依次移动一位，即 Q0 中的数据移到 Q1 中，Q1 中的数据移到 Q2 中，以此类推，直到八位数据输入完毕，输入的数据在输出寄存器时钟 RCK 上升沿输出到并行端口，完成数据的输出。

表 17-3 74HC595 真值表

RCK	SCK	$\overline{SCLR}$	$\overline{G}$	功能说明
X	X	X	H	QA～QH 为高阻态
X	X	L	L	移位寄存器清零，Q'H =0
X	↑	H	L	移位寄存
↑	X	H	L	从移位寄存器输出到输出寄存器

本模块所需的器件列表如表 17-4 所示。

表 17-4 所需器件列表

器件	型号	个数
点阵	3mm 8×8 点阵	1
位移寄存器	74HC595	2
芯片底座	16 脚	2
母座	单排	16 座
插针	单排	5 针
杜邦线	双头	5
万能板	5cm×7cm	1

17.3 编程控制点阵显示

在编写程序时，要注意 74HC595 的工作时序，数据在 SHCLK 的上升沿串行输入，当使能引脚 $\overline{OE}$ 为低电平时，输入的数据在输出寄存器时钟 STCLK 上升沿输出到并行端口，完成数据的输出。要显示的数据可以自己编写，也可以直接用取字模软件生成，取模软件界面如图 17-9 所示。

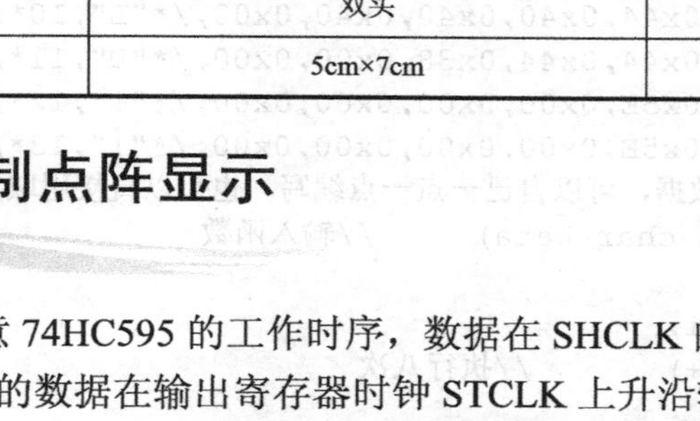

图 17-9 取模软件

在取模软件设置里的“自定义格式”中选择“C51 格式”，在“输出数制”中选择“十六进制数”，“点阵格式”选择“阴码”，“取模走向”选择“逆向”。点阵大小可以在“修改点阵大小”一栏修改，在点阵下方输入栏中输入要显示的数据然后单击“生成字模”按钮，窗口下方的输出栏里就会显示数据对应的字模十六位数据。编程实现 8×8 点阵滚动循环显示“HELLO! WORLD!!”。

示例程序如下：

```
/*利用 8*8 点阵滚动循环显示"HELLO! WORLD!!"*/
#include<reg52.h>      //头文件
sbit SD=P1^0;              //用 P1 口的第一位控制数据线 S_DATA
sbit SH=P1^1;              //用 P1 口的第二位控制数据输入时钟线 SCK
sbit ST=P1^2;              //用 P1 口的第三位控制输出存储器锁存时钟线 RCK
unsigned int i,j,k,k1;
unsigned char code lie[]={0xfe,0xfd,0xfb,0xf7,0xef,0xdf,0xbf,0x7f};//数组中 8
个元素分别是 1～8 列
unsigned char code hang[]=
    {
    0x00,0x44,0x7C,0x10,0x10,0x7C,0x44,0x00,/*"H",0*/
    0x00,0x44,0x7C,0x4C,0x5C,0x44,0x00,0x00,/*"E",1*/
    0x00,0x44,0x7C,0x44,0x40,0x40,0x40,0x00,/*"L",2*/
    0x00,0x44,0x7C,0x44,0x40,0x40,0x40,0x00,/*"L",3*/
    0x00,0x38,0x44,0x44,0x44,0x38,0x00,0x00,/*"O",4*/
    0x00,0x00,0x00,0x5E,0x00,0x00,0x00,0x00,/*"!",5*/
    0x00,0x00,0x00,0x00,0x00,0x00,0x00,0x00,/*" ",6*/
    0x00,0x0C,0x70,0x0C,0x70,0x0C,0x00,0x00,/*"W",7*/
    0x00,0x38,0x44,0x44,0x44,0x38,0x00,0x00,/*"O",8*/
    0x00,0x44,0x7C,0x4C,0x1C,0x6C,0x40,0x00,/*"R",9*/
    0x00,0x44,0x7C,0x44,0x40,0x40,0x40,0x00,/*"L",10*/
    0x00,0x44,0x7C,0x44,0x44,0x38,0x00,0x00,/*"D",11*/
    0x00,0x00,0x00,0x5E,0x00,0x00,0x00,0x00,/*"!",12*/
    0x00,0x00,0x00,0x5E,0x00,0x00,0x00,0x00,/*"!",13*/
    };//这里是每行的数据，可以自己一点一点编写，也可以直接用取字模软件生成
void PutIn(unsigned char Data)       //输入函数
    {
     unsigned char i;
     for(i=0;i<8;i++)          //执行八次
     {
        SH=0;                  //数据输入时钟线置低电位
        SD=Data&0x80;//数据与二进制数 10000000 按位与运算，目的就是要 Data 的第一位
        Data<<=1;//Data 左移一位，下次循环处理 Data 的第二位，以后分别是第三、四位等
        SH=1;                  //高电位
     }
    }
void PutOut(void)              //输出函数
    {
        ST=0;                  //输出存储器锁存时钟线复位
        ST=1;                  //ST 上沿输出存储器锁存移位寄存器中的状态值
    }
void main()                    //主函数
    {
        while(1)               //大循环
```

```
        {
            for(j=500;j>0;j--)                    //显示字符延时
            {
                PutIn(lie[k]);                    //输入列
                PutIn(hang[(k+k1)%112]);          //输入行 112 为行数据个数
                PutOut();                         //输出
                k++;                              //列扫描
                if(k==8)
                k=0;                              //k 等于 8 归零
            }
           k1++;                                  //字符向左滚动一列
        }
    }
```

本程序采用列扫描的方法完成点阵的显示，具体做法就是将字模信号送到行线上然后扫描列线，当然，也可以采用行扫描的方法实现，将字模信号送到列线上然后扫描行线。本程序显示效果如图 17-10 所示，“HELLO! WORLD!!”字样由右到左循环显示。

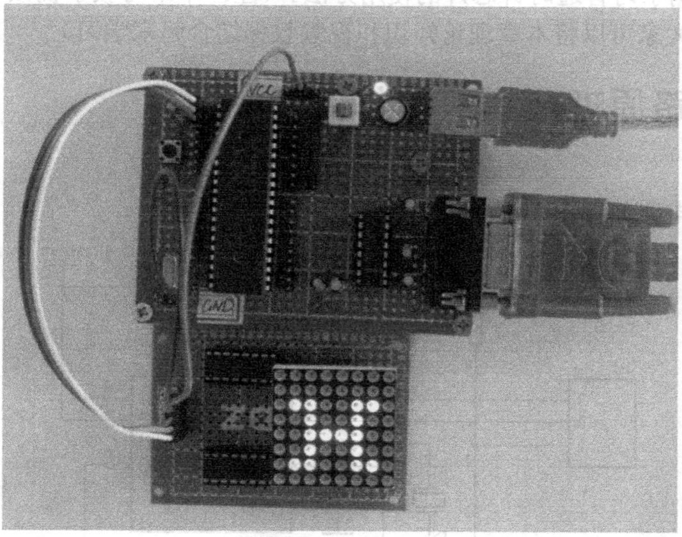

图 17-10　点阵显示效果

第 18 章 时钟芯片应用

时钟电路应用十分广泛，如计算机的时钟电路、电子表的时钟电路以及 MP3、MP4 的时钟电路，其一般由晶体振荡器、晶振控制芯片和电容组成。现在流行的串行时钟电路很多，如 DS1302、DS1307、PCF8485 等，这些电路接口简单、价格低廉、使用方便，广泛地应用。本模块以 DS1302 为例学习普通时钟芯片的使用方法。（注：本章与教学视频中的第 20 个《时钟芯片应用》对应，大家可以将本章理论知识和视频教程结合起来学习）

18.1 电路原理及模块制作

时钟芯片应用电路如图 18-1 所示。

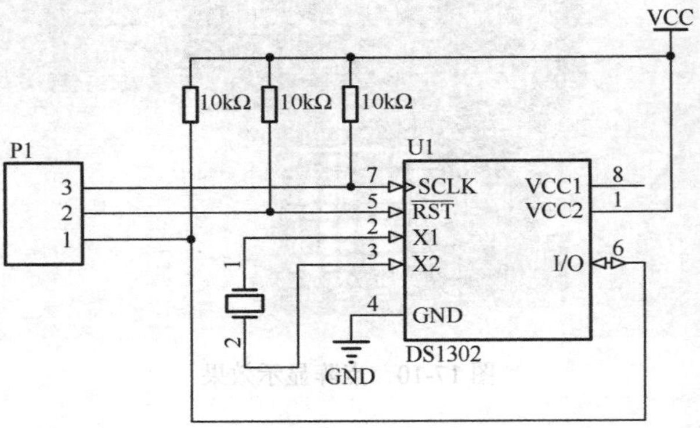

图 18-1　时钟芯片应用电路图

为了提高引脚的驱动能力，本电路在 SCLK、$\overline{\text{RST}}$、I/O 各引脚处分别加入了 10kΩ的上拉电阻，然后将这三只引脚连接到三个输出插针上，32.768kHz 晶振连接在 2、3 脚之间，在制作模块时不要直接将晶振焊接在万能板上，可以选用单排母座作为晶振的底座，本模块没有外接备用电池，只选用了主电源供电方式，将 1 脚连接至 VCC，4 脚接至 GND。

模块制作完成后如图 18-2 与图 18-3 所示，本电路走线较为简单，采用锡接走线法即可，既美观又稳定，模块制作完成后，要用万用表实际测试一下电路的通、断情况，确保模块电路稳定。

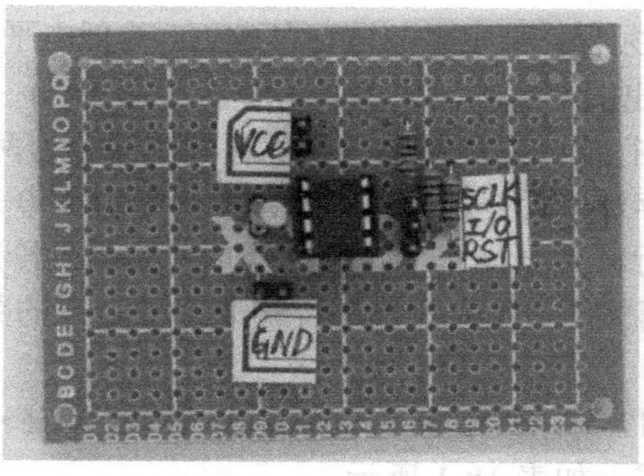

图 18-2　时钟芯片应用模块

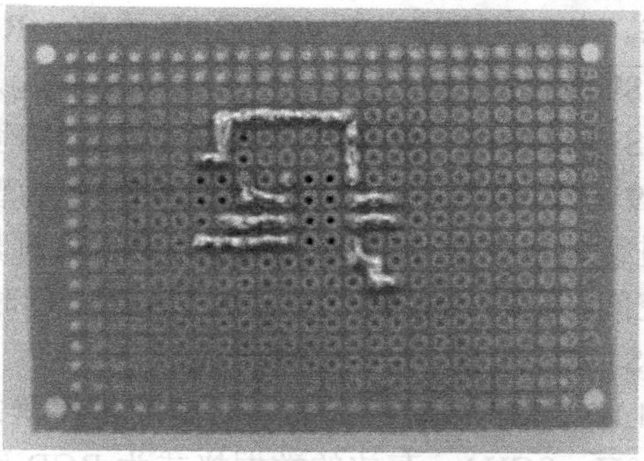

图 18-3　时钟芯片应用模块背部走线

18.2　所需器件

18.2.1　DS1302

DS1302 是 DALLAS 公司推出的涓流充电时钟芯片，如图 18-4 和图 18-5 所示，可为掉电保护电源提供可编程的充电功能，并且可以关闭充电功能，内含一个实时时钟/日历和 31 字节静态 RAM，可以通过串行接口与单片机进行通信。实时时钟/日历电路提供秒、分、时、日、星期、月、年的信息，每个月的天数和闰年的天数可自动调整，时钟操作可通过 AM/PM 标志位确定采用 24 小时或 12 小时时间格式，DS1302 与单片机之间可简单地采用同步串行的方式进行通信，仅需三根 I/O 线：复位（$\overline{\text{RST}}$）、I/O 数据线、串行时钟（SCLK）。时钟/RAM 的读/写数据以一字节或多达 31 字节的字符组方式通信，晶振采用 32.768kHz。DS1302 工作时功耗很低，保持数据和时钟信息时，功耗小于 1mW，工作电压为 2.5～5.5V。

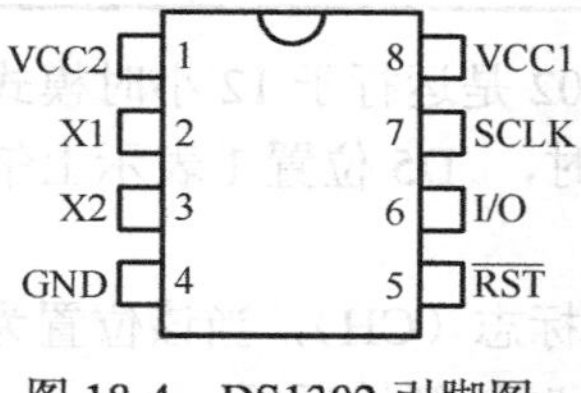

图 18-4　DS1302 引脚图

图 18-5　DS1302 实物图

VCC2 为主电源，VCC1 为后备电源，在主电源关闭的情况下，可用备用电源保持时钟的连续运行，备用电源可采用电池或者超级电容(0.1F 以上)，可以用老式计算机主板上的 3.6V 充电电池。如果断电时间较短为几小时或几天时，就可以用漏电较小的普通电解电容器代替，100μF 就可以保证 1 小时的正常走时。DS1302 由 VCC1 或 VCC2 两者中的较大者供电，当 VCC2 大于（VCC1+0.2V）时，VCC2 给 DS1302 供电，当 VCC2 小于 VCC1 时，DS1302 由 VCC1 供电。X1 和 X2 是振荡源，外接 32.768kHz 晶振。$\overline{\text{RST}}$ 是复位/片选线，通过把 $\overline{\text{RST}}$ 输入驱动置高电平来启动所有的数据传送。$\overline{\text{RST}}$ 输入有两种功能，首先，$\overline{\text{RST}}$ 接通控制逻辑，允许地址/命令序列送入移位寄存器；其次，$\overline{\text{RST}}$ 提供终止单字节或多字节数据的传送手段。当 $\overline{\text{RST}}$ 为高电平时，所有的数据传送被初始化，允许对 DS1302 进行操作，如果在传送过程中 $\overline{\text{RST}}$ 置为低电平，则会终止此次数据传送，I/O 引脚变为高阻态。上电运行时，在 VCC>2.0V 之前，$\overline{RST}$ 必须保持低电平，只有在 SCLK 为低电平时，才能将 $\overline{RST}$ 置为高电平。I/O 为双向串行数据输入/输出端。SCLK 为时钟输入端。

DS1302 的所有功能都是通过对其内部地址进行操作实现的，其内部存储空间分为两部分：80H～91H 为功能控制单元，C0H～FDH 为普通存储单元；所有单元地址中最低位为 0 表示将对其进行写数据操作，最低位为 1 表示将对其进行读数据操作。普通存储单元是提供给用户的存储空间，而特殊存储单元存放 DS1302 的时间相关的数据，用户不能用来存放自己的数据。

DS1302 有下列几组寄存器。

（1） DS1302 有关日历、时间的寄存器共有 12 个，其中有 7 个寄存器（读时 81H～8DH，写时 80H～8CH），存放的数据格式为 BCD 码形式，如表 18-1 所示。

表 18-1 DS1302 有关日历、时间的寄存器表

寄存器名	命令字节		范围	位内容							
	读	写		D7	D6	D5	D4	D3	D2	D1	D0
秒	81H	80H	00～59	CH	秒的十位			秒的个位			
分	83H	82H	00～59	0	分的十位			分的个位			
时	85H	84H	01～12 或 00～23	12/24	0	A/P	HR	小时个位			
日	87H	86H	01～31	0	0	日的十位		日的个位			
月	89H	88H	01～12	0	0	0	0/1	月的个位			
星期	8BH	8AH	01～07	0	0	0	0	0	星期几		
年	8DH	8CH	00～99	年的十位				年的个位			

小时寄存器（85H、84H）的位 7 用于定义 DS1302 是运行于 12 小时模式还是 24 小时模式，当为高电平时，选择 12 小时模式，在 12 小时模式时， D5 位置 1 表示上午，置 0 表示下午；在 24 小时模式时，D5、D4 组成小时的十位。

秒寄存器（81H、80H）的位 7 定义为时钟暂停标志（CH），当该位置为 1 时，时钟振荡器停止，DS1302 处于低功耗状态；当该位置为 0 时，时钟开始运行。

（2） DS1302 有关 RAM 的地址。

DS1302 中附加 31 字节静态 RAM 的地址如表 18-2 所示。

表 18-2 DS1302 RAM 地址

读地址	写地址	数据范围
C1H	C0H	00～FFH
C3H	C2H	00～FFH
C5H	C4H	00～FFH
⋮	⋮	⋮
FDH	FCH	00～FFH

（3）DS1302 的工作模式寄存器。

所谓突发模式，是指一次传送多个字节的时钟信号和 RAM 数据，突发模式寄存器如表 18-3 所示。

表 18-3　DS1302 突发模式寄存器

工作模式寄存器	读寄存器	写寄存器
时钟突发模式寄存器	BFH	BEH
RAM 突发模式寄存器	FFH	FEH

（4）此外，DS1302 还有充电寄存器等，DS1302 是 SPI 总线驱动方式，它不仅要向寄存器写入控制字，还需要读取相应寄存器的数据。要与 DS1302 通信，首先要先了解 DS1302 的控制字，DS1302 的控制字如表 18-4 所示。

表 18-4　DS1302 控制字

7	6	5	4	3	2	1	0
1	RAM $\overline{CK}$	A4	A3	A2	A1	A0	RD $\overline{WR}$

- 控制字的最高有效位（位 7）必须是逻辑 1，如果它为 0，则不能把数据写入到 DS1302 中；
- 位 6：如果为 0，则表示存取日历时钟数据，为 1 表示存取 RAM 数据；
- 位 5 至位 1（A4～A0）：指示操作单元的地址；
- 位 0（最低有效位）：如为 0 表示要进行写操作，为 1 表示进行读操作。

控制字总是从最低位开始输出，在控制字指令输入后的下一个 SCLK 时钟的上升沿时，数据被写入 DS1302，数据输入从最低位（0 位）开始。同样，在紧跟 8 位的控制字指令后的下一个 SCLK 脉冲的下降沿，读出 DS1302 的数据，读出的数据也是从最低位到最高位，下面来具体看一下数据读写时序：

（1）数据写入 DS1302 时序

DS1302 的通信接口由 3 个口线组成，即 $\overline{RST}$、SCLK、I/O。$\overline{RST}$ 引脚的操作非常简单，当设置为高电平表示启动芯片的工作，当设置为低电平表示停止芯片的工作。SCLK 引脚表示时钟引脚，它给 I/O 引脚数据的传输提供时序，向 DS1302 芯片写入数据时的时序如图 18-6 所示。

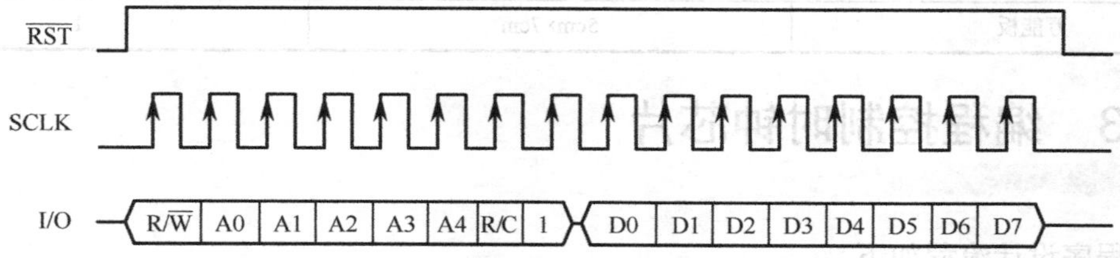

图 18-6　数据写入 DS1302 时序图

从时序图可以看出，进行写操作时芯片要正常工作，所以 $\overline{RST}$ 引脚应该置为高电平。再看 SCLK 时钟引脚和 I/O 引脚，图中的黑色箭头表示写入的数据在上升沿锁存。也就是说如果我们要往 DS1302 里写入一位二进制数据，首先应把 SCLK 引脚拉低，然后将要写入的一位二进制数据送到 I/O 口，再把 SCLK 时钟线拉高，此时数据就被送到 DS1302 中。注意，写数据的时候先写低位，后写高位。

（2）读出DS1302数据时序

如图18-7所示，为使芯片正常工作，$\overline{RST}$引脚应该给高电平，再看SCLK引脚，图中前八位的黑色箭头表示写入的数据在上升沿锁存，后八位的黑色箭头表示下降沿读取数据，也就是说如果我们要从DS1302里面读出一位二进制数据，首先应该把SCLK引脚拉高，然后把SCLK拉低，且在SCLK拉低的一瞬间DS1302的数据送到了I/O端口上，然后再把I/O口上的数据存入变量内，此时就读到了一位二进制数据，读数据的时候先读低位，后读高位。

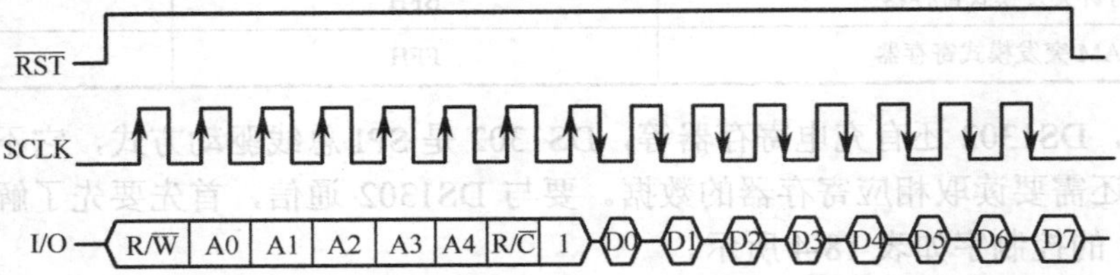

图18-7 读取DS1302数据时序图

18.2.2 晶振32.768kHz

对于大多数电子应用，带有32.768kHz音叉晶体的实时时钟是标准的计时参考方案，本模块也不例外，晶振选用32.768kHz。实时时钟通过秒计数确定时间和日期，这需要从32.768kHz晶体振荡器中获取1Hz的时钟信号，当前时间和日期保存在一组寄存器中，通过通信接口进行访问。

本模块所需的元器件列表，如表18-5所示。

表18-5 所需器件列表

器件	型号	个数
晶振	32.768kHz	1
插针母座	圆孔，用作晶振底座	2
时钟芯片	DS1302	1
芯片底座	8脚	1
插针	单排	9针
色环电阻	10kΩ	3
万能板	5cm×7cm	1

18.3 编程控制时钟芯片

一般程序设计流程如下。

（1）注意对DS1302的读/写操作必须在RST为1时才允许操作。

（2）确认对DS1302是读操作还是写操作：写操作时必须关闭写保护寄存器的写保护位（0x00）；读操作时跟此寄存器无关。

（3）确认是否需要对备用电池充电操作。

（4）确定采用单字节操作还是突发模式操作。

单字节读/写操作：

● 写操作：先写地址（RW=0，允许写数据的单元地址），然后写数据。
● 读操作：先写地址（RW=1，允许读数据的单元地址），然后读数据。

突发模式读/写操作：

时间/日历特殊寄存器必须一次读写 8 个寄存器，RAM 普通寄存器可一次读写 1～31 个寄存器。

● 写操作：先写地址，然后写多个数据，8 个（特殊）、1～31 个（普通）
● 读操作：先写地址，然后读多个数据，8 个（特殊）、1～31 个（普通）

（5）读/写操作完毕（写操作完成后必须打开写保护寄存器的写保护位（0x80））。

例如，用 DS1302 设计一个时钟，并且利用之前做好的 1602 液晶显示模块显示时间、日期等值，1602 第一行显示“DS1302、年、月、日”，第二行显示“星期、时、分、秒”，并且按秒实时更新显示，显示初值设置为“11 年 10 月 11 日 10 时 29 分 00 秒，星期 2”。

示例程序如下：

```
#include<reg52.h>        //头文件
#define uint unsigned int
#define uchar unsigned char
uchar code table1[]="DS1302";
uchar code table2[]="0123456789";
uchar code table3[]="Week-";
sbit rs=P1^0;                    //数据命令选择端
sbit rw=P1^1;                    //读写控制端
sbit en=P1^2;                    //使能端
sbit sclk=P1^3;                  //时钟输入端
sbit io=P1^4;                    //串行数据输入输出端
sbit rst=P1^5;                   //复位/片选
sbit ACC0=ACC^0;                 //位寻址寄存器定义
sbit ACC7=ACC^7;
void delay(uint z)               //延时子函数
   {
     uint i,j;
     for(i=z;i>0;i--)
       for(j=123;j>0;j--);
   }
void input_1byte(uchar td)       //输入单个字
   {
     uchar i;
     ACC=td;
     for(i=8;i>0;i--)
     {
       io=ACC0;
       sclk=1;
       sclk=0;
       ACC=ACC>>1;
     }
   }
uchar output_1byte(void)         //输出单个字
   {
     uchar j;
     for(j=8;j>0;j--)
     {
```

```
        ACC=ACC>>1;
        ACC7=io;
        sclk=1;
        sclk=0;
      }
      return(ACC);
    }
void write_ds1302(uchar ds_add,uchar ds_dat)    //写指令
    {
      rst=0;                                    //rst为低数据传送中止
      sclk=0;                                   //清零时钟总线
      rst=1;                                    //rst为高，逻辑控制有效
      input_1byte(ds_add);                      //ds_add应为各个寄存器的写操作命
                                                  令字
      input_1byte(ds_dat);                      //ds_dat应为各个寄存器要写入的值
      sclk=1;
      rst=0;
    }
uchar readds_1302(uchar ds_add)                 //读指令,形参为各个寄存器的读操作命
                                                  令字

    {
      uchar temp;
      rst=0;                                    //rst为低数据传送中止
      sclk=0;                                   //清零时钟总线
      rst=1;                                    //rst为高，逻辑控制有效
      input_1byte(ds_add);
      temp=output_1byte();
      sclk=1;
      rst=0;
      return(temp);
    }
void write_com(uchar com)                       //写液晶命令
    {
      rs=0;
      rw=0;
      P0=com;
      delay(5);
      en=1;
      delay(5);
      en=0;
    }
void write_dat(uchar dat)                       //写液晶数据
    {
      rs=1;
      rw=0;
      P0=dat;
      delay(5);
      en=1;
      delay(5);
      en=0;
    }
void init_1602()                                //液晶1602初始化
```

```
    {
      write_com(0x38);
      write_com(0x0c);                    //设置开显示，不显示光标
      write_com(0x06);                    //写一个字符后地址指针加 1
      write_com(0x01);                    //显示清零，数据指针清零
    }
void init_1302()                          //DS1302 初始化子程序
    {
      write_ds1302(0x8e,0x00);            //关闭写保护
      write_ds1302(0x90,0xaa);            //定义充电方式，允许慢速充电器
      write_ds1302(0x82,0x29);            //分值，29 分，可以自行设置
      write_ds1302(0x80,0x00);            //秒值，00 秒，可以自行设置
      write_ds1302(0x84,0x10);            //时值，10 时，可以自行设置
      write_ds1302(0x86,0x11);            //日值，11 日，可以自行设置
      write_ds1302(0x88,0x10);            //月值，10 月，可以自行设置
      write_ds1302(0x8a,0x02);            //星期值，星期 2，可以自行设置
      write_ds1302(0x8c,0x11);            //年值，2011 年简写 11，可以自行设置
      write_ds1302(0x8e,0x80);            //允许写保护
    }
void display()
    {
      uchar miao,miao1,miao2;
      uchar fen,fen1,fen2;
      uchar shi,shi1,shi2;
      uchar yue,yue1,yue2;
      uchar ri,ri1,ri2;
      uchar nian,nian1,nian2;
      uchar xq,xq1;
        miao=readds_1302(0x81);           //读取秒数据
        miao1=miao&0x0f;                  //将秒数据低四位送给 miao1
        miao2=miao>>4;                    //将秒数据高四位送给 miao2
        fen=readds_1302(0x83);
        fen1=fen&0x0f;
        fen2=fen>>4;
        shi=readds_1302(0x85);
        shi1=shi&0x0f;
        shi2=shi>>4;
        ri=readds_1302(0x87);
        ri1=ri&0x0f;
        ri2=ri>>4;
        yue=readds_1302(0x89);
        yue1=yue&0x0f;
        yue2=yue>>4;
        nian=readds_1302(0x8d);
        nian1=nian&0x0f;
        nian2=nian>>4;
        xq=readds_1302(0x8b);
        xq1=xq&0x0f;                      //将 xq 的第四位给 xq1
        write_com(0x80+0x4e);             //向液晶控制器写入秒高位地址
        write_dat(table2[miao2]);         //向液晶控制器写入秒高位数据
        write_com(0x80+0x4f);             //向液晶控制器写入秒低位地址
        write_dat(table2[miao1]);         //向液晶控制器写入秒低位数据
```

```
        write_com(0x80+0x4d);
        write_dat(':');
        write_com(0x80+0x4b);
        write_dat(table2[fen2]);
        write_com(0x80+0x4c);
        write_dat(table2[fen1]);
        write_com(0x80+0x4a);
        write_dat(':');
        write_com(0x80+0x48);
        write_dat(table2[shi2]);
        write_com(0x80+0x49);
        write_dat(table2[shi1]);
        write_com(0x8e);
        write_dat(table2[ri2]);
        write_com(0x80f);
        write_dat(table2[ri1]);
        write_com(0x8d);
        write_dat('/');
        write_com(0x8b);
        write_dat(table2[yue2]);
        write_com(0x8c);
        write_dat(table2[yue1]);
        write_com(0x8a);
        write_dat('/');
        write_com(0x88);
        write_dat(table2[nian2]);
        write_com(0x89);
        write_dat(table2[nian1]);
        write_com(0x80+0x45);
        write_dat(table2[xq1]);
    }
/*主函数*/
void main()
    {
      uchar num;
      init_1602();
      delay(5);
      init_1302();
      delay(5);
       for(num=0;num<6;num++)
       {
         write_com(0x80+num);
         write_dat(table1[num]);
         delay(10);
       }
      for(num=0;num<5;num++)
       {
         write_com(0x80+0x40+num);
         write_dat(table3[num]);
         delay(10);
       }
      while(1)
```

```
      {
        display();
      }
    }
```

示例程序效果如图 18-8 所示，可以自行设置初始时间、日期等值，例如设置为 23 时 59 分，然后看一下到 23:59:59 之后日期、星期是否自动加 1。

图 18-8　时钟芯片显示时间效果

第2部分

单片机实验及课程设计

本部分旨在培养和锻炼学生独立进行单片机实验及单片机系统设计开发的技能，从控制发光二极管的简单实验开始，逐步增加扩展知识面，到最后学生独立完成具有一定的实际项目开发技能的课程设计，在第一部分知识的基础上独立从实践过程中提高自己发现问题、分析问题、解决问题的能力。

第 19 章

单片机实验

实验一　单片机开发工具软件使用

一、实验目的

（1）复习单片机软件开发平台 Keil C51 软件的使用。

（2）熟悉汇编语言与 C 语言的编程方法及在 Keil 平台上的使用方法。

（3）复习下载软件的使用。

（4）熟悉 74HC245 和 74HC138 译码器的使用。

二、实验工具

计算机、51 单片机开发板一套、Keil C51 开发环境、下载软件等。

三、实验原理图

详细的原理图可以参考附录 A，单片机最小系统通过转接单元和计算机连接，如图 19-1 所示。

图 19-2 是图 19-1 转接单元部分，单片机的 RXD 和 TXD 引脚通过跳线连接到芯片 CH340T 的 USB-RX 和 USB-TX，芯片 CH340T 的 DP 和 DM 引脚连接到 USB 接口电路从而与计算机相连接，如此计算机与单片机连接起来，并通过 USB 口给单片机供电，供电电路如图 19-3 所示。

本实验用到的八个 LED 发光二极管的原理图，如图 19-4 所示。

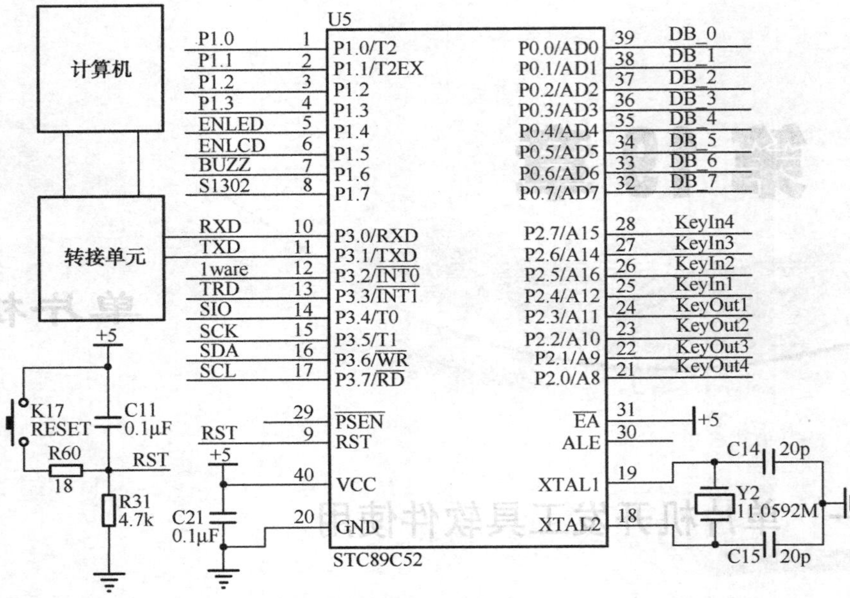

图 19-1 单片机最小系统和计算机连接电路图

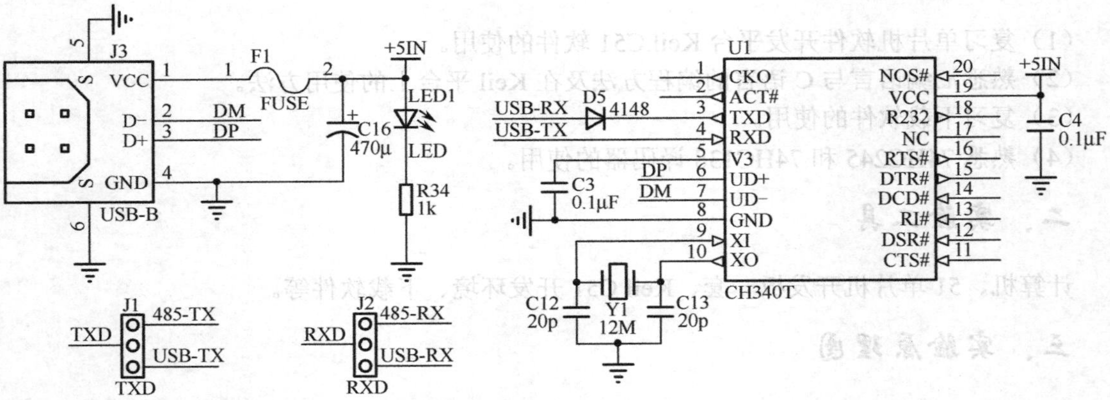

图 19-2 转接单元电路图

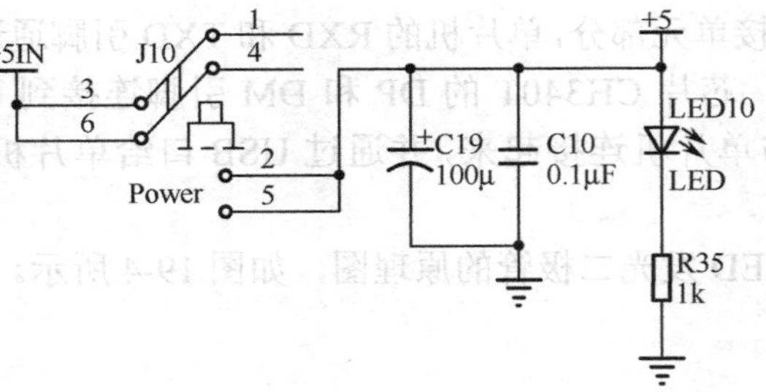

图 19-3 USB 供电电路图

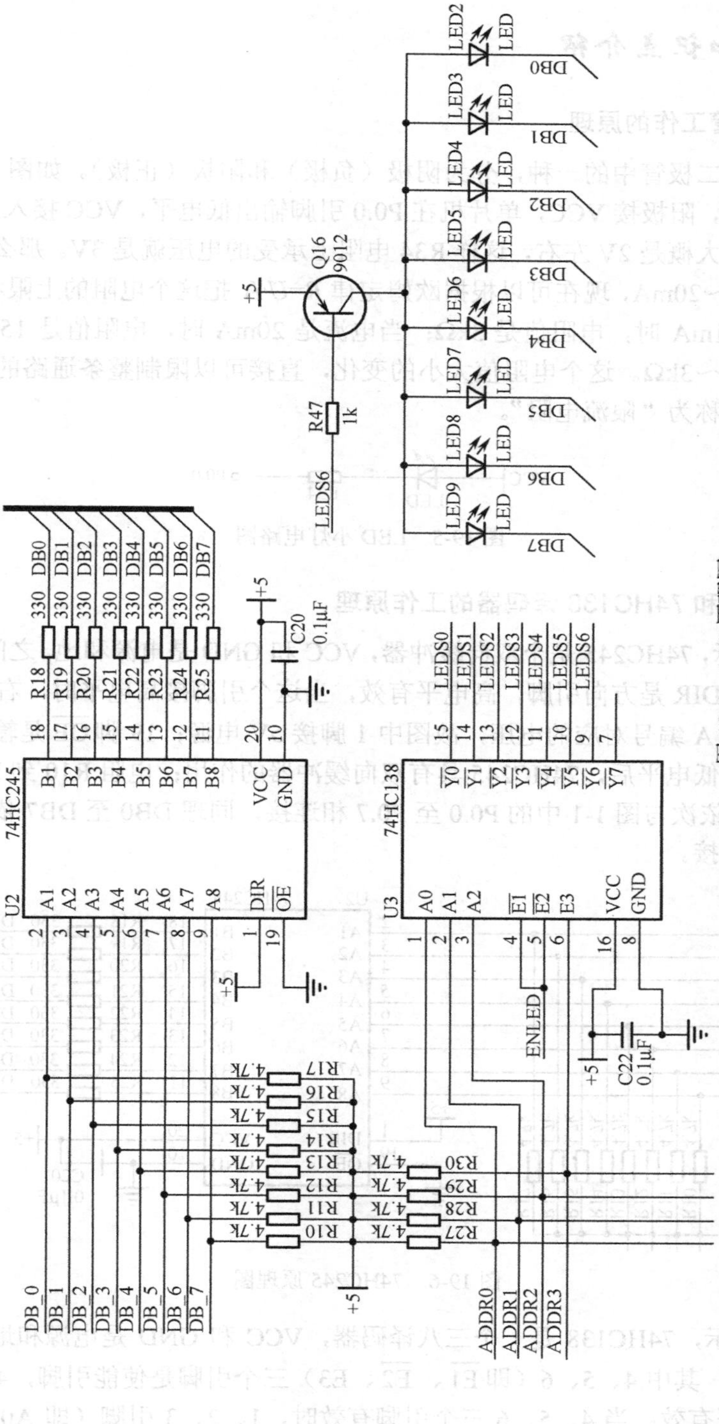
LED2
LED3
LED4
LED5
LED6
LED7
LED8
LED9
LED
DB0
DB1
DB2
DB3
DB4
DB5
DB6
DB7
Q16
9012
+5
R47
1k
LEDS6
74HC245
U2
A1
A2
A3
A4
A5
A6
A7
A8
DIR
OE
B1
B2
B3
B4
B5
B6
B7
B8
VCC
GND
R18
R19
R20
R21
R22
R23
R24
R25
330
C20
0.1μF
74HC138
U3
A0
A1
A2
E1
E2
E3
Y0
Y1
Y2
Y3
Y4
Y5
Y6
Y7
LEDS0
LEDS1
LEDS2
LEDS3
LEDS4
LEDS5
LEDS6
ENLED
C22
0.1μF
R10
R11
R12
R13
R14
R15
R16
R17
4.7K
R27
R28
R29
R30
4.7K
DB_0
DB_1
DB_2
DB_3
DB_4
DB_5
DB_6
DB_7
ADDR0
ADDR1
ADDR2
ADDR3

图19-4 LED原理图

四、相关知识点介绍

1. 发光二极管工作的原理

发光二极管是二极管中的一种，分为阴极（负极）和阳极（正极）。如图 19-5 所示，发光二极管阴极接 P0.0，阳极接 VCC，单片机在 P0.0 引脚输出低电平，VCC 接入的电压是 5V，发光二极管自身压降大概是 2V 左右，这样 R34 电阻上承受的电压就是 3V。那么，发光二极管的工作电流一般为 1～20mA，现在可以根据欧姆定律 $R=U/I$，把这个电阻的上限和下限值求出来。U=3V，当电流是 1mA 时，电阻值是 3kΩ；当电流是 20mA 时，电阻值是 150Ω，也就是 R34 的取值范围是 150～3kΩ。这个电阻值大小的变化，直接可以限制整条通路的电流的大小，因此，这个电阻通常称为“限流电阻”。

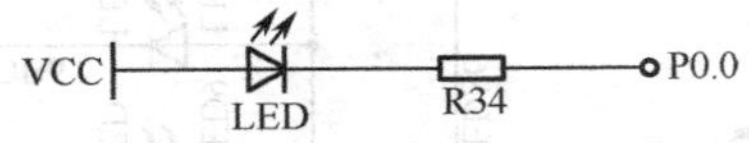

图 19-5 LED 小灯电路图

2. 74HC245 和 74HC138 译码器的工作原理

如图 19-6 所示，74HC245 是个双向缓冲器，VCC 和 GND 是电源和地，之间接了一个 0.1μF 的去耦电容；1 脚 DIR 是方向引脚，高电平有效，当这个引脚接高电平时，右侧所有的 B 编号的电压都等于左侧 A 编号对应的电压，故图中 1 脚接 5V 电源；19 脚 $\overline{OE}$ 是输出使能引脚，低电平有效，当接了低电平后，74HC245 具有双向缓冲器的作用；电阻 R10 到 R17 是上拉电阻。其中 DB0 至 DB7 依次与图 1-1 中的 P0.0 至 P0.7 相连接，同理 DB0 至 DB7 依次与八个发光二极管的阴极端相连接。

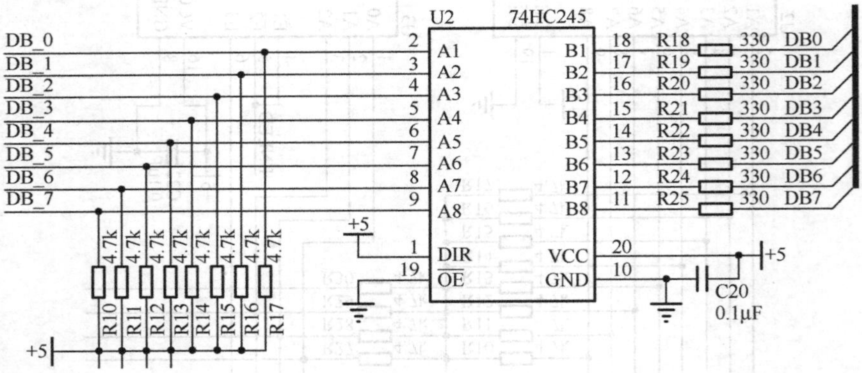

图 19-6 74HC245 原理图

如图 19-7 所示，74HC138 是一个三八译码器，VCC 和 GND 是电源和地，之间接了一个 0.1μF 的去耦电容；其中 4、5、6（即 $\overline{E1}$、$\overline{E2}$、E3）三个引脚是使能引脚，4 和 5 脚低电平有效，而 6 脚高电平有效；当 4、5、6 三个引脚有效时，1、2、3 引脚（即 A0、A1、A2）的电平状态可以使相应的 Y0 到 Y7 引脚输出低电平，如 1、2、3 引脚组合是 000 时 Y0 引脚输出低电平其他引脚为高电平，组合为 001 时 Y1 引脚输出低电平其他引脚为高电平，当组合为 110 时 Y6 输出低电平，发光二极管的阳极接通电源，只要阴极端接通低电平，相应的二极管即被点亮。

ADDR0 至 ADDR3 引脚一端与 A0、A1、A2、E3 连接，另一端通过跳线帽与 P1.0 至 P1.3

连接，如图 19-8 所示。4、5 引脚与 P1.4 相连接。

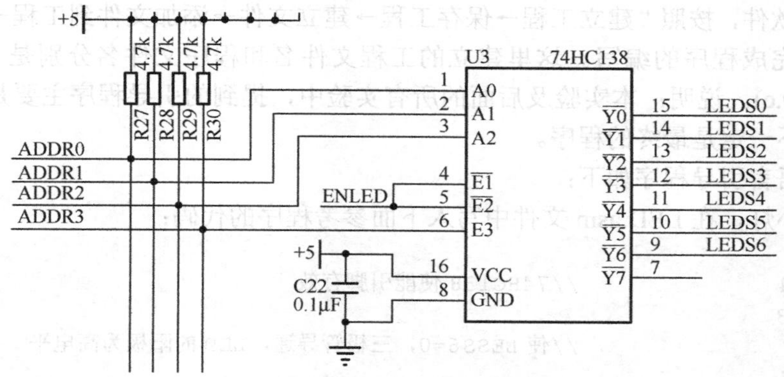

图 19-7　74HC138 原理图

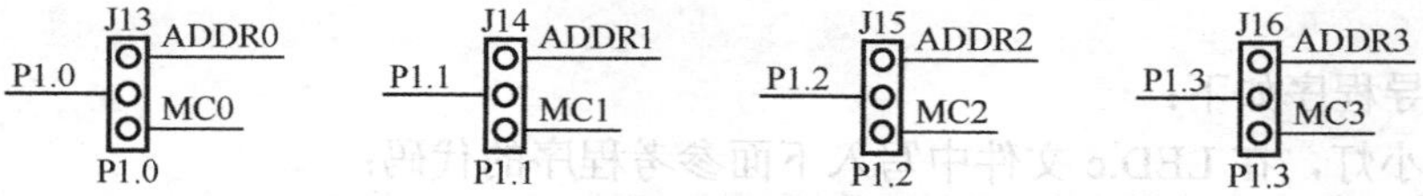

图 19-8　显示译码与步进电机的选择跳线

五、实验内容

（一）实验题目

（1）点亮开发板上的 8 个发光二极管。

（2）熄灭开发板上的 8 个发光二极管。

（3）间隔点亮和熄灭开发板上的 8 个发光二极管。

（二）实验步骤

1．开发板的驱动

首先，我们要把硬件连接好，把板子插到计算机上，打开设备管理器查看所使用的是哪个 COM 口，如图 19-9 所示，找到“USB-SERIAL CH340(COM4)”这一项，COM4 就是开发板当前所使用的 COM 端口号，后面进行程序下载会用到这个端口号。

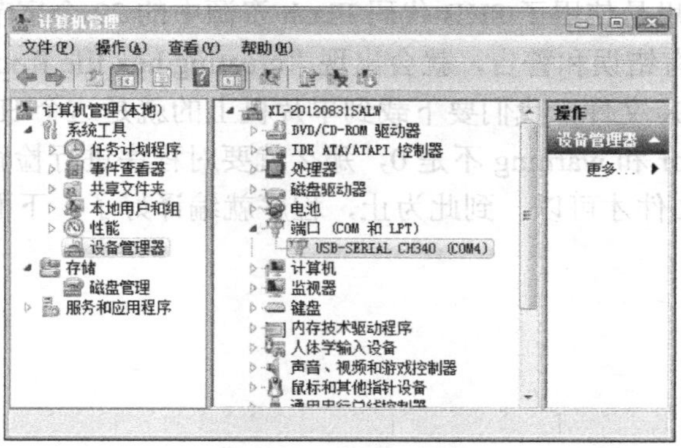

图 19-9　查看 COM 口

2．Keil 软件的工程项目设计

打开 Keil 软件，按照“建立工程→保存工程→建立文件→添加文件到工程→编写程序→编译”的步骤来完成程序的编写。这里建立的工程文件名和程序文件名分别是 LED.uvproj 和 LED.asm（LED.c）。说明：本实验及后面的所有实验中，提到的引导程序主要是帮助大家完成程序的编写，不一定是最终的程序。

（1）汇编语言引导程序如下：

点亮 8 个小灯，在 LED.asm 文件中写入下面参考程序的代码：

```
ORG 0000H
CLR   P1.4                       //74HC138 使能引脚有效
SETB  P1.3
CLR  P1.0                        //使 LESS6=0，三极管导通，LED 的阳极为高电平
SETB  P1.1
SETB  P1.2
MOV P0,#00H                      //P0 通过 74HC245 控制 LED 的阴极，阴极为低电平点亮小灯
END
```

（2）C 引导程序如下：

点亮 8 个小灯，在 LED.c 文件中写入下面参考程序的代码：

```
#include <reg52.h>          //包含特殊功能寄存器定义的头文件
sbit ADDR0 = P1^0;          //引脚与引脚名称建立连接
sbit ADDR1 = P1^1;
sbit ADDR2 = P1^2;
sbit ADDR3 = P1^3;
sbit ENLED = P1^4;
void main()
{   ENLED = 0;              //74HC138 使能引脚有效
    ADDR3 = 1;
    ADDR2 = 1;              //使 LESS6=0，三极管导通，LED 的阳极为高电平
    ADDR1 = 1;
    ADDR0 = 0;
    P0 = 0;                 //P0 通过 74HC245 控制 LED 的阴极，阴极为低电平点亮小灯
    while (1);              //程序停止
}
```

（3）编译：

编译完成后，在 Keil 下方的 Output 窗口会出现相应的提示，如图 19-10 所示，这个窗口告诉我们编译完成后的情况，data=9.0，指的是程序使用了单片机内部的 256 字节 RAM 资源中的 9 个字节，code=29 的意思是使用了 8KB 代码 Flash 资源中的 29 个字节。当提示“0 Error(s), 0 warning(s)”表示程序没有错误和警告，就会出现“creating hex file from “LED-8” ...，意思是从当前工程生成了一个 HEX 文件，我们要下载到单片机上的就是这个 HEX 文件。如果出现有错误和警告提示，就是 Error 和 warning 不是 0，那么就要对程序进行检查，找出问题，解决好了再进行编译产生 HEX 文件才可以。到此为止，程序就编译好了，下面要把编译好的程序文件下载到单片机里。

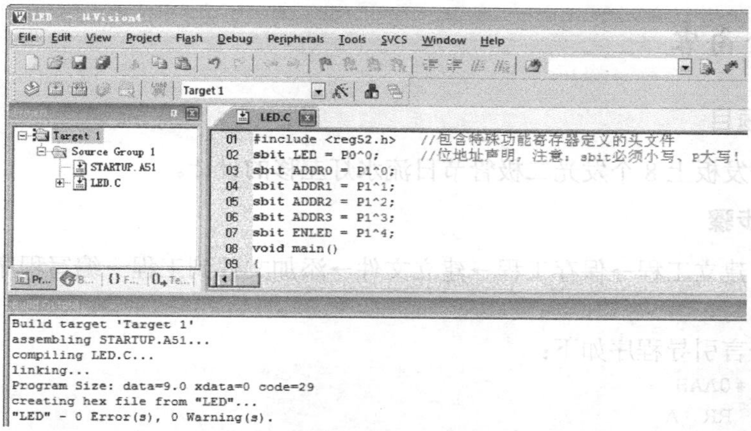

图 19-10　程序运行结果

3．烧写程序得到运行结果

打开 STC 系列单片机下载软件——STC-ISP，下载程序可以看到 8 个 LED 小灯同时被点亮。

参考 LED 发光二极管的点亮程序，完成熄灭 8 个发光二极管及间隔点亮和熄灭 8 个发光二极管程序的编写，并调试得到所要求的结果。

六、思考题

（1）了解普通发光二极管的参数，说明如何计算限流电阻的阻值？
（2）结合图 1-1 说明什么是单片机最小系统？
（3）说明单片机程序开发及下载的步骤？

七、实验报告要求

（1）说明在实验完成过程中遇到了什么问题？如何解决？
（2）解答思考题？

实验二　发光二极管的节日流水灯实验

一、实验目的

（1）进一步熟悉 Keil C51 软件和下载软件的使用。
（2）灵活点亮发光二极管。

二、实验工具

计算机、51 单片机开发板一套、Keil C51 开发环境、下载软件等。

三、实验原理图

同实验一。

四、实验内容

（一）实验题目

编程实现开发板上 8 个发光二极管节日流水灯左移的设计。

（二）实验步骤

（1）复习"建立工程→保存工程→建立文件→添加文件到工程→编写程序→编译"的步骤来完成程序的编写。

（2）汇编语言引导程序如下：

```
MOV A,#0AAH
LOOP2: RR  A
    MOV P0,A
    MOV R7,#0FFH
LOOP1: MOV R6,#0FFH
LOOP: DJNZ R6,LOOP
    DJNZ R7,LOOP1
  SJMP LOOP2
```

（3）C 语言的引导程序参考 4.5 节用移位与逻辑运算、库函数两种方法来实现。

（4）编译程序下载到单片机，观看实验结果。

五、思考题

（1）将流水灯左移理解透彻后，完成流水灯右移操作的程序？

（2）用 C 语言编程完成一个左移到头接着右移，右移到头再左移的花样流水灯程序。

六、实验报告要求

（1）说明在实验完成过程中遇到了什么问题？如何解决？

（2）解答思考题？

实验三　光电报警实验

一、实验目的

（1）掌握用汇编语言编写延时子程序的方法。

（2）复习用 C 语言编写延时子程序。

（3）了解 C 函数的基本结构，能够独立进行 Debug 调试，熟练 Keil 软件环境的一些基本操作。

二、实验工具

计算机、51 单片机开发板一套、Keil C51 开发环境、下载软件等。

三、实验原理图

同实验一。

四、实验内容

（一）实验题目

通过编制延时子程序实现用 8 个发光二极管全亮和全灭光电报警。

（二）实验步骤

（1）复习“建立工程→保存工程→建立文件→添加文件到工程→编写程序→编译”的步骤来完成程序的编写。

（2）汇编语言引导程序如下：

```
 LOOP:MOV P0,#00H
      LCALL  DELAY
      MOV  P0,#0FFH
      LCALL  DELAY
      SJMP    LOOP
DELAY:MOV R6,#0FFH
DEL2: MOV R5,#0FFH
DEL1: DJNZ R5,DEL1
      DJNZ R6,DEL2
      RET
```

（3）C 语言的引导程序独立完成。

（4）编译程序下载到单片机，观看实验结果。

五、思考题

（1）子程序的名称和子程序首条语句的标号相同吗？

（2）伪指令会被编译成二进制代码吗？

（3）请尝试修改“SJMP LOOP”为“SJMP　$”会出现什么现象？

（4）END 的作用是什么？

（5）如何估算你的延时时间？

六、实验报告要求

（1）说明在实验完成过程中遇到了什么问题？如何解决？

（2）解答思考题？

实验四　定时器实验

一、实验目的

（1）巩固 51 单片机定时器查询方式和中断方式的原理。

（2）掌握 51 单片机定时器查询方式和中断方式程序的编写。
（3）掌握 51 单片机定时器计数工作方式下程序的编写。

二、实验工具

计算机、51 单片机开发板一套、Keil C51 开发环境、下载软件等。

三、实验原理图

同实验一。

四、相关知识

（1）模式寄存器和控制寄存器：具体参考第 9 章表 9-4 和表 9-6。
（2）定时器/计数器的初始化步骤：
① 对 TMOD 寄存器赋值。
② 置定时器/计数器初值，直接将初值写入寄存器的 TH0、TL0 或 TH1、TL1。
③ 对寄存器 IE 置初值，开放定时器中断（中断模式采用，查询模式该步省略）。
④ 对 TCON 寄存器中的 TR0 或 TR1 置位，启动定时器/计数器。
（3）初值计算：具体参考第 9 章。

编写程序之前，要先来学会计算如何用定时器定时时间。晶振是 11.0592M，时钟周期就是 1/11059200，机器周期是 12/11059200，假如要定时 20ms，就是 0.02 秒，要经过 x 个机器周期得到 0.02 秒，我们来算一下 $x\times12/11059200=0.02$，得到 $x=18432$。16 位定时器的溢出值是 65536（因 65535 再加 1 才是溢出），于是我们就可以这样操作，先给 TH0 和 TL0 一个初始值，让它们经过 18432 个机器周期后刚好达到 65536，也就是溢出，溢出后可以通过检测 TF0 的值得知，就刚好是 0.02 秒。那么初值 $y=65536-18432=47104$，转成十六进制数就是 0xB800，也就是 TH0 = 0xB8，TL0 = 0x00。

五、实验内容

（一）实验题目

（1）通过 51 单片机定时器定时利用查询方式实现 8 个发光二极管全亮和全灭的光电报警。

（2）通过 51 单片机 T0 的定时利用中断方式，实现定时 1 秒后让发光二极管全亮，再过 1 秒后全灭，循环往复显示。

（3）利用 51 单片机 P1.7 模拟计数信号输入 P3.4 引脚，计数数值通过发光二极管显示。

（二）实验步骤

（1）复习“建立工程→保存工程→建立文件→添加文件到工程→编写程序→编译”的步骤来完成程序的编写。

（2）汇编语言引导程序如下：

第一个题目的汇编语言引导程序：

```
    MOV    TMOD，#01H
    SETB   TR0
```

```
LOOP: MOV  TH0, #00H
MOV    TL0, #00H
JNB    TF0, $
CLR    TF0
CPL    A
MOV  P0,
SJMP   LOOP
```

第二个题目的汇编语言引导程序:

```
        ORG 0000H
        LJMP MAIN
        ORG 000BH
        LJMP  ZDT0
       ORG 0030H
MAIN:  SETB   EA
       SETB   ET0
       MOV TH0,#4EH
       MOV TL0,#20H
        MOV  TMOD,#01H
        MOV  R7,#25
        SETB  TR0
        SJMP $
      ORG 0200H
ZDT0:  DJNZ R7,JXDS
       MOV R7,#25
       CLR P1.0
       SETB P1.1
       SETB P1.2
       SETB P1.3
       CLR P1.4
       XRL P0,#0FFH       ;将 P0 口各位取反
JXDS:  MOV TH0,#4EH
       MOV TL0,#20H
       RETI
       END
```

第三个题目的汇编语言引导程序

```
ORG 0000H
MAIN: CLR P1.0
      SETB P1.1
      SETB P1.2
      SETB P1.3
      CLR  P1.4
      MOV TH0,#00H
      MOV TL0,#00H
       MOV TMOD,#06H ;
       SETB  TR0
LOOP:  SETB P1.7
       NOP
       CLR P1.7
       NOP
       LCALL DELAY
       MOV A,TL0
      CPL A
```

```
        MOV P0,A
        SJMP  LOOP
DELAY: MOV R7,#0AH
   DEL3: MOV R6,#0FFH
    DEL2: MOV R5,#0FFH
    DEL1: DJNZ R5,DEL1
        DJNZ R6,DEL2
        DJNZ R7,DEL3
        RET
```

（3）C 语言引导程序如下：

第一个题目的 C 语言引导程序

```
#include <reg52.h>
sbit LED = P0^0;
sbit ADDR0 = P1^0;
sbit ADDR1 = P1^1;
sbit ADDR2 = P1^2;
sbit ADDR3 = P1^3;
sbit ENLED = P1^4;
void main()
{   unsigned char cnt = 0;  //定义一个计数变量，记录T0溢出次数
    ENLED = 0;              //使能U3，选择独立LED
    ADDR3 = 1;
    ADDR2 = 1;
    ADDR1 = 1;
    ADDR0 = 0;
     TMOD&=0xF0;
    TMOD|=0x01;
     TR0 = 1;
    while(TF0==1)
     {   TH0= 0x00;
         TL0=0x00;
         TF0=0;
         LED=~LED;   } }
```

第二个题目的 C 语言引导程序:

```
#include <reg52.h>
sbit LED = P0^0;
sbit ADDR0 = P1^0;
sbit ADDR1 = P1^1;
sbit ADDR2 = P1^2;
sbit ADDR3 = P1^3;
sbit ENLED = P1^4;
unsigned int cnt = 0;   //记录T0中断次数
void main()
{   ENLED = 0;          //使能U3，选择独立LED
    ADDR3 = 1;
    ADDR2 = 1;
    ADDR1 = 1;
    ADDR0 = 0;
     TMOD&=0xF0;        //设置T0为模式1
     TMOD|=0x01;
     TH0= 0x4E;         //T0赋初值
```

```
    TL0=0x20;
    TR0 = 1;                //启动 T0
    EA = 1;                 //使能总中断
    ET0  = 1;               //使能 T0 中断
    while(1);}
/* 定时器 0 中断服务函数 */
void InterruptTimer0() interrupt 1
{  TH0 = 0x4E;              //重新加载初值
    TL0 = 0x20;
    cnt++;                  //中断次数计数值加 1
    if(cnt>=25)
    {   cnt=0;
        LED=~LED;}}
```

在透彻理解以上程序后第三个实验的C语言引导程序，请独立完成编写。

（4）编译程序下载到单片机，观看实验结果。

六、思考题

（1）第一个题目程序中用的是哪个定时器，工作在什么模式？延长了多长时间？

（2）定时器4种工作模式的最长延时时间是多长？（假设系统的晶振是12MHz）

（3）如何修改程序实现亮灭间隔2s闪烁。

（4）P1.7作为计数输入端，其电平一直是高电平才能计数？如果不是，对其电平的要求是什么？P1.7作为输入信号，对其电平持续时间是否有要求？小于一个机器周期是否可以？

（5）用定时器来实现左移和右移的流水灯程序。

七、实验报告要求

（1）说明在实验完成过程中遇到了什么问题？如何解决？

（2）解答思考题？

实验五　外部中断实验

一、实验目的

学习外部中断系统的使用，巩固定时器/计数器的知识。

二、实验工具

计算机、51单片机开发板一套、Keil C51开发环境、下载软件等。

三、实验原理图

同实验一，P1.7 与 P3.2 连接。

四、相关知识

复习中断允许控制寄存器 IE 和 TCON 寄存器。

五、实验内容

利用 51 单片机 P1.7 模拟外部故障信号，该信号接入外部中断 0 输入端 P3.2，以边沿方式触发中断，实现间隔 1s 发光二极管全亮，再间隔 1s 全灭的光电故障报警，循环往复显示（提示：在中断服务子程序中修改即可）。

六、引导程序

（1）汇编语言引导程序如下：

```
      ORG 0000H
      LJMP MAIN
      ORG 0003H
      LJMP IN0
MAIN: SETB EA          ;中断总允许位为 1
      SETB EX0         ;设置外部中断INT0
      SETB IT0         ;外部中断INT0的边沿触发方式
      SETB P1.7
      NOP
      NOP
      CLR P1.7
      SJMP  $
IN0:  CLR  P1.0
      SETB P1.1
      SETB P1.2
      SETB P1.3
      CLR  P1.4
      MOV P0,#0FEH
      RETI
```

（2）C 语言程序请自己独立完成。

（3）编译程序下载到单片机，观看实验结果。

七、实验报告要求

说明在实验完成过程中遇到了什么问题？如何解决？

实验六　串口实验

一、实验目的

掌握单片机与计算机串口通信技术。

二、实验工具

计算机、51 单片机开发板一套、Keil C51 开发环境、下载软件等。

三、实验原理图

单片机串口原理图如图 19-11 所示。

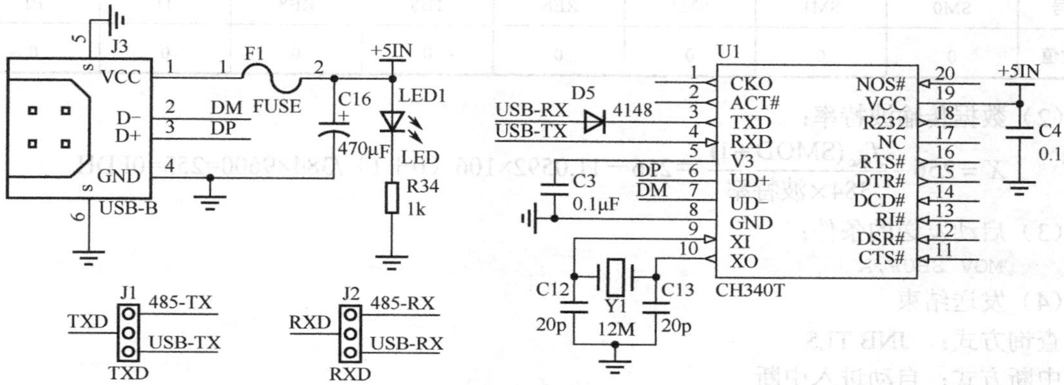

图 19-11　单片机串口原理图

单片机的 TXD 和 RXD 引脚通过跳线连接接到芯片 CH340T 的 USB-RX 和 USB-TX，芯片 CH340T 的 DP 和 DM 引脚连接到 USB 接口电路。通过这样的连接计算机通过 USB 口给单片机供电同时进行程序的下载。

串口通信参数的设置参照图 19-12 所示。

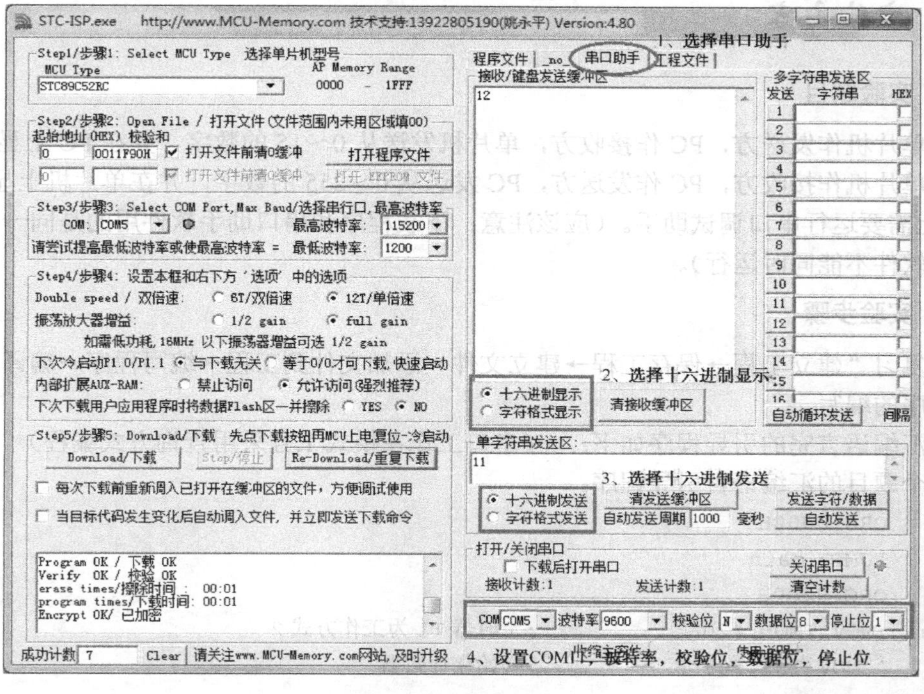

图 19-12　串口助手界面

四、相关知识

（1）串行口控制寄存器 SCON：串行控制寄存器的位分配如表 19-1 所示。

表 19-1 串行控制寄存器 SCON 的位分配（地址 0x98、可位寻址）

位	7	6	5	4	3	2	1	0
符号	SM0	SM1	SM2	REN	TB8	RB8	TI	RI
复位值	0	0	0	0	0	0	0	0

（2）数据传输波特率：

$$X = 256 - \frac{f_{\text{osc}}(\text{SMOD}+1)}{384\times\text{波特率}} = 256-11.0592\times106\text{（}0+1\text{）}/384\times9600=253=\text{0FDH}$$

（3）启动发送的条件：

```
MOV SBUF,A
```

（4）发送结束

查询方式： JNB TI,$

中断方式：自动进入中断

（5）一般情况下，我们编写串口通信程序的基本步骤如下。

① 配置串口为模式 1。

② 配置定时器 T1 为模式 2，即自动重装模式。

③ 根据波特率计算 TH1 和 TL1 的初值，如果有需要可以使用 PCON 进行波特率加倍。

④ 打开定时器控制寄存器 TR1，让定时器跑起来。

五、实验内容

（一）实验题目

（1）单片机作发送方，PC 作接收方，单片机发送从 0～15 的数字，并在 PC 上显示。

（2）单片机作接收方，PC 作发送方，PC 发送从 0～255 的数字，并在单片机上显示。

PC 上需要运行串口调试助手。（应该注意：下载程序和串口助手软件用的是同一个串口，因此两个软件不能同时运行）。

（二）实验步骤

（1）复习“建立工程→保存工程→建立文件→添加文件到工程→编写程序→编译”的步骤来完成程序的编写。

（2）汇编语言完的引导程序如下：（串口工作在模式 1,且采用查询方式编程）

第一个题目的汇编语言引导程序：

```
    ORG 0000H
    LJMP  main
    ORG 0100H
main:MOV TMOD,#20H            ;定时器 T1 为工作方式 2
     MOV TH1,#0FDH            ;初始化计数器
     MOV TL1,#0FDH
```

```
        CLR ET1                         ;禁止T1中断
      SETB TR1                          ;启动T1
        MOV SCON,#50H                   ;设定串口工作在模式1
  MOV PCON,#00H                         ;SMOD=0
      CLR ES                            ;禁止串行中断
      MOV A,#09
   loop:MOV SBUF,A                      ;数据→SBUF，启动发送
       JNB TI,$                         ;等待一帧数据发送完毕
       CLR TI                           ;TI清0
       INC A
       LCALL  DELAY
       SJMP loop
 DELAY: MOV R7,#0AH
 DEL3: MOV R6,#0FFH
  DEL2: MOV R5,#0FFH
  DEL1: DJNZ R5,DEL1
       DJNZ R6,DEL2
       DJNZ R7,DEL3
       RET
       END
```

第二个题目的汇编语言引导程序：

```
       ORG  0000H
       LJMP MAIN
       ORG  0023H
       LJMP CKFS
       ORG 0100H
MAIN: MOV SBUF,#0FFH
       CLR P1.0
        SETB P1.1
        SETB P1.2
        SETB P1.3
        CLR P1.4
        MOV  SCON ,#50H
        MOV  TMOD ,#20H
        MOV  TH1,#0FDH
        MOV  TL1,#0FDH
        SETB  TR1
        SETB  EA
        SETB  ES                    ;
        SJMP $
     ORG 0200H
CKFS: JB  RI, JSQL ;
JSQL: CLR  RI
       MOV A, SBUF
```

```
        CPL  A
        MOV P0,  A,
        LCALL   DELAY
RETI
DELAY: MOV R7,#0AH
    DEL3: MOV R6,#0FFH
    DEL2: MOV R5,#0FFH
    DEL1: DJNZ R5,DEL1
          DJNZ R6,DEL2
          DJNZ R7,DEL3
          RET
```

（3）C语言的引导程序参考12.3节。
（4）编译程序下载到单片机，观看实验结果。

六、思考题

完成通过串口控制流水灯流动和停止的程序。

七、实验报告要求

（1）说明在实验完成过程中遇到了什么问题？如何解决？
（2）解答思考题？

实验七　数码管显示实验

一、实验目的

（1）掌握七段数码管的工作原理。
（2）编程实现七段数码管的静态显示和动态显示。

二、实验工具

计算机、51单片机开发板一套、Keil C51开发环境、下载软件等。

三、实验原理图

完整的电路图可以参考附录A，开发板子上有6个数码管，习惯上称为6位，并且所用的数码管都是共阳数码管如图19-13所示。

通过74HC138对数码管控制位进行选择，如图19-14所示（当ADDR3至ADDR0的值为10000时选择左边第一个数码管，以此类推）。数码管的段选择（即该段的亮灭）是通过P0口控制，P0经过74HC245驱动，如图19-15所示。

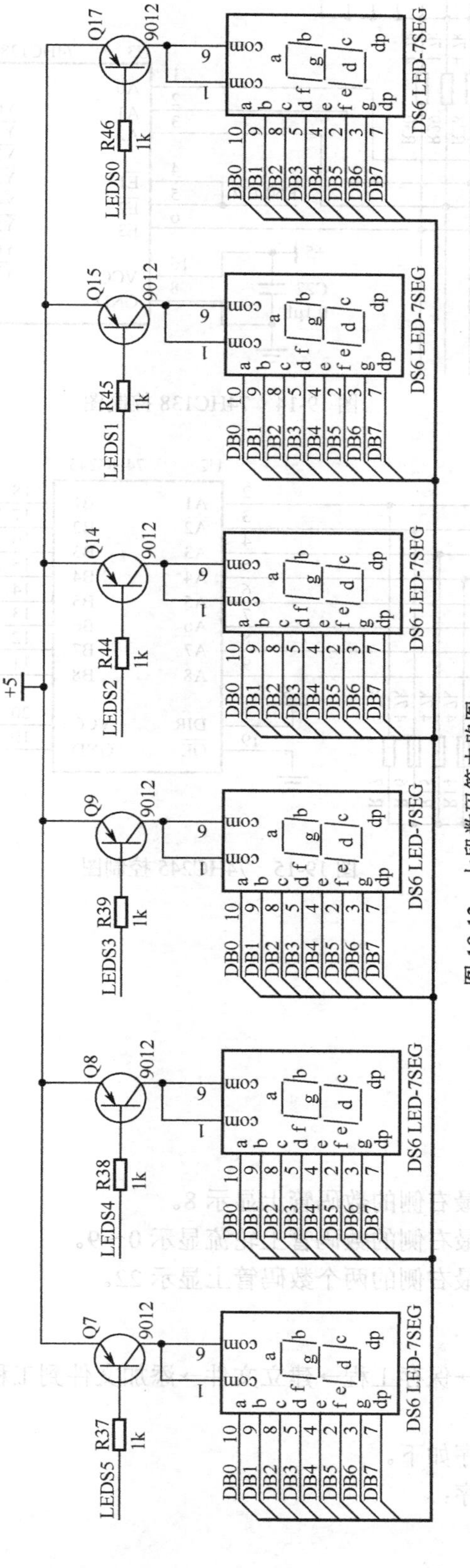

图 19-13　七段数码管电路图

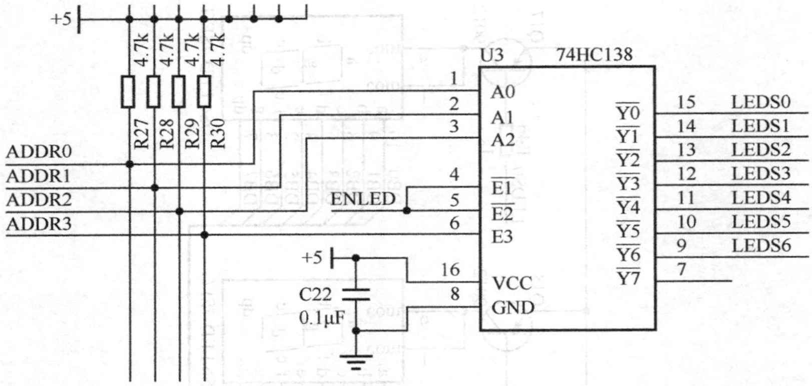

图 19-14　74HC138 控制图

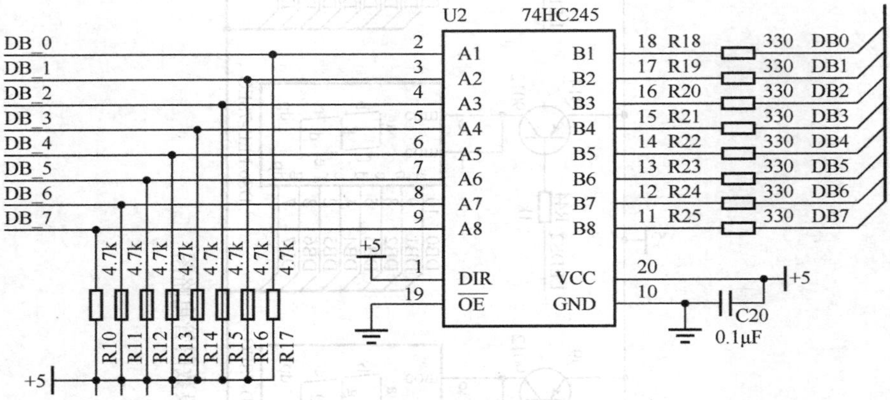

图 19-15　74HC245 控制图

四、相关知识

参考第 7 章内容。

五、实验内容

（一）实验题目

（1）编程在开发板上最右侧的数码管上显示 8。

（2）编程在开发板上最右侧的数码管上轮流显示 0～9。

（3）编程在开发板上最右侧的两个数码管上显示 22。

（二）实验步骤：

（1）复习“建立工程→保存工程→建立文件→添加文件到工程→编写程序→编译”的步骤来完成程序的编写。

（2）汇编语言引导程序如下。

第一个题目的引导程序：

```
ORG 0000H
LJMP MAIN
```

```
ORG 0100H
MAIN:   CLR  P1.0        ;
        CLR  P1.1        ;
        CLR  P1.2        ;
        SETB P1.3        ;
        CLR  P1.4        ;以上 5 条初始化 3-8 译码器的 LED0
        MOV P0,#80H
        SJMP $
         END
```

第二个题目的引导程序：

```
    ORG 0000H
    LJMP MAIN
     ORG 0070H
MAIN:  CLR  P1.0         ;
       CLR  P1.1         ;
       CLR  P1.2         ;
       SETB P1.3         ;
       CLR  P1.4         ;以上 5 条初始化 3-8 译码器的 LED0,
       MOV  A,#00H
 LOOP:MOV  B,A
       MOV  DPTR,#0500H
       MOVC  A,@A+DPTR
       MOV P0,A
       MOV A,B
       INC A
       CJNE A,#09H,L1
       CLR A
   L1:LCALL DELAY
       SJMP LOOP
 ORG 0500H
 DB  0C0H,0F9H,0A4H,0B0H,99H,92H,82H,0F8H,80H,90H
   DELAY: MOV R7,#0AH
   DEL3: MOV R6,#0FFH
    DEL2: MOV R5,#0FFH
    DEL1: DJNZ R5,DEL1
         DJNZ R6,DEL2
         DJNZ R7,DEL3
         RET
```

第三个题目的引导程序：

6 个数码管同时为 0 的程序，读懂本程序完成第三个题目的程序。

```
ORG 0000H
      LJMP MAIN
    ORG 0070H
MAIN:  MOV P1,#08H       ;初始化 3-8 译码器的 LED0,
       MOV R4,#06H
LOOP:  MOV  A,#00H
      MOV  DPTR,#0500H
      MOVC  A,@A+DPTR
       MOV P0,A
       LCALL DELAY
       MOV A,P1
```

```
        INC A
        MOV P1,A
        DJNZ R4,LOOP
       SJMP MAIN
      ORG 0500H
 DB  0C0H,0F9H,0A4H,0B0H,99H,92H,82H,0F8H,80H,90H
   DELAY: MOV R7,#01H
   DEL3: MOV R6,#0FH
    DEL2: MOV R5,#2FH
    DEL1: DJNZ R5,DEL1
         DJNZ R6,DEL2
         DJNZ R7,DEL3
         RET
         END
```

第三个题目的完整程序：

```
ORG 0000H
       LJMP MAIN
      ORG 0070H
MAIN:  MOV P1,#08H;初始化 3-8 译码器的 LED0,
       MOV R4,#02H
LOOP:  MOV  A,#2H
        MOV  DPTR,#0500H
        MOVC  A,@A+DPTR
       MOV P0,A
       LCALL DELAY
       MOV A,P1
       INC A
       MOV P1,A
       DJNZ R4,LOOP
       SJMP MAIN
       ORG 0500H
 DB  0C0H,0F9H,0A4H,0B0H,99H,92H,82H,0F8H,80H,90H
   DELAY: MOV R7,#01H
   DEL3: MOV R6,#0FH
    DEL2: MOV R5,#2FH
    DEL1: DJNZ R5,DEL1
         DJNZ R6,DEL2
         DJNZ R7,DEL3
         RET
         END
```

（3）三个题目的 C 语言引导程序参考 7.3 节来完成。

（4）编译程序下载到单片机，观看实验结果。

六、思考题

（1）说明数码管静态显示和动态显示的工作原理？

（2）编程实现用两个数码管显示 78 的程序。

（3）编程实现数码管静态显示秒表的倒计时。

七、实验报告要求

（1）说明在实验完成过程中遇到了什么问题？如何解决？
（2）解答思考题？

实验八 独立按键实验

一、实验目的

学习 51 单片机独立按键的编程使用。

二、实验工具

计算机、51 单片机开发板一套、Keil C51 开发环境、下载软件等。

三、实验原理图

完整的原理图可以参考附录 A，键盘电路原理图如图 19-16 所示。

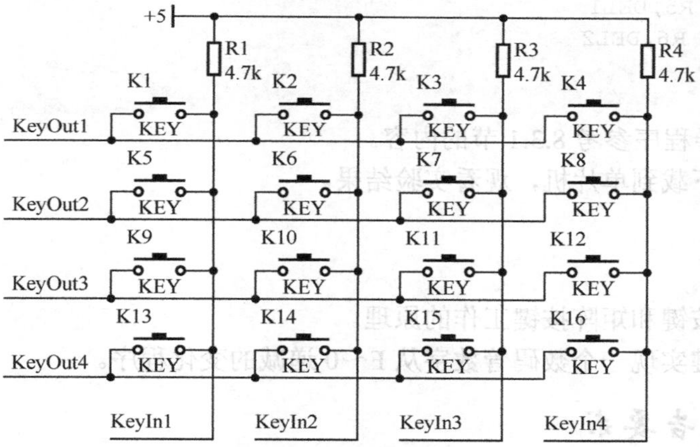

图 19-16 键盘电路原理图

四、相关知识

参考第 8 章内容。

五、实验内容

（一）实验题目

通过编程测试实验板上的 K1 按键是否被按下，如果被按下则点亮最右侧的发光二极管。

（二）实验步骤

（1）复习“建立工程→保存工程→建立文件→添加文件到工程→编写程序→编译”的步骤

来完成程序的编写。

（2）汇编语言引导程序如下：

```
        ORG 0000H
         CLR P1.0
         SETB P1.1
        SETB P1.2
        SETB P1.3
        CLR P1.4
         CLR  P2.3
 KEYIN: SETB P2.4            ;P2.4 口高 4 位置 1，为输入状态
         MOV  C, P2.4        ;读入 4 个按键的状态
         JNC QUDOU           ;有键按下，跳去抖动
         LJMP RETURN         ;无键按下，返回
QUDOU:   MOV   F0,C          ;4 个按键的状态送 30H 保存
         LCALL  DELAY10      ;调用延时子程序，软件去键抖动
         MOV  C, P2.4        ;再一次读入 4 个按键的状态
         ORL C,F0
         JC  RETURN          ;两次键值比较，不同，则是抖动引起，转 RETURN
         MOV  P0.0,C
RETURN:SJMP KEYIN            ;子程序返回
DELAY10:MOV R6,#20
    DEL2:MOV R5,#250
    DEL1:DJNZ R5,DEL1
           DJNZ R6,DEL2
            RET
END
```

（3）C语言引导程序参考8.3.1节的内容。

（4）编译程序下载到单片机，观看实验结果。

六、思考题

（1）说明独立按键和矩阵按键工作的原理。

（2）用一个按键实现一个数码管数字从F～0递减的变化程序。

七、实验报告要求

（1）说明在实验完成过程中遇到了什么问题？如何解决？

（2）解答思考题？

实验九　蜂鸣器报警实验

一、实验目的

理解无源蜂鸣器的工作原理，并编写程序。

二、实验工具

计算机、51 单片机开发板一套、Keil C51 开发环境、下载软件等。

三、实验原理图

蜂鸣器原理图如图 19-17 所示。

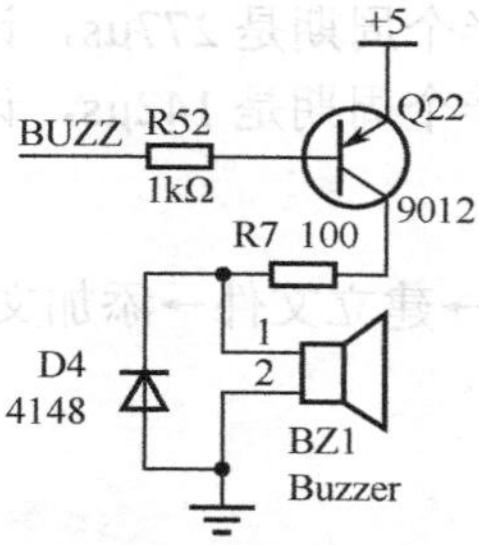

图 19-17　蜂鸣器原理图

四、相关知识

蜂鸣器按照驱动方式分为有源蜂鸣器和无源蜂鸣器。有源蜂鸣器内部带了振荡源，如图 19-17 所示，给了 BUZZ 引脚一个低电平，蜂鸣器就会直接响。而无源蜂鸣器内部是不带振荡源的，要让它响必须给 500～4.5kHz 之间的脉冲频率信号来驱动它才会响。有源蜂鸣器往往比无源蜂鸣器贵一些，因为里边多了振荡电路，驱动发音也简单，靠电平就可以驱动，而无源蜂鸣器价格比较便宜，此外无源蜂鸣器声音频率可以控制，而音阶与频率又有确定的对应关系，因此就可以做出来“do re mi fa sol la si”的效果。由于蜂鸣器的工作电流一般比较大，以至于单片机的 I/O 口是无法直接驱动的，所以要利用放大电路来驱动，一般使用三极管来放大电流就可以了。

蜂鸣器驱动电路一般都包含以下几个部分：一个三极管、一个蜂鸣器、一个续流二极管和一个电源滤波电容。

1. 蜂鸣器

发声元件，在其两端施加直流电压（有源蜂鸣器）或者方波（无源蜂鸣器）就可以发声，其主要参数是外形尺寸、发声方向、工作电压、工作频率、工作电流、驱动方式（直流/方波）等。这些都可以根据需要来选择。

2. 续流二极管

蜂鸣器本质上是一个感性元件，其电流不能瞬变，因此必须有一个续流二极管提供续流。否则，在蜂鸣器两端会产生几十伏的尖峰电压，可能损坏驱动三极管，并干扰整个电路系统的其他部分。

3. 三极管

三极管 Q1 起开关作用，其基极的高电平使三极管饱和导通，使蜂鸣器发声；而基极低电平则使三极管关闭，蜂鸣器停止发声。

五、实验内容

（一）实验题目

本实验的功能是产生报警音，频率分两个 0.1s。第一个 0.1s 频率从 1.8kHz 到 3.5kHz 匀速增加；第二个 0.1s 频率从 3.5kHz 到 1.8kHz 匀速减少，利用汇编语言编制程序，让蜂鸣器发声。

本单片机的频率是 11.0592MHz，其一个机器周期是 1.085μs。

1.8kHz：其一个周期是 555μs，半个周期是 277μs，计数值是 256 个周期。

3.5kHz：其一个周期是 285μs，半个周期是 142μs，计数值是 130 个周期。

（二）实验步骤

（1）按照“建立工程→保存工程→建立文件→添加文件到工程→编写程序→编译”的步骤来完成程序编写。

（2）汇编语言引导程序

```
ORG 0000H
SETB P1.6
LOOP: CPL   P1.6
LCALL DELAY
SJMP  LOOP
DELAY: MOV R7,#15
LOOP1: MOV R6,#250
DJNZ R6,$
DJNZ R7,LOOP1
RET
END
```

（3）C 语言引导程序，参考第 5 章的内容。

4kHz 频率下的发声。

```
#include <reg52.h>
sbit BUZZ = P1^6;                                   //蜂鸣器控制引脚
unsigned char T0RH = 0;                             //T0 重载值的高字节
unsigned char T0RL = 0;                             //T0 重载值的低字节
void OpenBuzz(unsigned int frequ);
void StopBuzz();
void main()
{   unsigned int i;
    TMOD = 0x01;                                    //配置 T0 工作在模式 1，但先不启动
    EA = 1;                                         //使能全局中断
    while (1)
    {
       OpenBuzz(4000);                              //以 4kHz 的频率启动蜂鸣器
       for (i=0; i<40000; i++);
       StopBuzz();                                  //停止蜂鸣器
    }
}
/* 蜂鸣器启动函数，frequ-工作频率 */
void OpenBuzz(unsigned int frequ)
{   unsigned int reload;     //计算所需的定时器重载值

    reload = 65536 - (11059200/12)/(frequ*2);   //由给定频率计算定时器重载值
```

```
        T0RH = (unsigned char)(reload >> 8);    //16位重载值分解为高低两个字节
        T0RL = (unsigned char)reload;
        TH0  = 0xFF;                        //设定一个接近溢出的初值，以使定时器马上投入工作
        TL0  = 0xFE;
        ET0  = 1;                               //使能 T0 中断
        TR0  = 1;                               //启动 T0
    }
    /* 蜂鸣器停止函数 */
    void StopBuzz()
    {   ET0 = 0;                                //禁用 T0 中断
        TR0 = 0;                                //停止 T0}
    /* T0 中断服务函数，用于控制蜂鸣器发声 */
    void InterruptTimer0() interrupt 1
    {   TH0 = T0RH;                             //重新加载重载值
        TL0 = T0RL;
        BUZZ = ~BUZZ;                           //反转蜂鸣器控制电平}
```

（4）编译程序下载到单片机，观看实验结果。

六、思考题

（1）结合原理图说明蜂鸣器工作的原理。

（2）编程实现蜂鸣器在 4kHz 频率下的发声和 1kHz 频率下的发声程序。

七、实验报告要求

（1）说明在实验完成过程中遇到了什么问题？如何解决？

（2）解答思考题？

第 20 章

单片机课程设计

1．键盘数码管综合设计

（1）查找资料复习键盘及数码管的原理，可以参考第 7 章和第 8 章的内容。

（2）理解 KST-51 开发板上的键盘及数码管的工作原理，原理图参考第 19 章中的实验七和实验八，完整原理图参看附录 A

（3）编写程序实现任意按数字键 0～9 在数码管上正确显示。

（4）绘制 Protel 原理图。

（5）撰写不少于 16 页的课程设计报告（宋体小四字体，1.5 倍行距，A4 打印）。

2．汉字点阵显示设计

（1）查找资料学习单片机的 LED 点阵显示原理，可以参考第 17 章的内容。

（2）理解 KST-51 的 LED 点阵显示电路图。

图 20-1 中芯片 74HC138 的输入引脚 A0 至 A2、$\overline{E1}$、$\overline{E2}$ 引脚分别通过 ADDR0 至 ADDR3 及 ENLED 连接到单片机的 P1.0 至 P1.4 引脚，输出引脚连接到三极管。芯片 74HC245 的输入引脚 DB_0 至 DB_7 连接到单片机的 P0.0 至 P0.7 引脚，输出引脚连接到点阵 LED。

（3）编写程序，在点阵 LED 上滚动显示：我爱单片机+姓名+专业班级。

（4）绘制 Protel 原理图。

（5）撰写不少于 16 页的课程设计报告（宋体小四字体，1.5 倍行距，A4 打印）。

3．单片机与 PC 通信设计

（1）查找资料学习单片机与 PC 的通信原理，可以参考第 12 章的内容。

（2）理解 KST-51 开发板上的串口通信电路图，参考第 19 章中的图 19-1。

（3）编制程序实现，将数字 0～255 通过计算机的串口助手发送给单片机并用数码管进行显示。

（4）绘制 Protel 原理图。

（5）撰写不少于 16 页的课程设计报告（宋体小四字体，1.5 倍行距，A4 打印）。

4．单片机与单片机通信设计

（1）查找资料学习单片机与单片机的通信原理，可以参考第 12 章的内容。

（2）理解 KST-51 的串口通信电路图，参考第 19 章中的图 19-1。

（3）编制程序实现：将数字 0～255 从一个单片机发送到另一个单片机并用数码管显示。

（4）绘制 Protel 原理图。

（5）撰写不少于 16 页的课程设计报告（宋体小四字体，1.5 倍行距，A4 打印）。

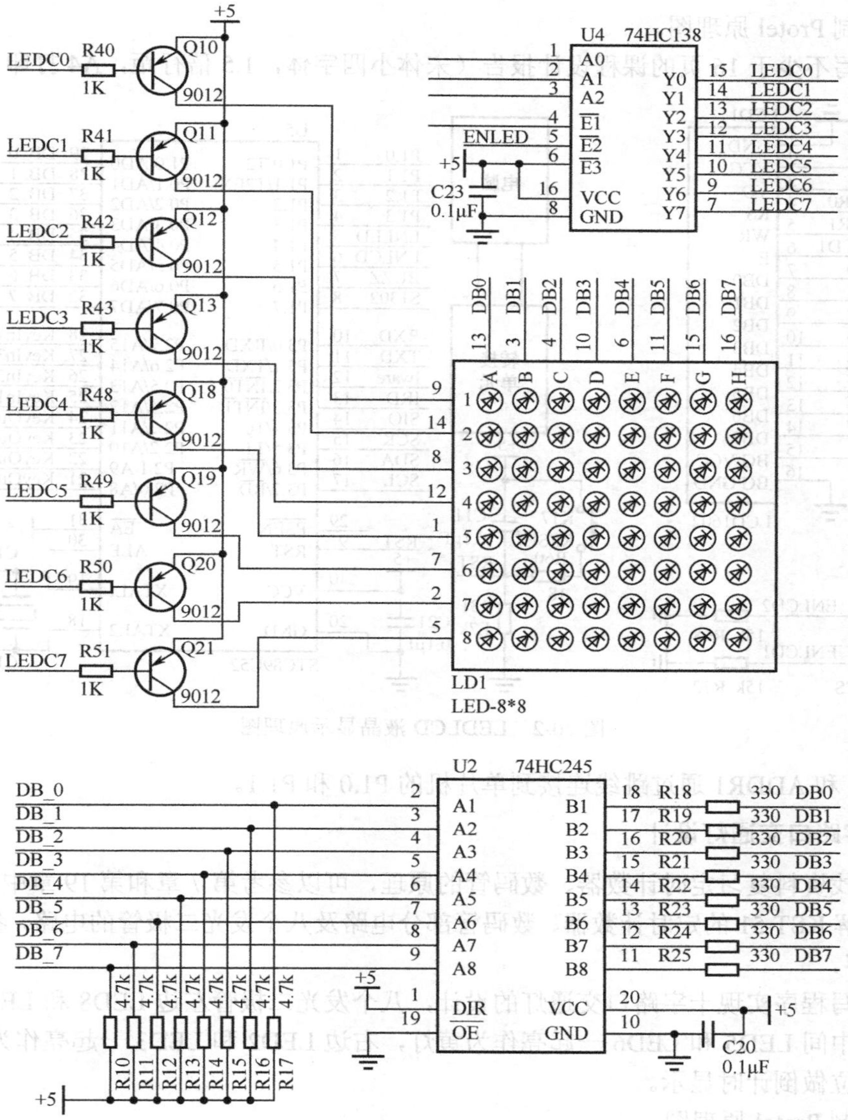

图 20-1　LED 点阵显示原理图

5．定时器/计数器数码管综合设计

（1）查找资料复习定时计数器及数码管的原理，可以参考第 7 章和第 19 章中的实验四。

（2）理解 KST-51 的定时计数器及数码管部分电路，参考第 19 章中的实验七。

（3）编写程序实现通过定时器/计数器定时 1 秒并在数码管上循环显示 1～60 秒的程序。

（4）绘制 Protel 原理图。

（5）撰写不少于 16 页的课程设计报告（宋体小四字体，1.5 倍行距，A4 打印）。

6．LCD1602 液晶显示设计

（1）查找资料学习单片机的 LCD 液晶显示原理，可以参考第 13 章的内容。

（2）理解 KST-51 开发板 LCD 液晶显示原理图，如图 20-2 所示。

（3）编写程序，在点阵 LED 上分两行显示：MCU development ； LCD show design。

（4）绘制 Protel 原理图。

（5）撰写不少于 16 页的课程设计报告（宋体小四字体，1.5 倍行距，A4 打印）。

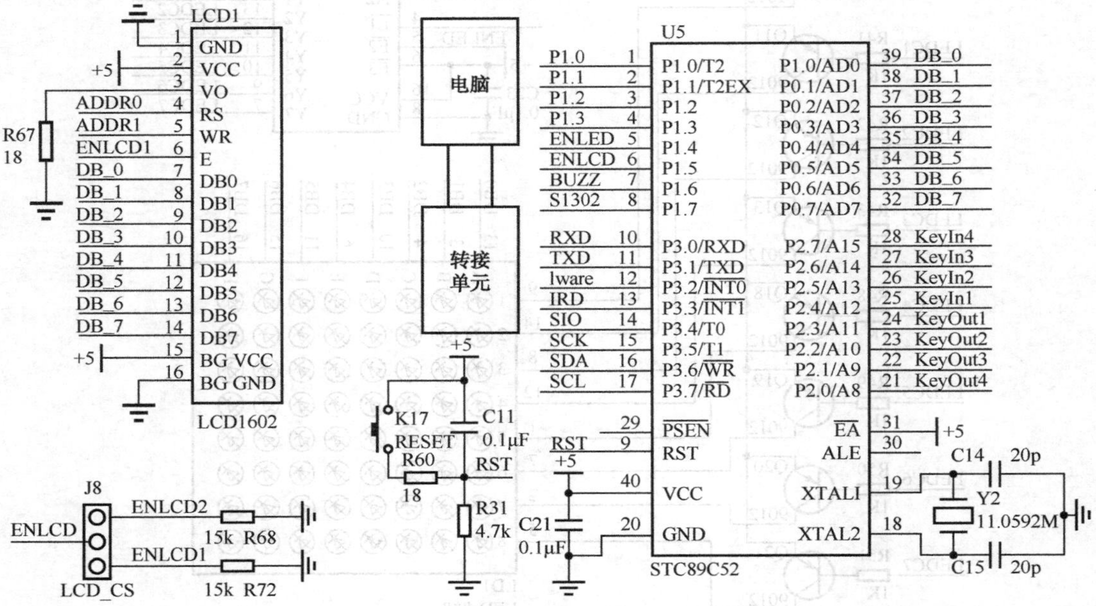

图 20-2　LEDLCD 液晶显示原理图

ADDR0 和 ADDR1 通过跳线连接到单片机的 P1.0 和 P1.1。

7．十字路口交通灯设计

（1）查找资料复习定时计数器、数码管的原理，可以参考第 7 章和第 19 章中的实验四。

（2）理解 KST-51 的定时计数器、数码管部分电路及八个发光二极管的电路，参考 1.7 节和 1.1 节的内容。

（3）编写程序实现十字路口交通灯的设计，八个发光二极管左边 LED8 和 LED9 一起亮作为绿灯，把中间 LED5 和 LED6 一起亮作为黄灯，右边 LED2 和 LED3 一起亮作为红灯，用数码管的低 2 位做倒计时显示。

（4）绘制 Protel 原理图。

（5）撰写不少于 16 页的课程设计报告（宋体小四字体，1.5 倍行距，A4 打印）。

8．步进电机转动设计

（1）查找资料复习步进电机 28BYJ-48 和按键的原理。

（2）理解 KST-51 开发板上的 28BYJ-48 原理图，如图 20-3 所示，按键的原理图参考 1.8 节的内容。

（3）编写程序实现通过按键控制电机的转动、停止、正转、反转、正转 90°，反转 90°等功能。

（4）绘制 Protel 原理图。

（5）撰写不少于 16 页的课程设计报告（宋体小四字体，1.5 倍行距，A4 打印）。

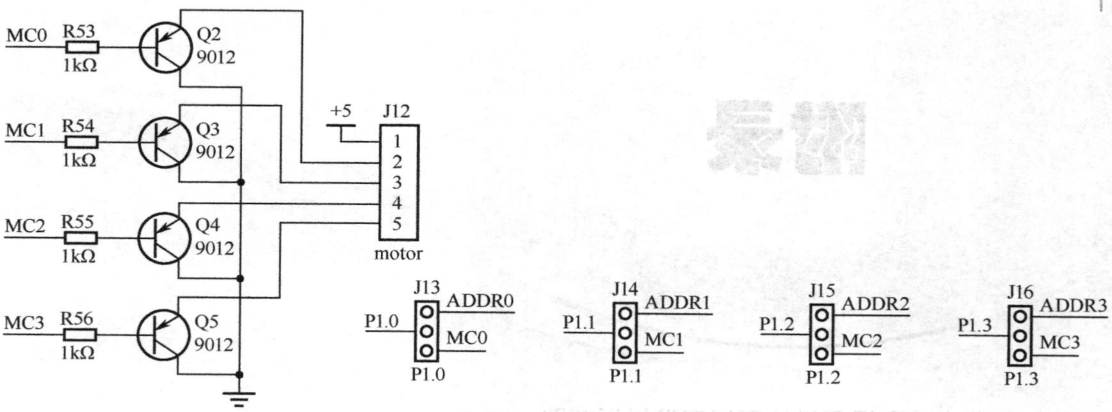

图 20-3　28BYJ-48 原理图

附录

第二部分实验和课程设计所用开发板原理图

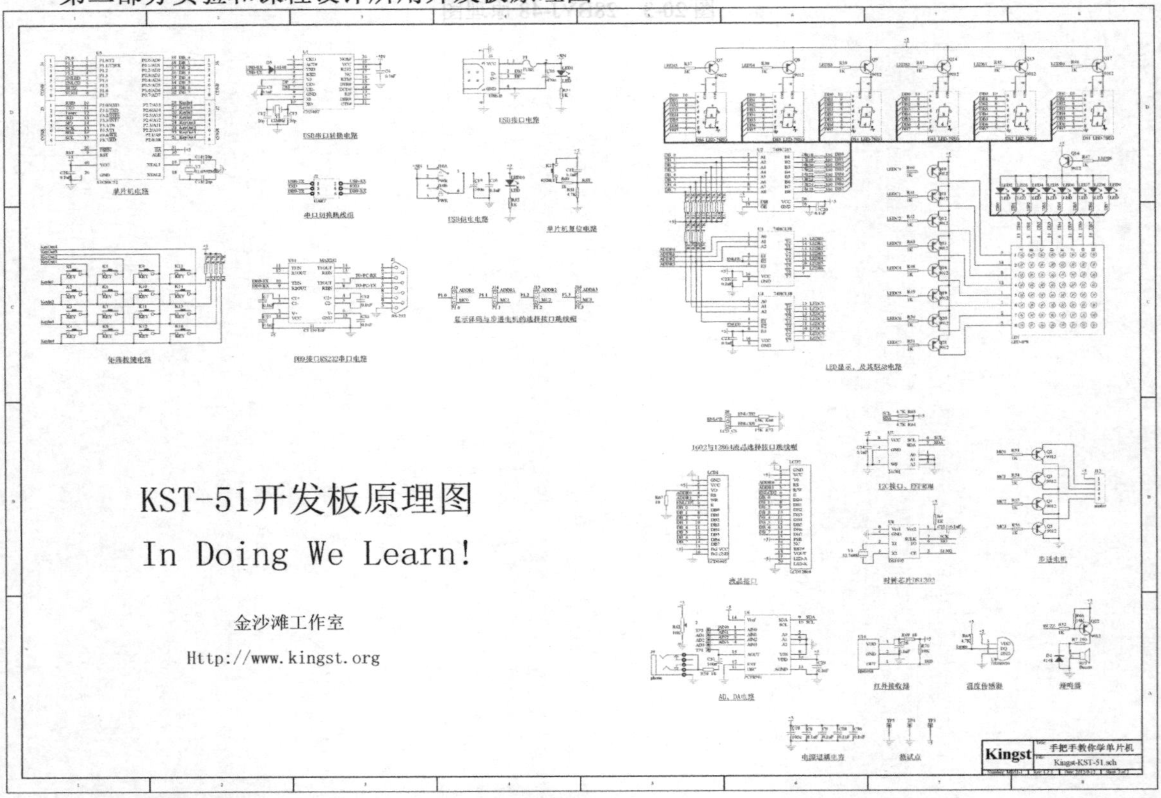

原理图的放大图请读者扫描二维码进行查看。

反侵权盗版声明